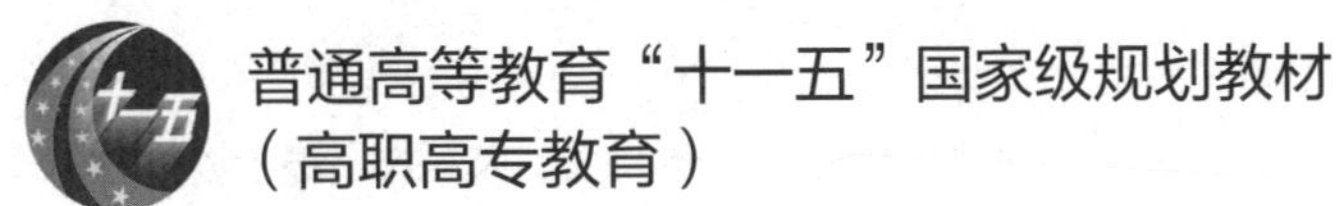

安全用电

（第二版）

ANQUAN YONGDIAN

洪雪燕　林建军　王富勇　编
郑鹏鹏　彭雪花　主审

中国电力出版社
CHINA ELECTRIC POWER PRESS

内 容 提 要

本书为普通高等教育“十一五”国家级规划教材（高职高专教育）。

本书内容明了、结构合理、理论紧密联系实际，充分体现了职业教育的特点和规律。全书共八章，主要内容包括：人身触电的防护、电气设备安全、电气火灾及防火防爆、过电压防护、电气设备绝缘、绝缘预防性试验、电气工作的安全措施、用户事故管理及调查分析等。

本书可作为高职高专院校电力技术类专业的教材，也可作为电力及相关行业的培训用书，还可供工程技术人员参考使用。

图书在版编目（CIP）数据

安全用电／洪雪燕，林建军，王富勇编．—2版．—北京：中国电力出版社，2008.12（2022.6重印）

普通高等教育“十一五”国家级规划教材．高职高专教育

ISBN 978－7－5083－7894－7

Ⅰ．安…　Ⅱ．①洪…②林…③王…　Ⅲ．用电管理—安全技术—高等学校：技术学校—教材　Ⅳ．TM92

中国版本图书馆CIP数据核字（2008）第149321号

出版发行：中国电力出版社
地　　址：北京市东城区北京站西街19号（邮政编码100005）
网　　址：http://www.cepp.sgcc.com.cn
责任编辑：陈　硕（010－63412532）
责任校对：黄　蓓
装帧设计：王红柳
责任印制：钱兴根

印　　刷：北京雁林吉兆印刷有限公司
版　　次：2005年8月第一版　2008年12月第二版
印　　次：2022年6月北京第十九次印刷
开　　本：787毫米×1092毫米　16开本
印　　张：13.5
字　　数：329千字
定　　价：32.00元

前　言

本书为普通高等教育“十一五”国家级规划教材（高职高专教育）。

本书体现了职业教育的性质、任务和培养目标；符合职业教育的课程教学基本要求和有关岗位资格和技术等级要求；具有思想性、科学性、适合国情的先进性和教学适应性；符合职业教育的特点和规律，具有明显的职业教育特色；符合国家有关部门颁发的技术质量标准。本书既可以作为学历教育教学用书，也可作为职业资格和岗位技能培训教材。

《安全用电》是电力技术类专业的主要课程。通过本课程的学习，可使学生明确安全用电的概念及规程制度，掌握防触电技术，学会使用和试验安全用具，掌握设备安全用电技术，掌握触电急救及其他急救方法和学会分析、处理用电事故等。

本书内容编排尽量贯彻“少而精”、“理论联系实际”的原则。主要特点有：

(1) 针对职业教育的特点，本教材从拓展学生思维能力、培养动手能力、增强就业能力入手，遵循学生的认知规律，更新了原来教材中的陈旧内容，调整知识结构，加强实践性内容。

(2) 重视学科的条理性、实践性，教材内容全面围绕现场应用、实践需求，合理取舍章节，内容安排更加合理。

(3) 注重内容的可操作性和规范性，涉及实际操作，明确讲清楚具体步骤，做到内容明了、步骤清晰、重点突出、便于记忆。

(4) 体现教材的新知识、新技术、新工艺、新方法，引入新标准、新符号。

(5) 引入现场事故的案例分析，做到专业教材生动化、形象化。

全书共分八章，第一、四、七章由林建军编写，第二、三、八章由王富勇编写，第五、六章及绪论由洪雪燕编写。全书由洪雪燕统稿。

本书由福建省晋江电力公司高级工程师郑鹏鹏、彭雪花主审。审稿过程中，主审提出了很多宝贵意见并提供了许多现场最新技术的资料，在此表示衷心的感谢。

由于编者水平有限，教材中疏漏难免，恳请读者批评指正。

编者

目　录

前言
绪论 …… 1
　习题 …… 4
第一章　人身触电的防护 …… 5
　第一节　电流的人体效应 …… 5
　第二节　触电形式及触电规律 …… 11
　第三节　直接触电的危险性分析 …… 14
　第四节　防止人身触电的技术措施 …… 16
　第五节　保护接地 …… 19
　第六节　保护接零 …… 23
　第七节　低压配电系统的接地型式 …… 26
　第八节　接地装置 …… 30
　第九节　漏电保护器 …… 39
　第十节　触电急救 …… 48
　小结 …… 51
　习题 …… 52
第二章　电气设备安全 …… 54
　第一节　电气设备安全的基本要求 …… 54
　第二节　变压器 …… 56
　第三节　高压开关 …… 61
　第四节　电力电容器 …… 63
　第五节　电力线路 …… 67
　第六节　电动机 …… 72
　第七节　变配电所的运行维护 …… 74
　小结 …… 78
　习题 …… 78
第三章　电气火灾及防火防爆 …… 80
　第一节　燃烧爆炸与消防的基本知识 …… 80
　第二节　电气火灾与爆炸的原因 …… 84
　第三节　电气火灾与爆炸的预防 …… 86
　第四节　电气火灾的扑救 …… 90
　第五节　静电安全 …… 93
　小结 …… 98
　习题 …… 99
第四章　过电压防护 …… 100
　第一节　波过程的一般知识 …… 100

第二节　雷电的一般知识 …… 104
第三节　防雷装置 …… 108
第四节　电力设施的防雷 …… 116
*第五节　建筑物的防雷 …… 123
第六节　人身的防雷 …… 128
第七节　内部过电压简介 …… 128
小结 …… 133
习题 …… 135
第五章　电气设备绝缘 …… 136
第一节　介质的极化、电导和损耗 …… 136
第二节　气体放电 …… 142
第三节　液体、固体介质的击穿 …… 150
第四节　电介质的其他性能 …… 153
第五节　组合绝缘的电气性能 …… 155
小结 …… 156
习题 …… 157
第六章　绝缘预防性试验 …… 158
第一节　绝缘电阻和吸收比测量 …… 158
第二节　泄漏电流测量 …… 161
第三节　介质损失角正切值测量 …… 163
第四节　耐压试验 …… 167
*第五节　局部放电测试简介 …… 172
第六节　绝缘油试验 …… 174
*第七节　变压器绝缘试验 …… 176
*第八节　电力电缆试验 …… 179
第九节　绝缘在线监测 …… 183
小结 …… 185
习题 …… 186
第七章　电气工作的安全措施 …… 188
第一节　保证电气工作安全的组织措施 …… 188
第二节　保证电气工作安全的技术措施 …… 189
第三节　电气安全用具 …… 194
小结 …… 200
习题 …… 200
第八章　用户事故管理及调查分析 …… 201
第一节　用户事故及其分类 …… 201
第二节　用户事故报告及调查 …… 203
第三节　用户事故分析 …… 207
小结 …… 209
习题 …… 209
参考文献 …… 210

绪　　论

电能相对于其他能源具有许多优点，它易于转换成其他形式的能量；传输方便，利用高压线路就可把电能从能源集中地方便、快捷、经济地送到负荷中心；利用电能更容易实现自动化，提高产品质量和生产效益。随着经济的发展，国民经济各行业对能源的需求日益迫切，电力工业作为能源工业的主力受到极大重视，在发达国家的能源消费比例中，电能占一半多。

电能虽有很多优点，但也有缺点，如果电气设备质量不合格、安装不恰当、使用不合理、维修不及时，尤其是电气工作人员缺乏必要的电气安全知识时，不仅会造成电能浪费，而且会发生电气事故。发生电气事故时，会产生强大的电流和电动力，并伴随着强大的弧光和高温、高热，不仅会损坏电气设备造成停电、停产，而且会造成人身触电伤亡、电气火灾，甚至影响电力系统运行或导致电网大面积停电，涉及千家万户，使国民经济遭受严重损失。所以一提到"电"，人们总是同时联想到火灾、危险。据统计，1990～1998 年电气火灾发生 11 万多起，电气火灾年均起数占火灾年均总起数的 27.5%，经济损失约 35 亿元，年均损失占总损失的 37.3%。电气火灾的增长势头快，损失大；恶性、特大型火灾多，有些甚至令人触目惊心。

电能还有一重要特点，即不能大规模储存，所以产、供、销同时完成，并随时处于平衡。电能的这一特点决定了电能的发、供、用必须有极高的可靠性和连续性，任何一个环节发生事故，都可能带来连锁反应，造成人身伤亡、设备损坏或大面积停电。例如，2004 年 3 月，某地区的供电所管辖的线路，由于偷伐林木，树枝压在 10kV 线路上，造成线路短路，引发森林火灾，烧毁森林 100 多亩，10kV 电杆损坏两支。所幸由于保护动作，无人员伤亡，但维修线路、烧毁森林给国家造成直接经济损失几十万元，另造成该 10kV 线路停电 6 个多小时，多家国有煤矿、乡镇企业停产，间接损失无法估算。

一、电气事故

电气事故从劳动保护的角度出发，可分为触电事故、雷电事故、静电事故、电磁场伤害事故、电气系统故障危害事故。

1. 触电事故

触电事故的发生多数是由于人直接碰到了带电体，或者接触到因绝缘损坏而漏电的设备，或者是站在发生接地故障点的周围，或者电容器放电。

2. 雷电事故

雷电是大气中雷电荷对地放电的一种现象，具有电流大、电压高的特点，一旦击中人或设备，都会造成致命的打击。

3. 静电事故

静电现象是一种常见的带电现象，如雷电或电容器残留电荷、摩擦带电等。在生产和生活中，一些不同物质间相互接触和分离或互相摩擦就会产生静电。例如生产工艺中的挤压、切割、搅拌、喷溅、流动和过滤，以及生活中的行走、起立、穿脱衣服等都会产生静电。

静电放电的最大威胁是可能引起火灾或爆炸事故，也可能造成对人体的伤害。

4. 电磁场伤害事故

电磁场的能量对人体造成的伤害，亦即电磁场伤害。在高频电磁场的作用下，人体因吸收辐射能量，各器官会受到不同程度的伤害，从而引起各种疾病。除高频电磁场外，超高压的高强度工频电磁场也会对人体造成一定的伤害。

5. 电气系统故障危害事故

电气系统故障危害事故是由于电气设备发生事故和电路发生事故而产生的。断线、短路、接地、误合闸、误跳闸、电气设备或电气元器件损坏、电子设备受电磁干扰而发生误动作等都属于电路故障。系统中电力线路或电气设备的故障也会导致人员伤亡及重大财产损失。电气系统故障危害主要体现在以下几方面：

（1）火灾和爆炸事故。电力线路、开关、熔断器、插座、照明器具、电动机等均可能引起火灾和爆炸；电力变压器、多油断路器等电气设备不仅有较大的火灾危险，还有爆炸的危险。在火灾和爆炸事故中，由于电气事故引起的占有很大的比例。

（2）异常带电事故。电气系统中，正常不带电的部分因电路故障而带电，可导致触电事故。

（3）异常停电事故。在某些特殊场合，异常停电会造成设备损坏和人身伤亡。例如煤矿通风机因骤然停电而停机，将导致井下瓦斯、煤尘积聚，会引发爆炸和人身伤亡事故；医院手术室可能因异常停电而被迫停止手术，失去抢救病人的时机；异常停电还可能影响电子计算机的正常工作，造成难以挽回的损失。

电气事故常见的主要原因有：误操作、电气设备绝缘损坏、工作系统不合理、保护设备（如熔断器、继电器、断路器等）不合理、接地不合理、粗心大意和自以为是、设备缺陷、维护与测试不良、外力破坏等。

二、安全用电

所谓安全用电，指在保证人身及设备安全的前提下，正确地使用电能及为此目的而采取的科学措施和手段。

电气安全包括人身安全与设备安全两方面。人身安全指在从事电气工作的过程中人员的安全；设备安全指电气设备及相关其他设备（包括建筑）的安全。

保证用电安全的基本要素包括：

（1）电气绝缘。保持配电线路和电气设备的绝缘良好，是保证人身安全和电气设备正常运行的最基本要素。电气绝缘的性能是否良好，可通过测量其绝缘电阻、耐压强度、泄漏电流和介质损耗等参数来衡量。

（2）安全距离。电气安全距离，是指人体、物体等接近带电体而不发生危险的安全可靠距离。通常，在配电线路和变配电装置附近工作时，应考虑线路安全距离、变配电装置安全距离、检修安全距离和操作安全距离等。

（3）安全载流量。导体的安全载流量，是指允许持续通过导体内部的电流量。持续通过导体的电流如果超过安全载流量，导体的发热将超过允许值，导致绝缘损坏，甚至引起漏电和发生火灾。因此，根据导体的安全载流量确定导体截面和选择设备是十分重要的。

（4）标志。明显、准确、统一的标志是保证用电安全的重要因素。标志一般有颜色标志、标示牌标志和型号标志等。颜色标志表示不同性质、不同用途的导线；标示牌标志一般作为危险场所的标志；型号标志作为设备特殊结构的标志。

通常电气设备或线路均处于正常状态下所发生的事故，多数是由于违反《电力安全工作规程》等管理性原因造成的。可见，为了确保电气安全，必须采取包括技术和组织管理等多方面的措施。《电力安全工作规程》的主要内容都是过去千千万万从事高电压工作的人们辛勤劳动的经验总结。这些宝贵的经验是客观规律的反映，其中还包含着不少前人血的教训。这些安全工作规程和规章制度包括一系列保证安全生产的技术措施、组织措施以及各项作业的具体安全技术要求，从事电力工作的人们只有熟悉、掌握，并自觉遵守这些规程和规定，才能保证工作安全，避免生命受到威胁。

三、我国电气安全研究现状

我国目前的电气安全水平与发达国家相比，还存在着较大的差距，电气安全理论研究和实际应用的发展也较缓慢。近几年来，我国平均 1 亿 kW·h 电触电死亡 1 人，是发达国家的 20～30 倍。特别是近年来，一些特殊行业对电气安全问题重视不够，使电气事故频发。因此，提高我国的电气安全水平已是当务之急。

我国电气安全标准化技术委员会为了搞好电气安全工作，全面系统地解决各种电气安全问题，编制了电气安全标准体系。我国的《电气设备安全规范》是国家质检总局下达、组织制定的强制性安全规范。《电气设备安全规范》的适用范围包括发、输、配、储存、测量、监督、控制、调节、转换和消费电能的产品，以及通信技术领域中与其组成一体的交流50～1500V 及直流电压 75～1500V 之间的所有电气装置和电气设备的安全技术要求。

近 20 年来，我国的用电安全水平得到了大幅度的提高，尽管我国的用电量迅速增加，供电区域迅速扩大，但每年触电死亡人数的绝对值却呈下降趋势。特别是近年来，随着双重绝缘、电气隔离、漏电保护等防触电新技术的应用，对于减少触电事故已经取得了明显的效果。我国在农村推广使用漏电保护器后，触电死亡减少了 1/2。双重绝缘设备的开发和推广，对控制和减少手持电动工具、家用电器的触电事故也起了很大的作用。电气隔离是应用高绝缘隔离变压器将接地配电网转换为小容量不接地配电网，隔断明显的故障电流回路的安全方法，这一办法有待进一步推广。对于其他新兴的防触电技术措施，如不导电环境、防触电本质安全型电气装置等方面也有待继续开发和探讨。

我国是一个用电相对落后的国家，用电状况又十分复杂，发展也不平衡。同时，随着各国不同电气设备的引进，随着科学技术的发展，必将出现新的电气安全问题。因此，必须研究触电领域里的新问题。其中，包括安全标准、安全规范、安全教育、安全管理等软科学课题的研究，也包括大量的不同用电装置、不同用电环境、不同用电条件、不同用电要求下防触电的技术性课题的研究。

四、安全用电课程的内容

本课程主要是研究电气事故的发生及防止措施。第一章的内容，让读者了解人身触电的一些基本常识，掌握人身触电电流的计算方法，知道防止人身触电的主要技术措施，尤其是理解保护接地、保护接零及保护器的工作原理及应注意的事项。此外，读者还可了解到 IEC 对低压供电系统接地型式的分类及特点。最后介绍了触电时的脱离电源方法，触电急救方法。第二章通过主要电气设备的常见故障及原因分析，介绍这些设备的安全要求及运行维护。通过第三章的学习，力求使读者了解燃烧爆炸及消防基本知识，从设计安装、运行维护和安全管理等诸方面弄懂影响电气设备安全的主要因素，掌握主要电气设备运行故障分析，特别是燃烧爆炸原因、防火防爆和火灾扑救措施，以保证设备、系统和人身安全。通过第四章的学习，可以了解雷电的产生、掌握各种防雷设备的原理、结构；认识雷电对供电系统、建筑物及人身的危害，掌握相应的防护措施；了解内部过电压的基本知识。绝缘是电气设备的基本组成部分，绝缘的故障是电气事故的主要原因之一，第五章介绍各种绝缘材料的电气性能、击穿过程，从而让读者了解绝缘实质，并为第六章的绝缘预防性试验打好基础。第六章的内容是电气设备绝缘预防性试验，通过试验了解绝缘状况，揭露绝缘中隐藏的缺陷，防止设备在运行中击穿。第七章力求让读者熟悉电气工作安全的组织和技术措施，学会正确使用和维护电气安全用具。第八章介绍了用户事故的分类、事故报告、事故调查分析和事故管理。

习 题

0-1 电能有何特点？

0-2 电气事故主要有哪些形式？

0-3 我国电气安全现状如何？

0-4 发生电气事故的原因主要有哪些？

0-5 何谓安全用电？影响电气安全的因素主要有哪些？

0-6 安全用电课程的主要内容是什么？

第一章　人身触电的防护

在日新月异的现代社会中，不论走到哪里，电总是伴随着你。衣、食、住、行、学习、工作、娱乐，从早到晚都在用着它。各种各样的家用电器更是犹如雨后春笋涌入千家万户。可是电有二重性，它为你服务，也会给人们带来新的灾害——触电伤亡，各种惨案常有发生。所以，现代化的生活迫切需要有人身触电的防护知识，预防人身触电就成为安全用电工作的主要内容之一。

第一节　电流的人体效应

电流通过人体，会引起人体的生理反应及机体的损伤。有关电流人体效应的理论和数据对于制定防触电技术的标准、鉴定安全型电气设备、设计安全措施、分析安全事故、评价安全水平等是必不可少的。

一、电流对人体的作用

电流对人体有两种类型的伤害，即电击和电伤。

（一）电击

电击是电流通过人体内部，破坏人的心脏、肺部及神经系统，直至危及人的生命。实际证明，绝大部分的触电事故都是由电击造成的。

触电者如长时间不能脱离电源，即使流经人体的电流较小或没有通过要害部位，也会使触电者晕倒、失去知觉、窒息和死亡。电流通过控制呼吸的神经中枢时，将引起呼吸中止；较大的电流通过心脏区域时，将使心跳停止，通过中枢神经系统时会使其受到致命的损伤。

造成触电死亡的最常见原因是由于出现心室颤动，较小的电流就能产生心室颤动。

成年人心脏收缩与舒张交替变化的搏动周期约为0.75s左右，而每个搏动周期之间又约有0.1s的间歇时间，心脏传导组织的细胞在无外来刺激的条件下能自动地有节律地发出电信号，使心脏不停地跳动，这种性能我们称之为自律性。当人体触电以后，外来的大电流使正常的信号受到破坏，心脏的正常搏动必然会受到影响。触电电流和通电时间如超过某一极限值时，心脏的正常工作就要受到扰乱，不能再进行强力的收缩，而将要发生心肌振动，这就称为心室颤动。

那么，多大的电流能引起人体心室颤动呢？人们通过对动物进行的大量试验，发现了许多重要的规律，并获得了大量的数据。

实验证明：①心室颤动电流与动物的体重或心脏重量成正比；②通电时间如比心脏搏动周期长时，将使引起心室颤动的电流值急剧下降；③心室颤动电流和触电的能量有关。假定触电者的体重为50kg（典型体重），则大致可以用下面的触电致死公式来表达，即

$$I=\frac{(116\sim 185)}{\sqrt{t}}\quad (\mathrm{mA}) \tag{1-1}$$

其中，$t=8.3\times 10^{-3}\sim 5\mathrm{s}$。

变换式（1－1），得触电能量公式为

$$I^2t = 0.0135 \sim 0.0342 \quad (A^2 \cdot s) \tag{1-2}$$

式（1－2）表明，发生心室颤动的允许限度是由触电能量所决定的。当 I^2t 小于上述数值时，发生心室颤动的几率小于0.5%，或者说，对于一个正常的成年人来说，是不会产生心室颤动的。

（二）电伤

所谓电伤是指由电流的热效应、化学效应或机械效应等对人体所造成的伤害。电伤多见于对人体外部造成的局部伤害，如电弧烧伤、电烙印、皮肤金属化、机械损伤、电光眼等多种伤害。在高压触电事故中，电伤与电击两种伤害往往同时发生。

电烧伤是最为常见的电伤，大部分触电事故都含有电烧伤成分。电烧伤可分为电流灼伤和电弧烧伤。电流灼伤是人体同带电体接触，电流通过人体时，因电能转换成的热能所引起的伤害。由于人体与带电体的接触面积一般都不大，且皮肤电阻又比较高，因而产生在皮肤与带电体接触部位的热量就较多，因此，使皮肤受到比体内严重得多的灼伤。电流愈大、通电时间愈长、电流途径上的电阻愈大，则电流灼伤愈严重。由于接近高压带电体时会发生击穿放电，因此，电流灼伤一般发生在低压电气设备上，因电压较低，形成电流灼伤的电流不太大，但数百毫安的电流即可造成灼伤，数安的电流则会形成严重的灼伤。在高频电流下，因皮肤电容的旁路作用，有可能发生皮肤仅有轻度灼伤而内部组织却被严重灼伤的情况。

电弧烧伤是由弧光放电造成的烧伤，也是最常见、最严重的电伤。弧光放电时电流很大能量也很大，电弧温度高达数千摄氏度，可造成大面积的深度烧伤，严重时能将肌体组织烘干、烧焦。电弧烧伤既可以发生在高压系统，也可以发生在低压系统。在低压系统中，带负荷（特别是感性负荷）拉开裸露的刀开关时，产生的电弧可能烧伤人的手部和面部；线路短路，跌落式熔断器的熔丝熔断时，炽热的金属微粒飞溅出来也可能造成灼伤；因误操作引起短路也可能导致电弧烧伤人体等。在高压系统中，由于误操作会产生强烈电弧，把人严重烧伤，人体过分接近带电体，其间距小于放电距离时，会直接产生强烈电弧对人放电，造成电弧烧伤，严重时会因电弧烧伤而死亡。

电烙印是电流通过人体后，由于电流的化学效应或机械效应的作用，在皮肤表面接触部位留下与接触带电体形状相似的斑痕，同烙印一般，叫做电烙印。斑痕处皮肤呈现硬变，表层坏死，失去知觉。此外，金属微粒因某种化学原因渗入皮肤，可使皮肤变得粗糙而坚硬，导致皮肤金属化，形成所谓“皮肤金属化”。电烙印和皮肤金属化都会对人体造成局部伤害。

机械损伤多数是由于电流作用于人体，使肌肉产生非自主的剧烈收缩所造成的。其损伤包括肌腱、皮肤、血管、神经组织断裂及关节脱位乃至骨折等。

电光眼表现为角膜和结膜发炎。弧光放电时辐射的红外线、可见光、紫外线都会损伤眼睛。在短暂照射的情况下，引起电光眼的主要原因是紫外线。

二、影响触电危险程度的因素

实际证明，绝大部分的触电事故是由电击造成的。影响电击伤害严重程度的因素主要有以下几方面。

（一）通过人体的电流

通过人体的电流越大，人体的生理反应越明显，引起心室颤动所需的时间越短，致命的危险就愈大。但人们所感兴趣的是量的概念，即多大的电流能引起人体什么样的反应，为此对于工频电流，按照不同电流强度通过人体时的生理反应，可将作用于人体的电流分为感知电流、反应电流、摆脱电流和心室颤动电流等。

（1）感知电流。感知电流是指在一定概率下，可引起人的感觉的最小电流。通过对人身直接进行的大量试验表明，对于不同的人、不同的性别，感知电流是不相同的。例如取其平均值，则成年男性的平均感知电流约为1.1mA（有效值，下同），成年女性的平均感知电流约为0.7mA左右。

（2）反应电流。反应电流是指在一定概率下，可引起意外的不自主反应的最小电流。这种预料不到的电流作用，可能导致高空摔跌或其他不幸。因此反应电流可能会给工作人员带来危险，而感知电流则不会造成什么后果。在数值上反应电流一般略大于感知电流。

（3）摆脱电流。摆脱电流是指在一定概率下人触电后，在不需要任何外来帮助的情况下能自主摆脱电源的最小电流。通常规定正常成年男子的允许摆脱电流值为16mA，正常成年女子为10mA。

（4）室颤电流。室颤电流是指触电后引起心室颤动概率大于5%的极限电流。由于心室颤动几乎终将导致死亡，因此，可以认为室颤电流即致命电流。引起心室颤动的机理，前面已经介绍，即心室颤动电流和人体体重、触电时间及触电能量等有关，在式（1-1）中，已综合考虑了心室颤动电流和以上诸因素的关系，故可用该式作为确定心室颤动电流的主要依据。大量的试验研究资料表明，当电流大于30mA时才有发生心室颤动的危险，因此可把30mA作为心室颤动电流的又一极限值。

不同电流对人体的影响见表1-1。美国电气安全基金会给出的电流（60Hz）对人体影响的一组数据见表1-2。

表1-1　不同电流对人体的影响

电流（mA）	交　流　电（50Hz）	直　流　电
0.6～1.5	开始有感觉，手指有麻感	无感觉
2～3	手指有强烈麻刺，颤抖	无感觉
5～7	手指痉挛	感觉痒、刺痛、灼热
8～10	手部剧痛，勉强可以摆脱带电体	热感增强
20～25	手迅速麻痹，不能摆脱带电体，剧痛，呼吸困难	手部轻微痉挛
50～80	呼吸麻痹，心室开始颤动	手部痉挛，呼吸困难
90～100	呼吸麻痹，持续3s或更长时间则心脏麻痹，心室颤动	呼吸麻痹
300及以上	作用时间0.1s以上，呼吸和心脏麻痹，肌体组织遭到电流的热破坏	

表1-2　美国电气安全基金会给出的电流（60Hz）对人体的影响

电流（mA）	0.5～3	3～10	10～40	30～75	100～200	200～500	1500及以上
人体反应（60Hz交流电）	开始有热、麻刺感	开始疼痛、肌肉收缩	不能摆脱带电体	呼吸系统停止	心室纤维颤动	心脏麻痹	肌体组织和器官烧伤

（二）触电时间

研究表明，触电的时间越长，越容易引起心室颤动，危险性就越大，其主要原因有三个：

（1）能量的积聚。由式（1-1）、式（1-2）可知，触电的时间越长，能量积累越多，引起心室颤动电流减小，使危险性增加。

（2）与易损期重合的可能性增大。在心脏搏动周期中，只有相应于心电图上约 0.2s 的 T 波（特别是 T 波前半部）这一特定时间是对电流最敏感的。该特定时间即易损期。电流持续时间越长，与易损期重合的可能性越大，电击的危险性就越大；当电流持续时间在 0.2s 以下时，重合易损期的可能性较小，电击危险性也较小。

（3）人体电阻下降。触电时间越长，人体电阻因出汗等原因而降低，使通过人体的电流进一步增加，电击危险亦随之增加。

（三）电流通过的途径

电流流经人体的途径，对于触电的伤害程度影响甚大。电流通过心脏、脊椎和中枢神经等要害部位时，触电的伤害最为严重。电流通过心脏会引起心室颤动，较大的电流还会使心脏停止跳动。电流通过中枢神经或脊椎时，会引起有关的生理机能失调，如窒息致死等。电流通过脊髓，会使人截瘫，电流通过头部会使人昏迷，若电流较大，会对大脑产生严重伤害而致死。一般来说，以心脏伤害的危险性最大。因此流过心脏的电流越多，电流路径越短的途径，是电击危险性越大的途径。由此可见，左手到前胸是最危险的电流途径。另外，右手至前胸、单手至单（双）脚头到手和头到脚都是很危险的电流途径。从脚到脚一般危险性较小，但不等于说没有危险。例如由于跨步电压而造成触电时，开始电流仅通过两脚间，触电后由于双足痉挛而摔倒，此时电流就可能流经其他要害部位而造成严重后果。

电流途径与通过心脏电流的百分数见表 1-3。

表 1-3　　电流途径与通过心脏电流的百分数

电流通过人体的途径	从一只手到另一只手	从左手到脚	从右手到脚	从一只脚到另一只脚
通过心脏电流的百分数（%）	3.3	6.4	3.7	0.4

（四）人体电阻

人体电阻有表面电阻和体积电阻之分。

表面电阻是沿着人体皮肤表面所呈现的电阻，体积电阻是从皮肤到人体内部所构成的电阻。体积电阻和表面电阻都将对触电后果产生影响，对电击来说，体积电阻的影响最为显著，表面电阻对触电后果的影响是比较复杂的，当整个触电回路总的表面电阻较低时，有可能产生抑制电击的积极影响，反之，当人体局部潮湿时，特别是如果仅仅只有触及带电部分处的皮肤潮湿时，那就会大大增加触电的危险性。这是因为人体局部潮湿，对触电回路总的表面电阻值不产生很大的影响，触电电流不会大量从人体表面分流，而触电处皮肤潮湿，将会使人体体积电阻下降，以致使触电的危害性增大。

人体体积电阻是从皮肤到人体内部所构成的电阻，即体积电阻是由皮肤电阻和体内电阻串联组成的。决定体积电阻值的主要因素是皮肤电阻。皮肤电阻随条件不同将在很大范围内变化，使得人体电阻的变化幅度也很大。当人体皮肤处于干燥、洁净和无损伤的状态下时，人体电阻可高达 40～100kΩ；而当皮肤处于潮湿状态如湿手、出汗或受到损伤时，则人体电阻会降到 1000Ω 左右；如皮肤完全遭到破坏，人体电阻将下降到 600～800Ω 左右。必须注意的是，这里所讲的皮肤电阻（下同）指的是皮肤沿体内方向的电阻值，与前述的表面电阻不应相混淆。

显然，人体电阻是表面电阻和体积电阻的并联值。

人体电阻除了和皮肤的状态有关外，还和触电的状况有关。当接触面积加大，接触压力增加时也会降低人体电阻；通过的电流加大，通电的时间加长，会增加发热出汗，或使皮肤炭化，也会降低人体电阻；接触电压增高，会击穿角质层，并增加机体电解，也会降低人体电阻。

另外，频率变化时，人体电阻将随频率的增加而降低，频率为100kHz时的人体电阻约为50Hz时的50%左右。

不同条件下的人体电阻见表1-4。

表1-4　　不同条件下的人体电阻

接触电压（V）	人体电阻（Ω）			
	皮肤干燥	皮肤潮湿	皮肤湿润	皮肤浸入水中
10	7000	3500	1200	600
25	5000	2500	1000	500
50	4000	2000	875	440
100	3000	1500	770	375
250	1500	1000	650	325

注　1. 干燥场所的皮肤，电流途径为单手至双脚。
2. 潮湿场所的皮肤，电流途径为单手至双脚。
3. 有水蒸气、特别潮湿场所的皮肤，电流途径为双手至双脚。
4. 游泳池或浴池中的情况，基本为体内电阻。

（五）电流类型及频率

电流的频率除了会影响人体电阻外，还会对触电的伤害程度产生直接的影响。一般讲，直流的危险性比交流小。不同频率的电流对人体的危害也不一样。多数研究者认为，50～60Hz的交流电是对人体伤害最严重的频率，当低于或高于以上频率范围时，其伤害程度就会显著减轻。

直流电的最小感知电流，对于男性约为5.2mA，女性约为3.5mA；平均摆脱电流，对于男性约为76mA，女性约为51mA；可能引起心室颤动的电流，通电时间0.3s时约为1300mA，通电时间3s时约为500mA。对直流电来说一般可取人体能忍耐的极限电流为100mA。

在高频情况下，人体也能耐受较大的电流，当频率高到1000Hz时，其伤害程度比工频时将有明显减轻。因此，医生常用高频电流给病人理疗。

人体还能耐受很大的雷电冲击电流。数十至一百微秒的冲击电流使人能感受冲击的最小值为数十毫安以上。

各种频率下人的死亡率见表1-5。

表1-5　　各种频率下人的死亡率

频率（Hz）	10	25	50	60	80	100	120	200	500	1000
死亡率（%）	21	70	95	91	42	34	31	22	14	11

（六）人体状况

电流对人体的作用，女性较男性更为敏感，女性的感知电流和摆脱电流约比男性低三分之一。由于心室颤动电流约与体重成正比，因此小孩遭受电击较成人危险。另外身体的健康状况与精神状态正常与否，对于触电伤害后果有一定的影响，如患有心脏病、神经系统疾病、结核病等病症的人因电击引起的伤害程度要比正常人严重。

三、安全电流和安全电压

在讨论触电防护措施之前，首先应该关心安全电流和安全电压的问题，因为它和安全工作的关系极大。安全电压是制订安全措施和进行保安设计的依据，安全电压如果规定得过低，对人身安全虽有好处，但将增加投资甚至会造成不必要的浪费。反之，如果把安全电压定得过高，虽然能满足经济性的要求，但要对人身安全造成威胁。因此在保证安全的前提下尽可能地提高经济性是合理确定安全电压的原则。

事实上对触电后果产生直接影响的是触电电流而不是电压，如果假定安全电压指的是作用于人体的有效电压，而且取人体电阻为一定数值，这样一个安全电流值就和某一安全电压相对应。在实际使用中，大家所以习惯用安全电压来作为遵循的指标，这是由于在制订安全措施和进行保安设计时，使用安全电压往往比使用安全电流来得简便。

（一）安全电流

触电的特定条件和场合不同，触电后的危险程度也不同，因此确定安全电流的原则及安全电流的大小也就各不相同。例如，在某些情况下，触电后电源的存在时间是十分短暂的，经过一定时限后即能自动消除，因此当人体触及该电源时，无论是否能自主摆脱，过一定时间后，都会因为触电电源自动消失而摆脱，因此使得触电的持续时间有一定的界限。而触电的后果又和电流的持续时间有密切的关系，这就使得在确定安全电流值时必须考虑触电时间长短的影响，大接地电流系统的接触电压和跨步电压引起的触电就属于这种情况。

在大多数情况下，触电电源不会自动消除，可不计及触电时间的影响。但还可能由于触电场合不同，而对触电后果产生影响。例如在有些场合下发生触电不会产生其他形式的伤害，即所谓二次灾害；而在某些情况下，则会发生二次灾害。能否造成二次灾害，以及造成二次灾害的危险程度的不同，都将对安全电流的确定产生影响。为此本文将根据上述不同情况，分别对安全电流值进行讨论。

1. 触电电源能自动消除

越来越多的事实证明，电击致命大多由于心室颤动引起。从这一观点出发，可把不致引起心室颤动，而为人所能忍受的极限电流，作为安全电流值。当触电电源能自动消除时，确定允许电流时应考虑触电持续时间的影响。式（1-1）表达了引起心室颤动的极限电流和触电持续时间的关系，显然可以把该式作为触电电源能自动消除情况下的安全电流表示式，则

$$I \leqslant \frac{116}{\sqrt{t}} \tag{1-3}$$

式中 I——安全电流，mA；

t——触电持续时间，t=0.01～0.5s。

2. 触电电源不会自动消失，但无二次灾害

所谓二次灾害，系指触电以后引起的其他性质的伤害。例如游泳池、浴池等场所，发生触电后可能招致溺死。触电电源不会自动消失而又没有发生二次灾害的危险，这种情况下，

可将人所能忍受的极限电流，作为安全电流值，但考虑到触电时间可能比较长，因此必须取不致引起心室颤动的极限电流值作为以上条件下的安全电流值。前面已提及，当电流大于30mA时才有发生心室颤动的危险，故可把30mA作为当触电电源不会自动消失时的安全电流值。

3. 触电电源不会自动消失，但有发生二次灾害的危险

显而易见，在这些特别危险的场所，不宜再用心室颤动电流作为确定允许电流的依据，而应以摆脱电流作为依据。

（二）安全电压

安全电流确定以后，就可很容易地确定安全电压值，因为某一安全电压总是和一定的允许电流以及人体电阻数值相对应。

1. 触电电源能自动消除

当触电电源能自动消除时，安全电流按式（1-3）的关系式确定，而其安全电压则一般可由安全电流和人体电阻的乘积来决定，因此以上安全电压随着触电时间的变化而变化。例如大接地电流系统的接触电动势和跨步电动势的允许值，就是按以上原则考虑并计及接触电阻的作用所得到的。

2. 触电电源不会自动消除，但无二次灾害危险

触电电源不会自动消除而又没有发生二次灾害的危险是最常见的一种情况，因此其所对应的安全电压值是最基本的一个指标。我国所采用的基本安全电压为50V。50V的安全电压对应的允许电流为30mA，这是考虑接触电压为50V时人体电阻约为1700Ω的情况确定的。

3. 触电电源不会自动消失，但有发生二次事故的危险

对特别危险的场合，取安全电流为摆脱电流值，并取人体电阻的平均值为几百欧至几千欧，即可得该情况下的安全电压值（小于50V，如6、12、24、36V等）。

在GB 3805—1983《安全电压》中规定安全电压额定值的等级为42、36、24、12、6V。应注意的是，这个系列上限值在任何情况下（空载、正常或故障）、两导体间或任一导体与地之间电压均不得超过交流（50～500Hz）有效值50V。

第二节 触电形式及触电规律

一、触电形式

按造成触电的电源的形式，可把触电分为以下几种类型：

（一）直接触电

直接触电指直接触及运行中的带电设备或对带电设备产生接近放电所造成的触电。

直接触电可分为单相触电、两相触电和弧光触电。

1. 单相触电

单相触电是指当处于地电位的人体触及一相带电体所引起的电击，此时人体所承受的电压为相线对地电压，即相电压。

单相触电是最常见的一种触电方式，占全部触电事故的70%以上。由于电网的实际情况不同，发生单相触电后通过人体的电流差异较大，危害程度也各不相同，具体分析见本章

第三节。

2. 两相触电

两相触电是指人体的两个部位同时触及同一系统的两相带电体所引起的电击。此时，人体所承受的电压为三相系统中的线电压，是相电压的$\sqrt{3}$倍，触电危险性比单相触电更为严重，鞋袜、地板电阻都不起作用。

两相触电是最危险的触电方式。

3. 人体过分接近高压带电体造成弧光放电

当人体与带电体的空气间隙小于最小安全距离时，虽未与带电体相接触，也有可能发生触电事故。这是因为空气间隙的绝缘强度是有一定限度的，当绝缘强度小于电场强度时，空气将被击穿。此时人体常为电弧电流所损伤。因此，安全规程中对不同电压等级的电气设备，都规定了最小允许安全距离。

（二）间接触电

间接触电是指人体触及正常时不带电而故障情况下呈现对地电压的电气设备金属外壳所造成的人身触电事故。

间接触电可分为接触电压触电和跨步电压触电两种方式。

接触电压触电和跨步电压触电的特点是电击均发生在原来是零电位的接地回路上。带电部分发生碰壳接地或直接掉落在地面时，就有接地电流从接地回路和地中流过。并在该回路上产生一定的电压降落，使得原来均是零电位的接地回路出现了电位差。当人体的不同部位趋于具有不同电位的两点时，将有可能造成电击，也就发生了所谓的接触电压或跨步电压触电。所不同的是后者只发生在带有不同电位的地面上，而前者则在其他接地回路和地面有电位差时发生。

有关接触电压和跨步电压触电下文还将有详细介绍。

（三）感应电压触电

由于带电设备的电磁感应和静电感应作用，将会在附近停电设备上感应出一定的电位，其数值大小决定于带电设备的电压，电气和几何对称度，停电设备与带电设备的位置对称性以及两者的接近程度、平行距离等因素。

随着系统电压的不断提高，超高压双回路以及多回路同杆架设线路的不断出现，感应电压触电的问题将变得更为突出。

另外，由于电力线路对通信等弱电线路的危险感应，还经常造成通信等设备损坏甚至于工作人员触电伤亡，因此也必须同时对此引起注意。

（四）剩余电荷触电

电气设备的相间和对地之间都存在着一定的电容效应，当电源断开而停电时，由于电容器具有能储存电荷的特点，因此在刚断开电源的停电设备上将保留一定的电荷，这就是所谓的剩余电荷。如此时人体触及停电设备，就可能遭到剩余电荷的电击。设备的电容量越大，遭受电击的程度也就愈严重。因此对未装地线而且有较大容量的被试设备，应先行放电再做试验，高压直流试验时，每告一段落或试验结束时，应将设备对地放电数次并短路接地。放电应三相逐相进行。对并联补偿的电力电容器，即使装有能自动进行放电的装置，工作前也还应逐相对地进行多次放电；对星形连接的电力电容器，还必须对中性线部分进行多次对地放电。另外，在停电工作前，将停电设备三相短路接地，也可达到将剩余电荷泄放至大地的目的。

（五）雷电触电

雷电其实是自然界的一种气体放电现象。人一旦直接遭受雷击，会立即引起心脏纤维性颤动，导致死亡；或者人体组织受到严重破坏。

实际上多数雷电伤害事故，是由于反击或雷电流引入大地后，在地面产生很高的冲击电流，使人体遭受冲击跨步电压或冲击接触电压而造成电击伤害的。此外雷击架空线路或空中金属管道时，雷电波也可能沿以上物体而侵入室内，对人身造成反击。

（六）静电触电

静电主要是由于不同物质的互相摩擦产生，摩擦速度愈高、距离愈长、压力愈大，摩擦产生的静电越多；另外产生静电的多少还和物质的性质有关。

静电的危害主要是静电放电引起火灾或爆炸，但当静电大量积累产生很高的电压时，也会对人身造成伤害。

此外专家经过研究认为，空间电磁波也可以通过人体皮肤及其他器官，汇集大脑，干扰人们的植物神经和中枢神经，这一类“触电”称为电磁波伤害。

二、触电事故的发生规律

大多数触电事故是由于触电者缺乏电气安全知识，电气工作人员在工作中麻痹疏忽、违反安全操作规程，以及对电气设备运行监视不严，维修不善，检修不及时，检修质量差，造成电气设备绝缘下降，甚至漏电碰壳，当人触及电气设备时，便发生触电伤亡事故。可见，触电事故的发生是有规律可循的，它为制定安全措施最大限度地减少触电事故的发生提供了有效依据。触电事故的发生具有以下的规律：

(1) 触电事故具有季节性。70%～80%的触电事故，集中在6～9月份。其原因主要是这段时间正值炎热季节，人体汗多，人体电阻小，相应增大了触电的危险性。另外，这段时间潮湿多雨，电气设备的绝缘水平下降。再有，这段时间正值工农业用电高峰，用电量大，设备满负荷运行，使触电事故也随之增加。

(2) 低压触电事故多于高压触电事故。其主要原因是低压设备远多于高压设备，与低压设备接触的人相对较多，且缺乏电气安全知识。因此，应当将低压方面作为防止触电事故的重点。应当在低压系统中推广使用漏电保护装置，从而使低压触电事故得到大大降低。

(3) 农村触电事故多。其主要原因是农村用电条件较差、设备较简陋、技术力量相对薄弱、管理不严、群众的电气安全知识缺乏等，从而造成农村触电事故比例较高。

(4) 冶金、矿业、建筑、机械行业触电事故多。这些行业由于存在工作现场环境复杂(潮湿、高温)、移动式设备和携带式设备多、现场金属设备多等不利因素，使触电事故相对较多。

(5) 青年、中年人触电事故多。这主要是因为这层次的人员是电气设备操作人员的主体，他们直接接触电气设备，部分人还缺乏电气安全的知识，在工作中冒失、蛮干，甚至违章作业，造成触电事故。

(6) 携带式设备和移动式设备触电事故多。这主要是因为这些设备经常移动，在移动中拉破绝缘，外壳又无安全接地，当人触及带电外壳时就容易引起触电事故。

第三节　直接触电的危险性分析

发生人身触电事故时，由于各种条件不同，危害程度也就各不相同，本节将讨论电网中性点的运行方式、电网的对地阻抗等因素对人身触电电流的影响。

一、中性点接地的三相交流电网

发生三相电网相间触电时，后果一般非常严重。人同时接触到不同两相时，通过人体的电流为

$$I_r = \frac{\sqrt{3}U_{ph}}{R_r} \tag{1-4}$$

式中　I_r——通过人体的电流，A；

U_{ph}——电源的相电压，V；

R_r——人体电阻，Ω。

实际上发生最多的还是一相导线触电，即单相触电。

当人接触中性点接地系统的某一相导线时，如图1-1所示，通过人身的电流将经过大地与中性点构成回路，加在人体上的电压几乎为全部的电源相电压。根据欧姆定律，很容易求得触电电流为

$$I_r = \frac{U_{ph}}{(R_r + r_n) + R_0} \tag{1-5}$$

式中　R_0——电源的工作接地电阻，Ω；

r_n——人体与地面的接触电阻，Ω。

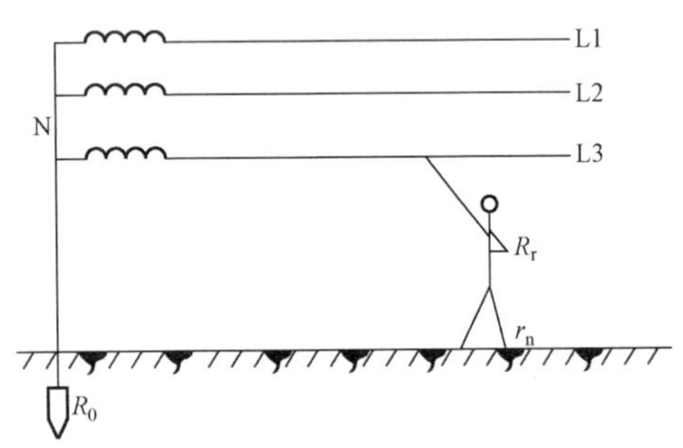

图1-1　接触中性点接地电网某一相导线

在正常情况下，地面接触电阻 r_n 和电源的工作接地电阻 R_0 与人体电阻 R_r 相比数值甚微，可忽略不计，则得

$$I_r = \frac{U_{ph}}{R_r}$$

因此当接触某一相导线时，人体接近于承受全部相电压。取 $U_{ph}=220V$，$R_r=1000\Omega$，则有

$$I_r = \frac{220}{1000} = 0.22 \quad (A)$$

显然，该电流超过人身触电电流的安全极限值（30mA）很多，必然是极其危险的。

分析式（1-5）还可知，对中性点接地系统来说，人接触某一相导线时触电电流的大小，主要决定于人体电阻、地面接触电阻和电源的工作接地电阻等，而与电网绝缘好坏及规模无关。另外，如能把接触电阻提高到一个较大的数值，显然对降低低压触电的危险程度，必将有十分明显的效果。

例如，当人站立在干燥的木质地板或橡皮垫上，由于以上材料的电阻可高达0.5～1MΩ，因此单此一项就可把流经人体的电流限制在0.22～0.44mA左右，显然这对人身是十分安全的。因此，对有可能误接触低压带电部分的电气工作人员来说，在工作时穿戴电工绝缘鞋，以作为辅助安全用具，是十分必要的。

二、中性点不接地的三相交流电网

对于中性点不接地的三相电网，当发生相间触电时，情况和中性点接地的三相电网完全相同；但如果人体只接触某一相导线，两者的结果就有很大的差别了。在中性点接地系统中，触电电流和电网的绝缘好坏及规模大小等无关，而中性点不接地的三相电网则不然，它与电网的对地阻抗（对地绝缘电阻及对地电容等）有着密切的关系。

图 1-2（a）为中性点不接地电网发生人身单相触电时的系统图。假设三相电网对称，且忽略电网各相的纵向参数。图中，Z 为电网的每相对地复阻抗，U_{ph} 为电源的相电压值，R_r 为触电者的人体电阻。

求人身触电电流时，根据戴维南原理可得到如图 1-2（b）所示的等效电路。等效电路中的电压源为一端口网络的开路电压，即在无人触电时该相的对地电压。显然，该电压为该相的电源相电压 $\dot{U}_{ph}$。等效电路中的内阻抗为网络中各电压源全部短路后从该开口看进去的等效阻抗。显然，该阻抗为 $Z/3$。

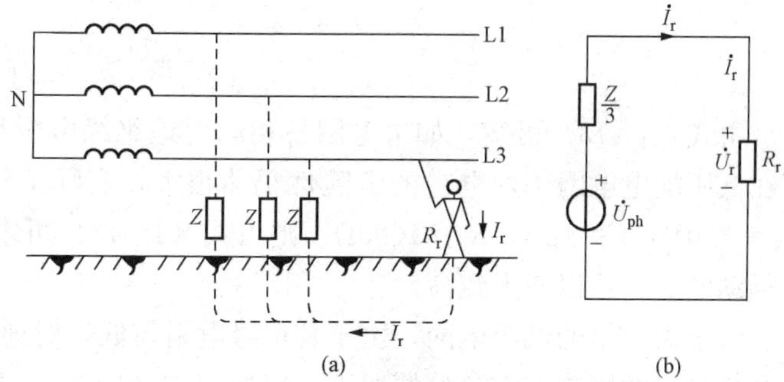

图 1-2　接触中性点不接地电网某一相导线

（a）考虑人身触电时的中性点不接地系统图；（b）人身触电等效电路图

根据等效电路图 1-2（b），可求出加在人体上的电压与流过人体的触电电流分别为

$$\dot{U}_r = \frac{R_r}{R_r + Z/3}\dot{U}_{ph} = \frac{3R_r}{3R_r + Z}\dot{U}_{ph} \tag{1-6}$$

$$\dot{I}_r = \frac{\dot{U}_r}{R_r} = \frac{3\dot{U}_{ph}}{3R_r + Z} \tag{1-7}$$

式中　$\dot{U}_r$ ——人体承受的电压，V；

$\dot{I}_r$ ——流过人体的电流，A；

$\dot{U}_{ph}$ ——人体接触某一相时，该相的电源相电压，V；

R_r ——人体电阻，Ω；

Z ——电网每相对地复阻抗，也称为电网的零序复阻抗，Ω。

式（1-6）、式（1-7）为中性点不接地三相电网中发生单相触电时的一般计算公式。下面根据电网对地阻抗的实际情况给予具体讨论。

电网每相对地复阻抗 Z 实际上为电网每相对地绝缘电阻 R 与对地电容 C 的并联值。对于对地绝缘电阻较低、对地电容较小的情况，计算时可不计对地电容的影响，只考虑绝缘电阻的影响即可。假设三相对地绝缘电阻均为 R，则式（1-6）、式（1-7）分别可简化为

$$\dot{U}_r = \frac{3R_r}{3R_r + R}\dot{U}_{ph} \tag{1-8}$$

$$\dot{I}_r = \frac{3\dot{U}_{ph}}{3R_r + R} \tag{1-9}$$

对于对地电容较大，同时对地绝缘电阻又很高的情况，计算时可不计绝缘电阻的影响，只考虑对地电容的影响即可。假设三相对地电容均为 C，则式（1-6）、式（1-7）可简化为

$$\dot{U}_r = \frac{3R_r}{3R_r + (-jX_C)}\dot{U}_{ph} \tag{1-10}$$

$$\dot{I}_r = \frac{3\dot{U}_{ph}}{3R_r + (-jX_C)} \tag{1-11}$$

在实际计算时，通常只需知道人体承受的电压和流过人体电流的大小（即有效值），此时只要对式（1-10）、式（1-11）分别取模即可，则有

$$U_r = \frac{3R_r}{\sqrt{(3R_r)^2 + (X_C)^2}}U_{ph} = \frac{3R_r\omega C}{\sqrt{1 + 9R_r^2\omega^2C^2}}U_{ph} \tag{1-12}$$

$$I_r = \frac{3}{\sqrt{(3R_r)^2 + (X_C)^2}}U_{ph} = \frac{3\omega CU_{ph}}{\sqrt{1 + 9R_r^2\omega^2C^2}} \tag{1-13}$$

由式（1-13）可知，如果电网各相的对地绝缘电阻很高，但各相的对地电容较大，即使在低压配电电网中，电击的危险性仍然很大，实际工作中千万不可掉以轻心。例如，设 $U_{ph}=220V$，$C=1\mu F$，$R_r=1000\Omega$，则由式（1-13）可求得触电电流为151mA，远大于心室颤动电流，足以使人致命。

对于大容量的低压电网，由于其绝缘电阻较低，对地电容又较大，故两者都将对触电后果产生较大的影响。在这种情况下，应按照式（1-6）、式（1-7）进行计算。

第四节　防止人身触电的技术措施

人身触电的形式很多，针对不同形式的触电事故，应采取不同的安全防护措施，其中又以直接触电和间接触电最为常见。本节只讨论防止直接触电与间接触电的措施，而其他形式的触电防范措施将穿插在各有关章节里。值得一提的是，无论哪一种触电事故总是突然发生，且在极短的时间内造成难以挽回的后果，因此触电事故的防护要着重以防为主。

一、直接触电的防护措施

为了防止直接触电事故，不仅要求正确选用电工器材，严格按照电气安装规程的有关规定正确架设安装，以及使用者必须遵守有关安全规程以外，而且要求电工产品的设计、结构、制造质量也要符合有关部门制定的一系列技术条件、标准和规范。主要安全保护措施如下。

1. 绝缘

绝缘是指利用绝缘材料对带电体进行封闭和电位隔离。良好的绝缘是保证设备和线路正常工作的必要条件，也是防止触电事故的重要措施。设备或线路的绝缘必须与所采用的电压相符合，必须与周围环境和运行条件相适应。

绝缘是防止直接触电的最基本措施。应当注意的是，单独采用涂漆、漆包等类似的绝缘来防止直接触电是不够的。

2. 屏护

屏护即采用遮栏、护罩、护盖或围栏等把危险的带电体同外界隔离开来，以防止人体触及或接近带电体所引起的触电事故。屏障能防止无意触及带电体外，至少应使人意识到超越屏障或围栏会发生危险，而不致去随意触及带电体。

屏护装置主要用于电气设备不便于绝缘或绝缘不足以保证安全的场合。例如开关电器的可动部分一般不能包以绝缘，因此需要屏护。对于高压设备，由于全部绝缘往往有困难，如果人接近至一定程度时，就会发生严重的触电事故。因此，不论高压设备是否有绝缘，均应采用屏护或其他防止接近的措施；室内、外安装的变压器和配电装置应装有完善的屏护装置；当作业场所临近带电体时，在作业人员与带电体之间、过道、入口等处均应装设可移动的临时性屏护装置。

可根据具体情况，采用栅栏、遮栏和板状屏护装置。栅（遮）栏与设备带电部分的距离应满足有关规定值。为防止意外带电而造成触电事故，对金属材料制成的屏护装置必须实行可靠的接地措施。

为了便于检查，一般室内配电装置宜装网状遮栏。网眼不应大于 20mm×20mm，以防止工作人员在检查时将手或工具伸入遮栏内。网状遮栏的高度不低于 170cm，使个子高的人也不可能将手伸过遮栏上端。栅栏一般装在户外配电装置周围。栅栏的高度在户外应不低于 150cm，在户内不低于 120cm。栅栏栏杆间的距离和最下一层与地面的距离，一般不应超过 40cm。

3. 障碍

设置障碍可防止无意触及或接近带电体，但这并不能防止有意识移开、绕过或翻越该障碍触及或接近带电体，所以是一种不完全的防护。

4. 间距

间距是指带电体与地面之间、带电体与其他设备和设施之间、带电体与带电体之间必要的安全距离。凡易于接近的带电体，应保持在伸出手臂时的所及范围之外。正常操作时，凡使用较长工具者，间隔应加大。间距是将可能触及的带电体置于可能触及的范围之外，在间距的设计选择时，既要考虑安全要求，同时也要符合人—机工效学的要求。

不同电压等级、不同设备类型、不同安装方式和不同的周围环境所要求的间距不同。

5. 电气隔离

这种措施是采用变比为 1∶1，即一次侧与二次侧电压相等的隔离变压器实现工作回路与其他电气回路电气上的隔离。电气隔离的保护原理是在隔离变压器的二次侧构成了一个不接地的电网，因而阻断了在二次侧工作的人员单相触电时电击电流的通路。

图 1-3 所示为电气隔离的原理图。从图中可以看出，电气隔离实质是将接地电网转换为一范围很小的不接地电网。分析图中 a、b 两人的触电危险性可以看出正常情况下，由于 N 线（或 PEN 线）直接接地，使流经 a 的电流沿系统的工作接地和重复接地构成回路，a 的危险性很大；而流经 b 的电流只能沿绝缘电阻和分布电容构成回路，电击的危险性可以得到很大的抑制。

电气隔离的回路必须符合以下条件：

(1) 变压器一、二次侧间有加强绝缘。由于变压器的一次侧中性线是接地的，如果变压器的一、二次侧之间有电气连接，当有人在二次侧单相触电时就可能通过一、二次侧的连接处，经一次侧的接地电阻构成回路。因此，电源变压器的一、二次侧不得有电气连接，并具有加强绝缘的结构。

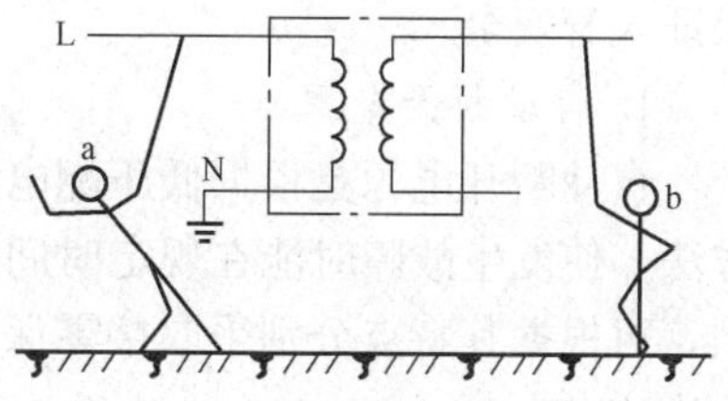

图 1-3 电气隔离原理图

（2）二次侧保持独立。为保证安全，隔离回路不得与其他回路及大地有任何连接。凡采用电气隔离作为安全措施的，还必须有防止二次侧回路故障接地和串联其他回路的措施。对于二次侧回路较长者，还应装设绝缘监视装置。

（3）二次侧线路要求。二次侧线路电压过高或线路过长，都会降低回路的对地绝缘水平，增大故障接地的危险。因此，必须限制电源电压和二次侧线路的长度。按照规定，应保证电源电压$U \leqslant 500V$，线路长度$L \leqslant 200m$，且电压与长度的乘积$UL \leqslant 100000V \cdot m$。

（4）等电位连接。当隔离回路中两台距离较近的设备发生不同相线碰壳的故障时，这两台设备外壳将带有不同的对地电压。例如有人同时触及这两台设备，则接触电压为线电压，触电危险性极大。因此，如隔离回路带有多台用电设备（或器具），则各台设备（或器具）的金属外壳应采取等电位连接措施。这时，所用插座应带有供等电位连接的专用插孔。

还应注意的是，单相隔离变压器的额定容量不应超过25kVA，三相隔离变压器的额定容量不应超过40kVA。一般用途的单相安全隔离变压器的额定容量不应超过10kVA，三相的不应超过40kVA。隔离变压器的空载输出电压交流不应超过1000V，脉动直流不应超过$1000\sqrt{2}V$。一般用途的安全隔离变压器的空载输出电压交流不超过50V，脉动直流不应超过$50\sqrt{2}V$。

6. 安全电压

我国安全电压标准规定的交流电安全电压的系列是42、36、24、12V和6V。具体选用时，应根据使用环境、人员和使用方式等因素确定。有触电危险场所中使用的手持电动工具应采用42V安全电压；有电击危险环境中使用的手持照明灯和局部照明灯应采用36V或24V安全电压；金属容器内、隧道内、水井内以及周围有大面积接地导体等工作地点，狭窄、行动不便的环境或特别潮湿处等特别危险环境中使用的手持照明灯应采用12V安全电压；水下作业等特殊场所应采用6V安全电压。当电气设备采用24V以上安全电压时，必须采取防护直接接触电击的措施。

采用安全电压，必须具备以下条件：①安全电压的供电电源要使用隔离变压器，使其输入电路与输出电路实现电路上可隔离，或采用独立电源；②隔离变压器的低压侧出线端不准接地；③设备本身及其附件没有能被人体触及的带电体（低于25V时不要求）；④采用超过24V的安全电压时，必须采取防止直接触及带电体的保护措施。

7. 漏电保护

漏电保护又叫剩余电流保护或触电保安装置。漏电保护仅能供作附加保护而不应单独使用，其动作电流最大不宜超过30mA。具体介绍见本章第九节。

二、间接触电的防护措施

在人身触电事故中，间接触电所占的比例是相当高的。为此，一般采取下列技术措施来保证人身安全。

1. 自动断开电源

自动断开电源是根据低压配电网的运行方式和安全需要，采用适当的自动化元件和连接方法，使发生故障时能在规定时间内自动断开电源，防止接触电压的危险。对于不同的配电网，可根据其特点分别采取接零保护、漏电保护、过电流保护、熔断器保护及绝缘监视等保护措施。

保护接零、漏电保护的具体介绍分别见本章的第六节、第九节。

2. 加强绝缘

加强绝缘是指采用有双重绝缘或加强绝缘的电气设备，或者采用另有共同绝缘的组合电气设备，以防止工作绝缘损坏后在易接近部分出现危险的对地电压。图 1-4 为双重绝缘结构的示意图。

3. 不导电环境

这种不导电环境是指地板和墙都用不导电材料制成，以及可能同时出现不同电位的两点间距离能够超过 2m 时。这种措施是为防止工作绝缘损坏时人体同时触及不同电位的两点而导致触电。

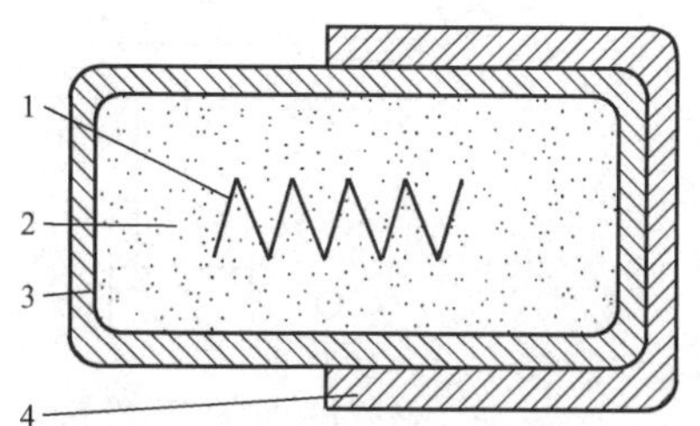

图 1-4 双重绝缘结构示意图
1—带电体；2—基本绝缘；
3—保护绝缘；4—金属壳体

不导电环境必须符合以下安全要求：

(1) 电压 500V 及以下者，地板和墙每一点的电阻不应小于 50kΩ；电压 500V 以上者不应小于 100kΩ。

(2) 保持间距或设置屏障，防止人体在工作绝缘损坏后同时触及不同电位的导体。

(3) 具有永久性特征。为此，场所不会因受潮而失去绝缘性能，不会因引进其他设备而降低安全水平。

(4) 为了保持不导电特征，场所内不得有保护线或保护地线。

(5) 有防止场所内可能的高电位引出场所范围的措施。

4. 降低设备外壳的预期接触电压

例如采用保护接地措施，详细内容见本章第五节。

5. 等电位环境

等电位环境是将所有容易同时接近的裸导体（包括设备外的裸导体）互相连接起来，等化或减小其间的电位差，防止接触电压。等电位范围不应小于可能触及带电体的范围。

6. 安全电压

与防直接电击所采用的安全措施类似，不再重述。

第五节 保 护 接 地

一、保护接地的概念

保护接地是故障情况下可能出现接触电压的电气装置外露可导电部分（如外壳、构架或机座）与独立的接地装置相连接。保护接地应用十分广泛，是防止间接接触电击的重要技术措施之一。

二、保护接地的原理

1. 中性点不接地系统

如图 1-5 (a) 所示，在不接地的低压配电系统中，如果未采取任何安全措施，则当某一相碰壳时，通过人体的接地电流 I_r 与电网对地绝缘阻抗形成回路。当各相对地绝缘阻抗相等时，根据本章第二节的介绍（或利用戴维南定理），可求得漏电设备对地电压为

$$U_d=\frac{3R_r}{|3R_r+Z|}U_{ph} \tag{1-14}$$

式中 U_d——漏电设备对地电压，V；

U_{ph}——电网相电压，V；

R_r——人体电阻，Ω；

Z——电网每相对地绝缘的复数阻抗，Ω。

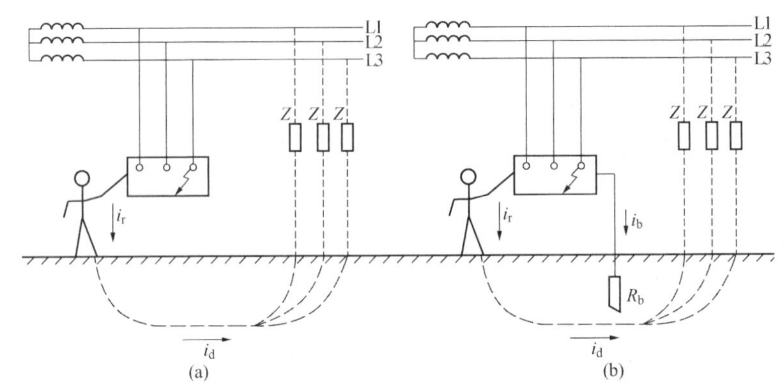

图 1-5　保护接地原理

(a) 未装保护接地；(b) 装有保护接地

绝缘阻抗 Z 是绝缘电阻 R 与分布电容 C 的并联阻抗。当电网分布范围不大，接用电气设备不多，且绝缘电阻较高时，漏电设备对地电压不高；但当电网分布范围大，接用电气设备多，绝缘电阻显著降低时，对地电压可能上升到危险程度。例如，当电网相电压为 220V、人体电阻为 1000Ω、各相对地绝缘电阻为 0.5MΩ，各相对地分布电容分别为 0.1、0.2、0.3μF 和 0.4μF 时（井下电网可达 5μF 以上），对地电压分别为 20.56、40.54、59.54V 和 77.21V。

当 $R \gg \frac{1}{\omega C}$ 或 $R \ll \frac{1}{\omega C}$ 时，式（1-14）可简化为

$$U_d = \frac{3R_r \omega C}{\sqrt{1+9R_r^2\omega^2C^2}} U_{ph} \tag{1-15}$$

或

$$U_d = \frac{3R_r}{3R_r+R} U_{ph} \tag{1-16}$$

在这种情况下，若采用如图 1-5（b）所示的保护接地措施。这时保护接地电阻 R_b 与 R_r 并联，又因为 $R_b \ll |Z|$，则一般情况下漏电设备外壳的对地电压为

$$U_d = \frac{3(R_r /\!/ R_b)}{|3(R_r /\!/ R_b) + Z|} U_{ph} \approx \frac{3R_b}{|3R_b + Z|} U_{ph} \tag{1-17}$$

由式（1-17）可见，漏电设备的对地电压大大降低。只要适当控制 R_b 的大小，即可以限制漏电设备对地电压在安全范围之内。例如，在上面给定一组数值的情况下，如取 R_b = 4Ω，则设备对地电压分别降低为 0.08、0.17、0.25V 和 0.33V，触电危险得以消除。

在不接地电网中，单相接地电流主要决定于电网的特征，如电压的高低、供电范围的大小、敷设的方式及绝缘质量等。由于绝缘阻抗一般都比较大，单相接地电流都比较小，使得有可能通过保护接地把漏电设备对地电压限制在安全范围之内，保护效果是明显的。

【例 1-1】 某 380V IT 系统，由数公里长的电缆线路供电，已知系统对地阻抗 $Z \approx X_C = 7000\Omega$，该系统有人触及故障电机外壳，试计算在有、无保护接地的情况下通过人身的电流和设备对地电压各为多少。（保护接地电阻等于 4Ω，人体电阻取 1000Ω）

解　系统相电压 $U_{ph} = \frac{380}{\sqrt{3}} = 220$（V）

$$R_b = 4\Omega,\quad R_r = 1000\Omega,\quad Z = 7000\Omega$$

（1）设备无保护接地时，通过人体电流为

$$I_r = \frac{3U_{ph}}{|3R_r + Z|} = \frac{3 \times 220}{\sqrt{(3 \times 1000)^2 + 7000^2}} = 87\ \text{(mA)}$$

对地电压为

$$U_d = I_r R_r = 87\ \text{(V)}$$

（2）设备有保护接地时，对地电压为

$$U_d = \frac{3R_b}{|3R_b + Z|} U_{ph} = \frac{3 \times 220 \times 4}{\sqrt{(3 \times 4)^2 + 7000^2}} = 0.38\ \text{(V)}$$

通过人体电流为

$$I_r = \frac{U_d}{R_r} = 0.38\ \text{(mA)}$$

由［例 1-1］说明当系统对地电容较大时，设备外露可导电部分对地电压可能超过安全电压上限值，从而通过的人体电流超过允许电流。如采用了保护接地，设备对地电压将大大降低，通过人体的电流也大大减少（不足 1mA），从而起到了保安的作用。

2. 中性点直接接地系统

如图 1-6 所示，设备无保护接地时当设备绝缘损坏发生单相接地故障，并有人触及外露可导电部分时，则相当于接地系统中人体单相接地，通过人体的电流为 $I_r = \frac{U_{ph}}{R_r + R_0}$，则 $U_d = U_{ph}\frac{R_r}{R_r + R_0}$。

由于 $R_r \gg R_0$，一般对地电压接近于相电压。

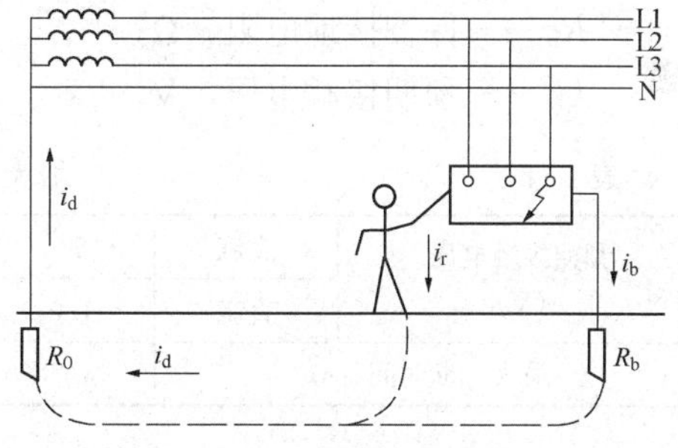

图 1-6　TT 系统保护接地效果

若设备采用保护接地，保护接地电阻和人体电阻并联，由于 $R_r \gg R_b$，此时设备外露可导电部分对地电压为

$$U_d \approx I_d R_b = U_{ph}\frac{R_b}{R_0 + R_b} \tag{1-18}$$

U_d 将随 R_b 的减小而降低，从而减小触电伤害程度。

【例 1-2】 某 380/220V 中性点接地系统，设 $R_0 = 4\Omega$，$R_b = 4\Omega$，求设备单相接地故障时，在有、无保护接地情况下的对地电压（人体电阻取为 1000Ω）。

解　已知系统相电压为 220V，中性点接地电阻为 4Ω，$R_r = 1000\Omega$，接线示意图如图 1-7所示。

（1）无保护接地，即 $R_b = \infty$ 时，等值电路如图 1-7（a）所示，由图可知

$$U_d = U_{ph}\frac{R_r}{R_0 + R_r} = 220 \times \frac{1000}{4 + 1000} \approx 220\ \text{(V)}$$

（2）设备外壳与接地装置相连接且 $R_0=4\Omega$，等值电路如图 1-7（b），由图可知

$$U_d \approx U_{ph}\frac{R_b}{R_0+R_b}=220\times\frac{4}{4+4}=110\ (\text{V})$$

［例 1-2］告诉我们，中性点直接接地系统中采用了保护接地后，对地电压由 220V 降为 110V，虽然有了大幅度的下降，但 110V 仍然远大于安全电压上限，并未消除间接触电的危险。另外，由于保护接地电阻和电源的中性点接地电阻都是欧姆级的电阻，因此发生单相碰壳事故后，故障电流（从大地返回）不可能太大。这种情况下，一般的过电流保护装置不会动作，不能及时切断电流，使外壳的危险电压长时间延续下去。所以，对于中性点直接接地的供电系统来说，一般不宜采用保护接地措施。

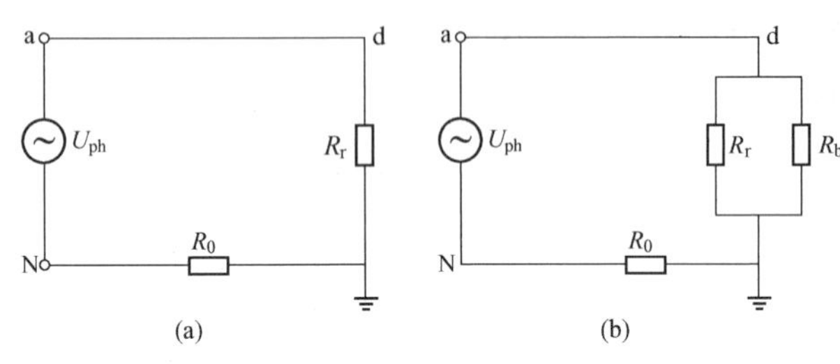

图 1-7 ［例 1-2］的等值电路
（a）$R_b=\infty$；（b）$R_0=4\Omega$

三、保护接地应满足的条件

从前面分析可知，保护接地的基本原理就是限制故障设备外壳对地电压在安全预期接触电压以内。为保证最大接触电压在允许的持续时间内，不超过表 1-6 中预期接触电压值，保护接地必须满足下列条件，即

$$I_{jd}R_b \leqslant U_j \tag{1-19}$$

式中 I_{jd}——系统可能出现的接地电流，A；

R_b——保护接地电阻，Ω；

U_j——预期接触电压，V。

表 1-6　　最大接触电压持续时间

预期接触电压（V）									
预期接触电压（V）	交流	<50	50	75	90	110	150	220	280
	直流	<120	120	140	160	175	200	250	310
最大切断时间（s）		∞	5	1	0.5	0.2	0.1	0.05	0.03

为满足式（1-19）要求可采取下列措施。

1. 降低保护接地电阻

仍以 380/220V 中性点直接接地系统为例，若系统中性点接地电阻仍为 4Ω，要保证 U_d 不大于 50V，即

$$U_d=U_{ph}\frac{R_b}{R_0+R_b}\leqslant 50\text{V}$$

则保护接地电阻 $R_b\leqslant 1.176\Omega$，从理论上说，只要控制 $R_b\leqslant U_j/I_{jd}$，保护接地就能可靠地防止接触电压触电，但实际上，降低 R_b 不是无限制的。要取得较小的接地电阻，必然要提高接地装置的造价，R_b 的降低受经济条件制约；同时在某些地质条件下使 R_b 减小到 1Ω 左右几乎是不可能的。一般 R_b 取 4Ω。

2. 采用漏电保护装置

从前面分析可知，低压设备的单相接地故障电流不可能太大，往往不足以过流或短路保

护装置（如熔断器）动作，而使危险的对地电压持续存在。如果设备采用漏电保护装置（后面将介绍），几十至几百毫安的接地电流就能使漏电保护器启动，迅速切断电源，设漏电保护器动作电流为100mA，为满足预期接触电压不大于50V，显然保护接地电阻只要不大于500Ω就能满足要求。

此外，将TT系统改为TN系统，即将保护接地改为保护接零也能取得较好的效果。

四、保护接地的适用范围

保护接地适用于各种不接地电网，包括交流不接地电网和直流不接地电网，也包括低压不接地电网和高压不接地电网等。在这类电网中，凡由于绝缘破坏或其他原因而可能呈现危险电压的金属部分，除另有规定外，均应接地。保护接地的适用范围主要包括：

（1）电机、变压器、电器、携带式或移动式用电器的金属底座和外壳；

（2）电气设备的传动装置；

（3）屋内外配电装置的金属或钢筋混凝土构架以及靠近带电部分的金属遮拦和金属门；

（4）配电、控制、保护用的盘（台、箱）的金属框架和底座；

（5）交、直流电力电缆的接线盒、终端盒的金属外壳和电缆的金属护层、穿线的钢管；

（6）电缆桥架、支架和井架；

（7）装有避雷线的电力线路杆塔；

（8）装在配电线路杆上的电力设备；

（9）在非沥青地面的居民区内，无避雷线的小接地电流架空电力线路的金属杆塔和钢筋混凝土杆塔；

（10）电除尘器的构架；

（11）封闭母线的外壳及其裸露的金属部分；

（12）SF封闭式组合电器和箱式变电站的金属箱体；

（13）电热设备的金属外壳；

（14）控制电缆的金属护层。

第六节 保 护 接 零

一、保护接零的概念

保护接零就是将电气设备在正常情况下不带电的金属部分与电源接地中性线（俗称零线）紧密连接起来。保护接零也是低压系统防止间接触电的重要措施之一。

二、保护接零的原理

如图1-8所示，在中性点直接接地的三相四线制配电网中，采用保护接零的设备发生碰壳故障时，故障电流经电源相线和中性线构成回路，由于回路阻抗很小，使接地故障转变为单相短路故障，短路电流很大，足以使线路上的保护装置（如自动开关或熔断器）迅速可靠地动作，迅速切断故障设备供电，缩短了接触电压

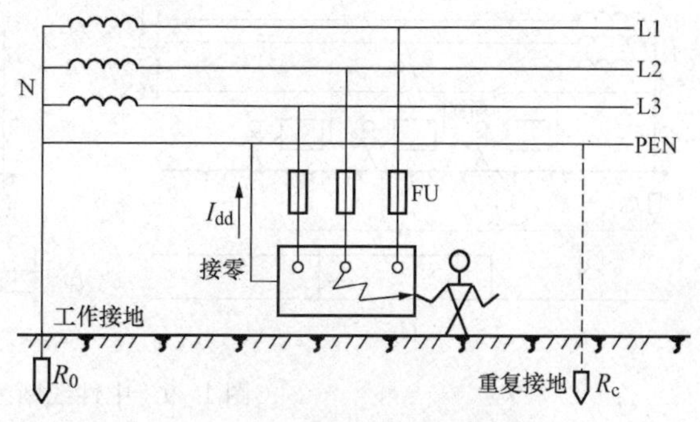

图1-8 保护接零的原理

持续时间，从而消除电击的危险。

三、保护接零应满足的条件及应注意的问题

（1）保护灵敏度应达到要求。保护接零的实质是借相零回路低阻抗形成大的短路电流，迫使继电保护装置动作切断供电。也就是说，接零的保护作用不是由单独接零来实现的，而是要与其他线路保护装置配合使用才能完成。因此验算单相短路电流与保护装置动作电流的适应性是保护接零能否发挥作用的关键条件。单相短路电流取决于配电网电压和相零线回路阻抗。

当采用自动开关保护时，动作特性是定时限的，只要短路电流达到瞬时脱扣电流的 1.1 倍，就能可靠动作，考虑短路电流计算的误差和开关脱扣电流整定的偏差，要求灵敏度应不小于 1.5 倍。当设备采用熔断器保护时，因为熔丝是靠电源的热效应而切断供电的，电流越大动作越快，即熔丝的安秒特性呈反时限特性。因此为了保证迅速切断故障，一般要求灵敏度应不小于 4。

（2）低压电网中性点必须有良好的工作接地。其电阻值 $R_0<4\Omega$，这样，如果高、低压绕组相碰或低压绕组一相碰壳，入地的接地电流流过工作接地所造成的中性线对地电压值可以受到接地电阻的限制。

（3）中性线不能断线。在三相四线制供电系统中，中性线既是负荷电流的通路，也是设备单相碰壳故障电流的通路。如果中性线断线、三相负荷不平衡时，中性点位移将使负荷三相电压不对称而无法正常工作，甚至烧坏设备；如果中性线断线，单相碰壳故障将无法形成短路故障，故障点供电不会被切断，保护接零不起作用，且断点后的中性线上及全部与中性线相连的设备外壳均呈现危险的对地电压，使故障范围扩大。为此规定，TN 系统的中性线上不允许装熔断器或单极隔离开关，避免造成断线。同时有关文件还建议低压线路中性线截面采取与相线同截面的导线，以增加中性线的机械强度，减少断线几率。

（4）中性线必须重复接地。保护接零除了系统中性点工作接地外，必须将中性线在一处或多处重复接地。其主要作用如下：

1）减轻中性线断线或接触不良时触电的危险性。在很多情况下，中性线断开或接触不良的可能性是不能完全排除的。无重复接地时，如果中性线断线同时断线处后面某电气设备碰壳短路，则断线处两地接零设备的对地电压分别接近零和相电压［见图 1－9（a）］。

如果像图 1－9（b）那样有重复接地电阻 R_c 时，情况就与图 1－9（a）不一样了。此时断线两边的对地电压分别为 $U_0=I_dR_0$ 和 $U_c=I_dR_c$。显然，U_0 和 U_c 都低于相电压，触电危险程度一般就得以降低。

注：图 1－9 中下方表示的是相应情况下的电位分布曲线。

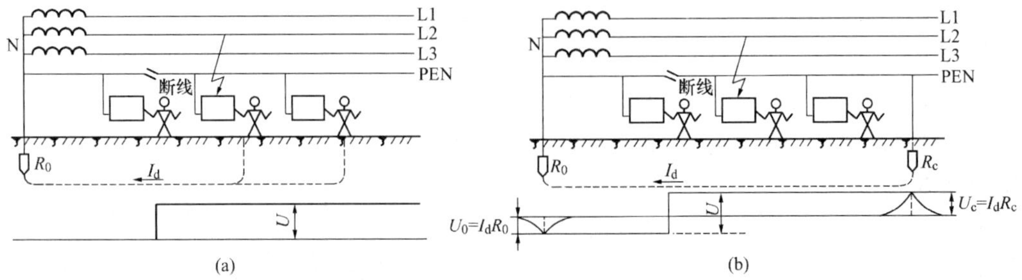

图 1－9 中性线断线与设备漏电

（a）无重复接地；（b）有重复接地

2）缩短事故持续时间，降低漏电设备对地电压。如图 1 - 10 所示，采用重复接地后，重复接地和工作接地并联，降低了相零回路的阻抗，因此发生短路时，能增加短路电流，加速线路保护装置动作，缩短了事故持续时间。另外，短路电流加大后，变压器内部及相线上的压降增加，从而使中性线上压降减小。这时有了 R_c，中性线对地电压重新分布。显然，设备对地电压只是中性线电压降的一部分。

3）降低三相不平衡负荷电流造成的中性线电压。系统在设备完全正常运行的情况下，如三相负荷不平衡时，中性线有负荷电流流过，电流的大小随负荷的不平衡程度而增大，该电流在中性线阻抗上也必然产生压降，而使接零设备上呈现对地电压，和上面同理，设有重复接地后，也可降低中性线对地电压，规程要求中性线对地电压应不大于 50V。

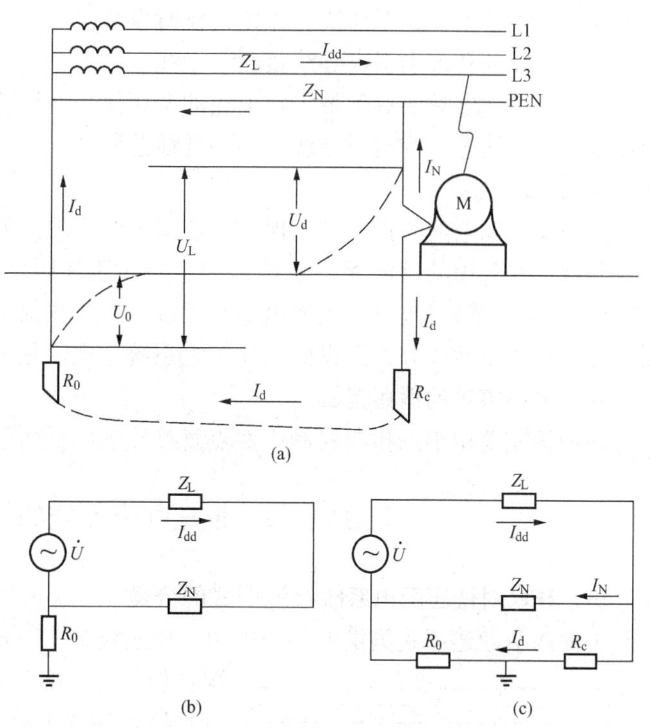

图 1 - 10 重复接地降低漏电设备对地电压
（a）接线和对地电压分布；（b）无重复接地等值电路；
（c）有重复接地等值电路

应当注意的是，迅速切断电源供电是保护接零的基本保护方式，如不能实现这一基本保护方式，即使重复接地，往往也只能减轻危险，而难以消除危险。

采用重复接地是为了提高保护接零的可靠性。为此，要求以下处所应装设重复接地：架空线路的干线和分支线的终端、沿线每 1km 处，分支线长度超过 200m 的分支处；电缆和架空线在引入车间或大型建筑物处；采用金属管配线时，金属管与保护线连接处；采用塑料管配线时，另行敷设保护线处。

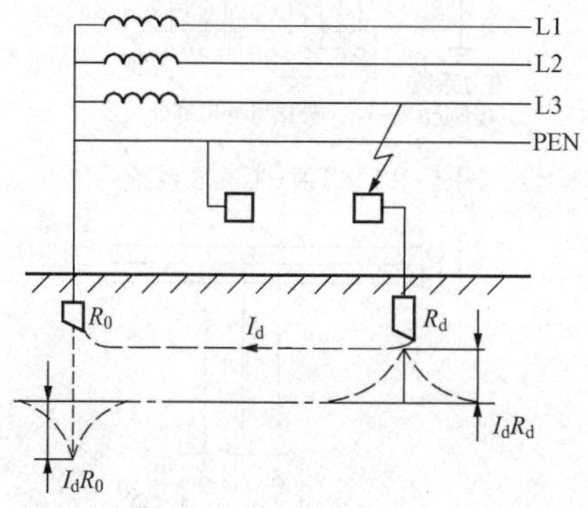

图 1 - 11 同一低压电网中，混用接地、接零时的危险

低压线路中性线每一重复接地装置的接地电阻不应大于 10Ω，而电源容量在 100kVA 以下者，不应超过 30Ω，但重复接地不应少于 3 处。

中性线的重复接地应充分利用自然接地体。

（5）在由同一台发电机、同一台变压器或同一段母线供电的低压电网中，不宜同时采用接地、接零两种保护方式。否则，当保护接地的用电设备碰壳短路时，接零设备的外壳上将产生 I_dR_0 对地电压，这样将会使故障范围扩大，如图 1 - 11 所示。

（6）所有电气设备的保护线，应以“并联”方式连接到零干线上。比如，使用单相三孔插座时，不允许将插座上接电源中性线的孔同保护线的孔串接。因为一旦中性线松脱或断开就会使设备的金属外壳带电，在中性线、相线接反时也会使外壳带电。正确接法是由接电源中性线的孔和接保护线的孔分别引出导线接到中性线上。

（7）手持式电具要有不带工作电流的专用接中性线芯，不可利用既带工作电流又兼用保护接零的同一线芯。否则当导线中的中性线芯断开时，电具的金属外壳将会出现大小相当于相电压的对地电压。

作为间接触电的防护，接零保护是有很大作用的。但目前我国还有不少地方采用的是中性线与保护线共用的接零保护系统，理论与实践表明，这种保护系统还是存在一定的问题（详见本章第七节）。改进的主要措施是敷设专用接零保护线，即采用单相三线制和三相五线制，保护线和中性线分别敷设的低压配电系统，也就是下一节要介绍的 TN－S 系统。

四、保护接零的适用范围

保护接零适用于三相四线制中性点直接接地的低压配电系统中。

第七节　低压配电系统的接地型式

一、IEC 对低压配电系统接地型式的分类

上面两节叙述了我国供电系统采用三相三线制、三相四线制及保护接地或保护接零的情况，但是这些名词术语不是十分规范，内涵也不是十分严格，基本上是沿用前苏联低压配电网的制式（即配电制与保护方式）。

国际电工委员会（IEC）第 64 技术委员会（建筑电气装置技委会，TC64），则将低压电网的配电制及保护方式分为 TT、TN、IT 系统三类。按照中性线和保护线的组成情况，TN 系统又可分为 TN－C、TN－S 和 TN－C－S 三种系统，分别如图 1－12～图 1－16 所示。

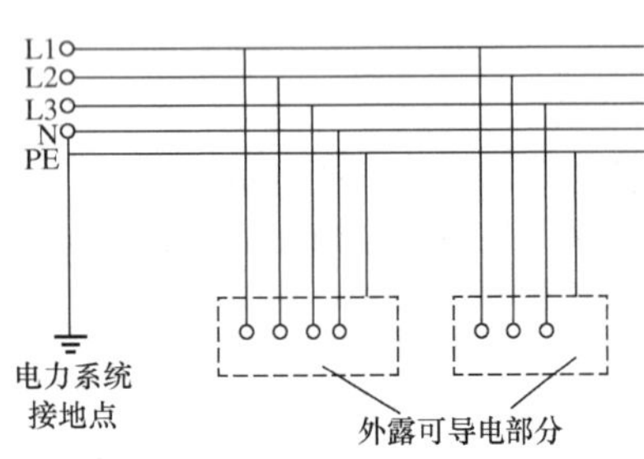

图 1－12　TN－S 系统

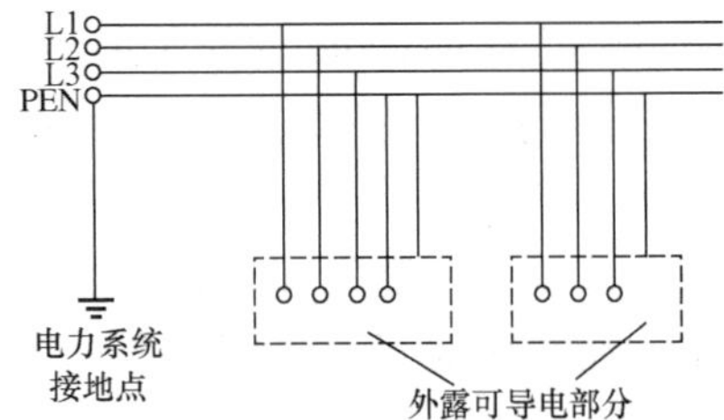

图 1－13　TN－C 系统

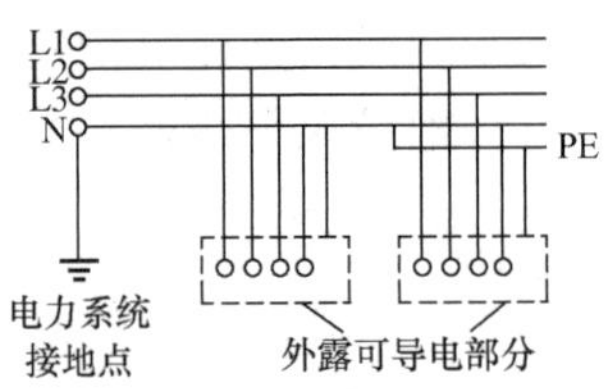

图 1－14　TN－C－S 系统

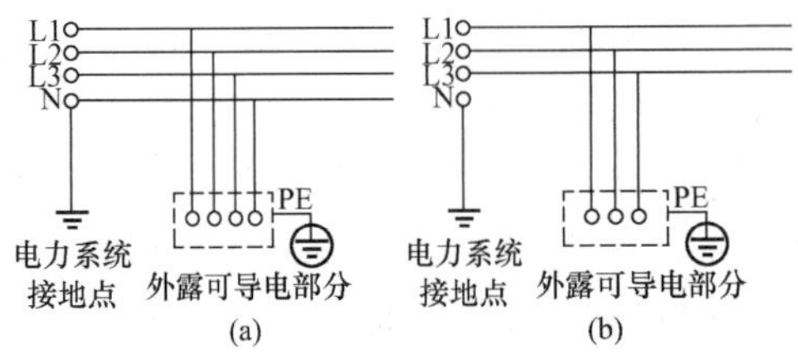

图 1－15　TT 系统

（a）三相三线制；（b）三相四线制

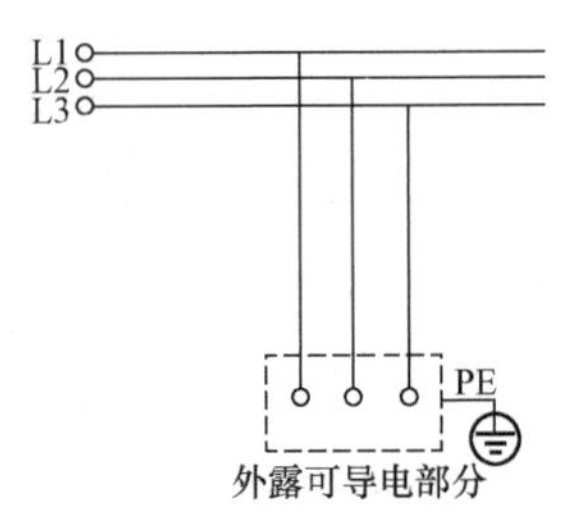

图 1－16　IT 系统

各系统名称的字母的含义如下：

第一个字母表示电力（电源）系统的对地关系：

T——电力系统中性点直接接地；

I——电力系统中性点与地绝缘或经高阻接地。

第二个字母表示用电装置外露可导电部分的对地关系：

T——设备外壳与大地直接连接，与系统接地点无关；

N——与系统接地点直接电气连接。

第三个字母表示工作零线与保护线的组合关系：

C——中性线与保护线是合一的，如 TN-C；

S——中性线与保护线是严格分开的，所以 PE 线称为专用保护线，如 TN-S。

（一）TN 系统的安全保护方式

该系统电源端直接接地，电气设备的金属外壳与中性线相连接（即保护接零制）。当电气设备的金属外壳发生接地时，回路处于短路状态，使过流装置动作并切除故障。

1. TN-C 系统

整个系统内中性线 N 和保护线 PE 是合用的，且标为 PEN（实为中性点接地的三相四线制配电系统）。

2. TN-S 系统

整个系统内中性线 N 与保护线 PE 是分开的。它是从电源侧向室内引出保护（接地）线，设备金属外壳都接在保护线上。不管是否有重复接地或与系统接地共用接地线，保护接线都是单独引出（实为单相三线制或三相五线制）。这种接地方式可以避免由于末端线路、分支线路或主干线中线断线所造成的危害。在这种系统中，只有当保护线断开且有一台设备发生相线碰壳时才会发生危险。通过采取相应措施，可大大减少设备外壳出现危险电位的可能性（如保护线可采用一定截面的钢线或铜线以避免断裂）。但这种系统由于要多增加一根保护线，故工程费用较大。

3. TN-C-S 系统

整个系统内中性线 N 与保护线 PE 是部分合用的。也就是说，TN-C-S 系统其实为 TN-C 与 TN-S 的组合体。组合方式是前端用 TN-C，给一般的三相平衡负荷供电，末端用 TN-S，给少量单相不平衡负荷或对质量要求高的电子设备供电。这种系统的 PEN 线必须在前端，且 PE 与 N 线一经分开就不应再合为同一根 PEN 线。

上述 TN-C-S 系统与 TN-C 系统最早在欧洲采用，也是迄今许多国家仍然采用的方法。前苏联的配电制式，多为三相四线制（中性点接地）、中性线与保护线合一的保护方式（即 TN-C 系统）。这种方式可以节省有色金属，但也存有一定问题。上述两种保护方式存在的主要问题是：

（1）在低压系统中，中性线与保护线的使用目的不同。中性线是工作电路的一部分，只有当三相负荷平衡，三相电流的相量和为零时，线中才没有电流通过（通常规定中性线上流过的不平衡电流不得超过相线额定电流的 25%）；而当三相负荷不平衡时，就会有不平衡电流流过中性线，并在中性线上产生电压降。在这种情况下如有人触及中性线上的某一点，就会承受其值等于不平衡电流与中性线阻抗之积的电压，而可能导致触电。

（2）由于中性线与保护线共用或部分共用，从而增加了断线的可能性。当中性线断线且接通单相用电设备时，负载侧的中线电压可能较大，人体承受此电压（在220/380V系统中可能接近220V）将十分危险。

（3）若发生误接线时（如相线与中性线接反等），也会造成严重后果。

因此，近年来国内外推荐采用TN－S系统。我国从国外引进的电气设备，也大多数是采用这种保护接线方式。

（二）TT系统的安全保护方式

该系统电源端直接接地、电气设备金属外壳和与电力系统接地点无关的接地体相连，通过接地电流使回路的过流装置动作而切断故障电路。

这种方式在土壤电阻率较低的地方使用较为经济且稳定性较高，但当设备发生单相接地故障时往往短路电流很小，不能可靠地切断故障回路，从而使故障设备外壳长期带上危险电压。此时，若人体万一触及便会有触电危险。为了将接触电压限制到安全电压以下，就得把保护接地电阻值降得比系统的接地电阻（4Ω）更低（要求为1.18Ω），但保护接地电阻要达到如此低的数值不仅耗材多、费用大，而且也不易达到，特别是在高土壤电阻率地区，困难就更大。

日本就广泛采用这种接地方式（其单相以100V、60Hz的电压与频率为多）。有时称其中低压系统的接地为第二种接地，外露可导电部分的接地为第三种接地。采用这种方式时，要与漏电保护开关一起使用。

（三）IT系统的安全保护方式

该系统电源端不接地或通过阻抗接地，电气设备的金属外壳直接与接地体相连。称为中性点绝缘系统，也称不接地或阻抗接地系统。

这种方式是在低压系统容量与范围不大，系统绝缘良好且分布电容又小，在一处触及带电部分时通过人体的电流很小的前提下才能取得保护效果。但由于各种原因（如高压串入低压、雷电或操作过电压、产生静电等）引起对地电位升高时，便无法抑制及起到保护作用，且这种方式也很难长期保证系统会有良好的绝缘，当单相接地电流不大时，也不容易检测出来。

所以，过去有些国家曾较多地采用这种系统，后来由于上述原因而渐趋淘汰，逐步改为采用中性点直接接地系统。

二、国外配电网接地系统及保护方式

世界各国根据低压电网的配电制与供电电压的不同，所采用的接地系统及保护方式也就有所区别。从目前现状及发展情况来看，世界各国的低压配电网基本上趋向于采取中性点直接接地的方式，而保护方式则大都是采用接零保护。

国外虽有各种各样的低压配电电压和电压制，以及相应的接地与保护方式，但归纳起来可分为美国式、英国式、欧洲大陆式及其他方式。有些国家或地区，则由于历史原因而采用关系国的配电电压及保护方式。

美国一般用户大都采用120/240V单相三线制，但大城市中120/208V三相四线制比较多。另外，在高楼大厦及工厂中265/460V三相四线制比较盛行，荧光灯用265V，三相电动机中额定电压为440V者采用460V供电。对于用插座供电的小型电器具，则将电压从265/460V降到120/208V使用的情况较多。

英国低压电网的配电是以240V二线制或240/415V三相四线制供电作为标准方式。无论电灯还是小型电器具都使用该电压级别（与日本相比，则有电压较高的感觉）。欧洲除英国外大都是以220/380V三相四线制作为标准方式，因此连住宅中的电灯和电视等都是采用单相220V（与我国相同）。

日本从很早以来，低压配电电压都是采用100V和200V。近几年在城市中心部分人口稠密地区，随着建筑物的高层化而采用了415V电压配电。但一般的居民照明等用电仍是采用单相100V，工厂动力用电采用三相220/415V，除用于高楼配电外，还用作一部分工厂的动力用电电压。

为进一步完善低压配电网的保护系统，现各国都在不断推广加装漏电保护装置（后面将介绍）的做法。国外低压电网的配电制及其接地系统与保护方式，见表1-7。

表1-7　国外低压电网的配电制及其接地系统与保护方式

	美　国	英　国	德　国	法　国	日　本
低压电网的配电制	60Hz单相三线120/208V三相四线，120/208V、265/460V	50Hz单相两线240V三相四线，240/415V中性点接地	50Hz三相四线220/380V	50Hz三相四线，220/380V、127/220（最近统一为220/380V中性点接地）	50、60Hz单相两线，160V、220V单相三线，100/220V三相三线，220V三相四线，240/415V
以IEC标准分类的主要接地系统及保护方式	TN过流切断方式、漏电切断方式	TT或TNP ME方式（重复接地）漏电切断方式	TN Nuiiung（与PME原理相同）漏电切断方式	TN漏电切断方式	TT保护接地方式漏电切断方式

三、推广TN-S系统（三相五线制低压配电系统）

（一）新建筑物采用TN-S配电系统的技术要求

（1）城市民用建筑特别是高层建筑，其低压配电网应采用并推广TN-S配电系统。若建筑物内部有单独的变配电所，便非常容易实现这一点。

（2）对TN-C系统的架空进线，中性线应重复接地，接地电阻不大于10Ω，以尽量降低接触电压。从引入线开始，应利用穿线钢管作保护线至配电箱，直至每个插座的接地插孔。从而达到中性线N和保护线PE严格分开的TN-S系统的要求。

（3）保护线（PE）在正常情况不通过电流，有人便误以为可将该线截面减小并一律采用2.5～4mm^{2}铜线，这是不正确的。因正常工况下它虽不通过电流，但事故时却有电流通过并能使保护电器迅速动作，故保护线的截面选择应与中性线相同。

（4）低压网络中最好实行分级安装漏电（电流动作）保护器（即漏电开关）。若条件所限或投资确有困难时，则一般也应每一户或每一单元装设一只漏电开关。末端分支线选用漏电开关主要用于人身漏电保护（通常为动作电流30mA、动作时间小于0.1s）。但从系统保护和防止火灾考虑，要求装设两只以上的漏电开关，同时还必须保证各级线路漏电开关动作的选择性（即级间配合）。

（5）配电系统中的主干线及支干线应装设短路和过载保护，用户支线的保护可采用自动空气开关、熔断器或带有漏电保护的自动断路器。

（6）在TN-C系统中的PEN线（保护线与工作零线合一）、TN-S系统中的PE线（保护线）上，从变压器到干线、支干线及插座的接地插孔上，均不得装设熔断器和开关。

（7）室内用电宜采用单相三线制（三根导线）配电。这样，在相线和中性线上便均可装熔断器或其他保护电器。熔断器之后的中性线在插座处或其他地方均不应与保护线相连。

单相三线制中，只有在保护线断开、设备发生相线碰壳这两者同时出现时才会产生外壳危险电位。故若保护线用一定截面的钢线以避免断裂，则可最大限度地降低触电危险。

（8）室内用电设备应采用单相三极插座配电，其中第三极（保护极）必须接到未使用的接地线孔 PE 上。目前生产的配电箱许多都只有接零端子而无接地端子，这是老产品的不足之处，今后要广泛采用符合上述要求的新产品（其内含有两组接线端子）。

（9）TN 系统的保护线与 TT 系统的保护地线，应与建筑物内的基础、钢筋等自然接地体相连接，以保证在故障情况下使保护线电位尽可能接近于大地零电位。

（10）对架空进线的电源线（包括中性线），其截面选择应按 IEC 规定，铝线不应小于 $16mm^2$，铜线不应小于 $10mm^2$。

（11）为便于识别各种导线的不同用途，相线、中性线与保护线均应以不同颜色加以区别，以防止相线与中性线混用，或中性线与保护线混用，为保证各种插座的正确接线提供有利条件。一般情况下，红色是相线，蓝色是中性线，绿蓝相间是保护线。

（12）家用电器中的电吹风、电熨斗属于携带式电气设备，台式电风扇、洗衣机、电冰箱属于移动式电气设备，两者的电气安装方法都属于携带式设备的安装方法。按规程规定，携带式用电设备应采用专用芯线接地，此芯线严禁同时用来通过工作电流；中性线和接地线应分别与接地网相连，接地线应采用截面不小于 $1.5mm^2$ 的多股软铜线。

（二）现有建筑物完善低配系统的技术措施

（1）现有 380/220V 中性点直接接地的网络，其 PEN 和 PE 线上不应装设熔断器。如已采用单相双极开关或双极保险盒，则应根据负荷情况用截面为 $2.5\sim4mm^2$ 的铜导线将中性线上的熔丝短接。

（2）对三相四线制架空进线的 TN-C 低压网络，要与新建筑物一样要求，在每个建筑物进线处的进户中性线上加强重复接地，以便尽可能降低接触电压，并利用穿线钢管作为保护线接至配电箱。在配电箱之后应将中性线（N）和保护线（PE）严格分开，以形成三相五线制配电方式。

（3）对架空进线的电源线（包括中性线）截面大小，也与新建筑物要求相同。应尽可能做到铝线截面不小于 $16mm^2$，铜线不小于 $10mm^2$。

（4）对用户端电源的自动空气开关或熔断器，要在其中加装单相漏电保护器。

（5）对年久失修、绝缘老化或负荷增加、截面过小的用户线路，应尽快更换，以消除电气火灾隐患及为漏电保护器正常工作提供条件。

第八节 接 地 装 置

由前述可知，接地对人身触电的防护起到了重要作用。接地是最古老的安全措施，到目前为止，它仍然是应用最广泛的安全措施之一。实际上接地的种类很多，不同的情况应采用不同的接地方式和不同的接地措施。所谓接地，就是把设备的某一部分通过接地装置同大地作良好的电气连接。

一、接地装置

所谓接地装置，是接地体与接地线的统称（见图 1-17）。埋入土壤内并与大地直接接触的金属导体或导体组，叫做接地体，也叫接地极。接地体按设置结构可分为人工接地体与自然接地体两类；按具体形状可分为管形与带形等多种。连接接地体与电气设备应接地部分的金属导体，叫做接地线，通常又可分为接地干线与接地支线。

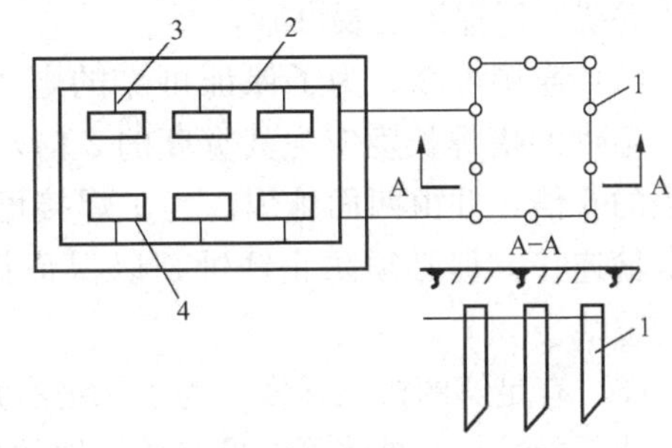

图 1-17 接地装置示意图
1—接地体；2—接地干线；3—接地支线；4—设备

（一）自然接地体

自然接地体是用于其他目的，且与土壤保持紧密接触的金属导体。例如，埋设在地下的金属管道（有可燃或爆炸性介质的管道除外）、金属井管，与大地有可靠连接的建筑物的金属结构、水工构筑物及类似构筑物的金属管、桩等自然导体均可用作自然接地体。

利用自然接地体不但可以节约材料、节省施工费用，还可以降低接地电阻和等化地面及设备间的电位。如果有条件，应当优先利用自然接地体。当自然接地体的接地电阻符合要求时，可不敷设人工接地体（发电厂和变电所除外）。自然接地体至少应有两根导体在不同地点与接地网相连（线路杆塔除外）。利用自来水管及电缆的铅、铝包皮作接地体时，必须取得主管部门同意，以便互相配合施工和检修。

（二）人工接地体

人工接地体可采用钢管、角钢、圆钢、扁钢或废钢铁等材料制成。人工接地体宜采用垂直接地体，多岩石地区可采用水平接地体。垂直埋设的接地体长度一般以 2.5m 左右为宜。太短了增加接地电阻；太长了施工困难，又耗费钢材，而且接地电阻减少甚微。截面积一般是按相应长度打入地下时所需的机械强度来选择的。角钢为 40mm×40mm×4mm～50mm×50mm×5mm，钢管直径为 40～50mm。垂直接地体一般由两根以上的钢管或角钢组成，以提高其可靠性。可以把它们成排布置，也可以环形布置。相邻钢管或角钢之间的距离以不超过 3～5m 为宜，并在上端用扁钢或圆钢将它们联成一体。

水平埋设的接地体的长度和根数，主要是按接地电阻的要求来决定的，而其截面积主要是考虑在相当长时间内不致腐蚀断开为准。一般可采用 40mm×4mm 的扁钢或直径为 16mm 的圆钢。水平接地体多采用放射形布置，也可成排布置或环形布置。

接地线应采用有足够截面的扁钢或铜线。也可以利用自然导体，如建筑物的金属结构（梁、柱、构架等）及设计规定的混凝土结构内部的钢筋、生产用的金属结构（行车轨道、配电装置的外壳、设备的金属构架等）、配线的钢管、电缆的金属构架及铅、铝包皮（通信电缆除外）等均可用作自然接地线。上、下水管，暖气管等各种金属管道（流经可燃液体或气体及爆炸介质的除外）可用作低压设备的自然接地线。

有爆炸危险的场所应使用专门接地线。

由于直流电流对土壤中的接地体有电解作用，使自然接地体容易受到腐蚀而造成严重损坏，故直流电力回路不应采用自然体作接地体、接地线和回路的中性线。

（三）接地装置施工安全要求

接地装置本身就是安全装置。防止电气事故的发生，接地装置的安全可靠有着重要的意义。因此，接地装置应符合下列要求：

（1）导电的连续性。必须保证电气设备和接地体之间的导电连续性，不能有间断。采用建筑物的钢结构、行车钢轨、工业管道等自然导体做接地线时，在其伸缩缝或接头处应另加跨接导线，以保证连续可靠。

（2）连接可靠。为了保证可靠的电气接触，接地装置之间的连接一般要采用搭接焊接。扁钢的搭焊长度应为其宽度的2倍，至少要在三个棱边施焊；圆钢的搭焊长度应为其直径的6倍，并由两面施焊。为了焊接可靠，有时需加焊卡板。不能焊接时，可采用螺栓或卡箍连接，但必须防止锈蚀，以保证接触良好。为了可靠，接地线最好用中间没有接头的整线。

（3）有足够的机械强度。为了保证有足够的机械强度和防腐蚀的要求，接地体和接地线的尺寸不能过小，具体可参见有关接地的施工资料。接地线一般应选用钢材而不用贵重的有色金属铜或铝。裸铝导体很容易腐蚀断，所以不要利用它做接地体或地下接地线。携带式设备因为经常移动，用钢制接地线容易折断，所以要用截面积在0.75～1.5mm^2以上的多股软铜线。

（4）防腐蚀。为了防止腐蚀，接地装置最好采用镀锌或镀铅的钢制元件，焊接处涂沥青油，明设的接地线可涂防腐漆（地下接地体不能涂漆）。在有强烈腐蚀性的土壤中，接地体还应适当加大截面积。

（5）防损伤。接地线应尽量安装在人不易接触到的地方，以免意外损坏，但又必须是在明显的地方，以便于检查。

（6）埋设深度适当。为了减少季节及其他因素对接地电阻的影响，接地体最高点离地面深度一般不应小于0.6m（农田地带不应小于1m），也不宜太深，因为太深了施工困难，效果也有限，但应在大地冰土层以下。

（7）与其他物体间的距离。接地体与建筑物的距离一般不应小于1.5m。接地体与独立避雷针的接地体之间的地下距离不应小于3m。接地装置的地上部分与独立避雷针的接地线之间的空间距离不应小于5m。

（8）接地线不得串联。为了提高接地的可靠性，设备的接地线不得经设备本身串联，即不得将用电设备本身作为接地线的一部分，而必须并排分别接向接地干线或接地体。变电所的接地，既有变压器低压侧中性点的工作接地，又有变、配电装置的重复接地，二者都应有单独接地线与接地体相连，不允许串联连接。此外，变、配电装置最好有两条接地线与接地体相连以提高可靠性。

对于大接地短路电流系统（接地电流大于500A）的接地装置，还必须根据热稳定性条件，验算接地线的最小截面。

二、接地的分类

根据接地的用途不同，可分为下列几种方式。

（一）保护接地

电气设备正常运行时不带电的裸露金属外壳、钢筋混凝土电杆、金属杆塔，由于绝缘损坏有可能带电，为了防止这种电压危及人身安全而用接地装置与大地可靠连接，这种接地称为保护接地，如图1-18（a）所示。图中PEN称为保护中性线，是指中性线N和保护线PE（又称保护地线或保护线）合用一根导线与变压器中性点相连。

（二）工作接地

在正常或事故情况下，为了保证电气设备可靠运行，必须在电力系统中某点（例如变压器的中性点）与地进行金属性连接，这种接地称为工作接地，如图1-18（b）所示。它可以在工作或事故情况下，保证电气设备可靠地运行，降低人体的接触电压，迅速切断故障设备，降低了电气设备和配电线路对绝缘的要求。

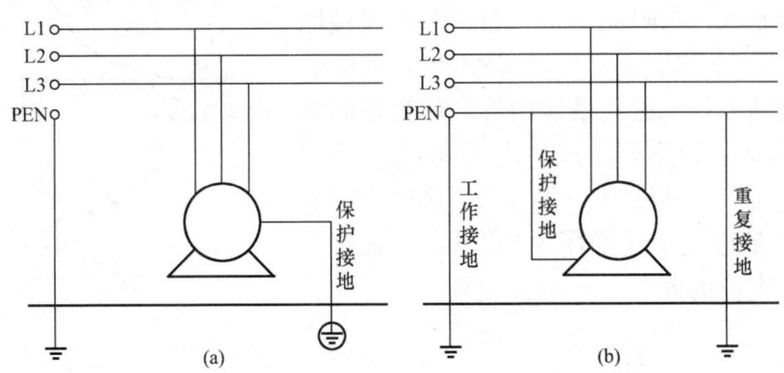

图1-18　保护接地、工作接地、重复接地和保护接零示意图

（a）保护接地；（b）工作接地、重复接地和保护接零

（三）重复接地

中性线或保护线的一点或数点与地再作连接称为重复接地。当系统中发生碰壳或接地短路时，可以降低中性线或保护零线的对地电压。当中性线或保护线发生断裂时，可以减轻故障的严重程度，如图1-18（b）所示。

（四）保护接零

电气设备在正常情况下不带电的金属部分与电网的中性线紧密连接，或与直流回路中的接地中性线相连，称之为保护接零，如图1-18（b）所示。它的作用是当低压线路中发生碰壳短路时，可形成单相短路，使保护装置能可靠迅速地动作，切断电源，保护人体免受触电的危险。

（五）静电接地

为防止可能产生或聚集静电荷，对设备、管道和容器等进行的接地，称为静电接地。设备在移动或物体在管道中流动，因摩擦产生的静电，聚集在管道、容器、储罐或加工设备上，形成很高电位，对人身安全和对设备及建筑物都有危害。静电接地的作用是静电一旦产生，就流入大地中，以消除电荷聚集的可能。

（六）防雷接地、防雷电感应接地

用于限制雷电直击时地电位的升高的接地称为防雷接地。以防止雷电感应而产生高电位、产生火花放电或局部发热，造成易燃易爆品燃烧爆炸而作的接地称为防雷电感应接地。

以及为了防止电磁波辐射而进行的屏蔽接地等。

本节主要介绍保护接地，但接地的基本概念，这几者是相同的，而且在工程实施中也常常互有联系。

三、电气“地”、对地电压、接触电压与跨步电压

（一）电气“地”

当一根带电的导体与大地接触时，由于大地内含有自然界中的水分等导电物质，此时，

接地电流 I_d 便经导体由接地点流入大地内，并向四周呈半球形流散（见图 1 - 19)。因此便会形成以接触点为球心的半球形“地电场”。

在大地中，因球面积与半径的平方成正比，半球形的面积将随着远离接地点而迅速增大。所以越靠近接地点，电流通路的截面越小，电阻就越大；而相距越远，其截面便越大，电阻就越小。通常在距离接地点约 20m 左右处，半球形面积已达 $2500m^2$，土壤电阻已小到可以忽略不计。这就是说，可以认为在远离接地点 20m 以外时，便不再会产生电压降 U_d，即实际上已是“零电位”了（见图 1 - 20)。而这些为零电位的地方，也就是电气上通常所说的“地”，其含义实际上是泛指零电位的地方。

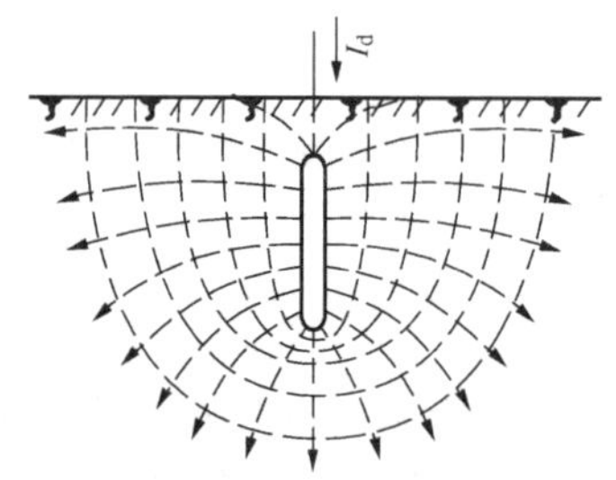

图 1 - 19　地中电流呈半球形流散

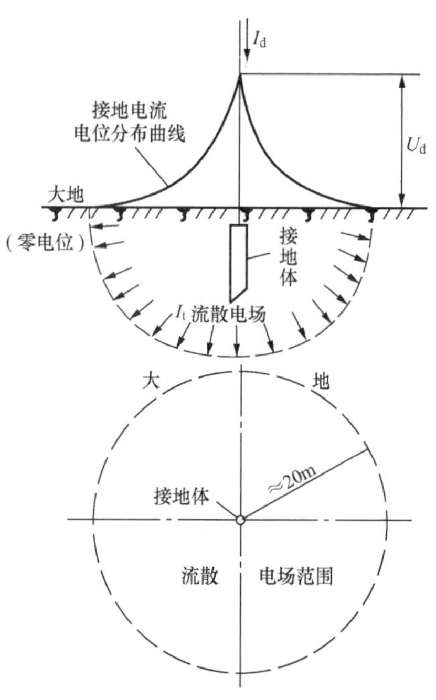

图 1 - 20　接地流散电场分布示意图
I_t—地中电流；U_d—对地电压

由于地球非常大，相比于一般物体来讲，可认为大了无限倍。因此无论多少电荷也可经它流散，而不会使整个地球的电位升高。正因为如此，电气上便常以大地的电位作为参考零电位。

（二）对地电压、接触电压与跨步电压

(1) 对地电压。一般所说的对地电压，就是指带电体的接地部分与电气“地”之间的电位差。对地电压在数值上，等于接地电流与接地电阻的乘积。

(2) 接触电压与跨步电压。当电流通过接地体流入大地时，接地体本来具有相对来讲是最高的电位，也即具有最高对地电压。离开接地体后，各点的对地压便逐渐下降，直至 20m 外，对地（零电位点）之间的电压便降为零。若用曲线来表示接地体及其周围各点的对地电压，这种曲线就叫做对地电压曲线，也称接地电流电位分布曲线，见图 1 - 21 (a)。图中，纵坐标为各点实际对地电压与接地体对地电压的比率（U_{dn}/U_d），横坐标指各点离接地体上最远点的实际距离对接地体自身宽度的比值（S/S_d）。由图可见，随着远离接地体，对地电压曲线的变化就越趋平缓（曲线陡度变小）。这说明各点的对地电压逐渐下降，也即土壤（流散）电阻不断减小。

可见，当设备发生接地故障时，以接地点为中心的大地表面约 20m 半径的圆形范围内，便形成了一个电位分布区。当人体处在这一范围内又同时接触该故障设备的外壳（或构架等）时，人体所承受的电位差便称为接触电压（U_{jc}）。显然它的大小与设备（或接触设备外壳的人体立地点）离接地点的远近有关，若离得越近则接触电压就越小，离得越远其值便越大。在流散电场范围内，人体两脚（或牲畜前后脚）之间所承受的电位差称为跨步电压

(U_{kb})，见图 1-21 (b)。其值随立地处距接地点的远近和跨步的大小而变化，若离得越近或跨步越大，跨步电压就越高，反之则越小。

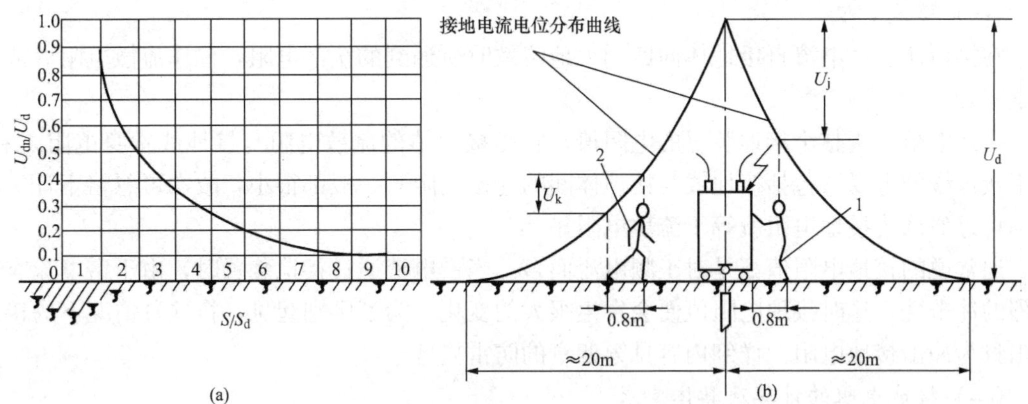

图 1-21 对地电压曲线、接触电压和跨步电压

(a) 接地体的对地电压曲线；(b) 接触电压和跨步电压

如果考虑人脚底下土壤的流散电阻，实际的跨步电压也应该降低一些。

根据人身安全的要求考虑，对于大接地电流系统，在发生单相接地或两相接地故障时，接触电压与跨步电压不应超过下列数值，即

$$U_{jc}=\frac{250+0.25\rho}{\sqrt{t}} \tag{1-20}$$

$$U_{kb}=\frac{250+\rho}{\sqrt{t}} \tag{1-21}$$

式中 ρ——人脚站立处地面土壤电阻率，Ω·m；

t——接地短路电流的持续时间，s。

以上两式是根据人体通过电流允许值为 $165/\sqrt{t}$mA 和人体电阻为 1500Ω 导出的，其中 t 通常采用继电保护动作时间加上断路器切断电路的时间。

在小接地电流系统发生单相接地故障时，由于不能迅速切断故障，因此从人身安全要求来看，接触电压和跨步电压不应超过下列数值，即

$$U_{jc}=50+0.05\rho \tag{1-22}$$

$$U_{kb}=50+0.2\rho \tag{1-23}$$

在条件特别恶劣的场所，例如煤矿井下、水田等，接触电压与跨步电压的允许值还应该予以适当降低。

四、接地电流与接地短路电流

凡从带电体流入地下的电流即为接地电流，有正常接地电流与故障接地电流之分。正常接地电流指正常工作时，通过接地装置流入地下、借用大地形成回路的电流；故障接地电流指系统发生故障时出现的接地电流。

若系统接地而导致系统发生短路，这时的故障接地电流，便叫做接地短路电流。在高压系统中，接地短路电流可能会很大。因此规定，凡接地短路电流在 500A 及以下，称为小接地短路电流系统，大于 500A 则称为大接地短路电流系统。

可见，接地电流与接地短路电流是不同的两回事。它们各有其含义，故不应混淆。

五、接地电阻及其计算

（一）接地电阻

在接地体上，电流自接地体向四周大地流散时所遇到的全部电阻，称作流散电阻（或散流电阻）。

接地电阻是指整个接地装置的电阻值，它是接地体的流散电阻与接地线本身电阻之和。由于接地线的电阻（包括接地线与接地体间的连接电阻）一般都很小，故常可忽略不计。因此，可近似认为接地电阻就等于流散电阻。

通常说的接地电阻值都是对工频电流而言。当雷电流通过接地装置时，由于雷电流有着强烈的冲击性，这时接地电阻值便会发生很大的变化。为了区别起见，将这种情况下的接地电阻称为冲击接地电阻。详细内容见第四章的防雷接地。

（二）接地电阻的计算及具体要求

1. 接地电阻的计算

接地电阻主要与接地体的结构型式、土壤电阻率 ρ 有关。

（1）单一接地体。其又分为：

1）垂直接地体。当 $l \gg d$ 时，则

$$R_c=\frac{\rho}{2\pi l}\ln\frac{4l}{d} \tag{1-24}$$

式中 R_c——垂直接地体（见图 1-22）的接地电阻，Ω；

ρ——土壤电阻率，Ω·m；

l——垂直接地体长度，m；

d——钢质接地体的等效直径，m。

接地体用圆钢时为圆钢直径，若用其他型式钢材（见图 1-23）时，其等效直径可按下式计算：

钢管：$d=d'$；扁钢：$d=2/b$；等边角钢：$d=0.84b$；不等边角钢：$d=0.71\sqrt[4]{b_1b_2(b_1^2+b_2^2)}$。

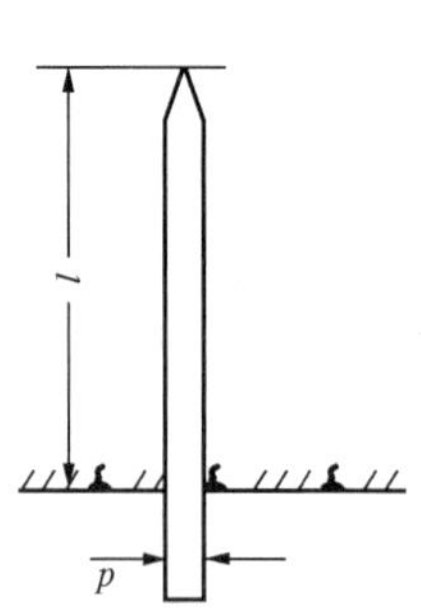

图 1-22 垂直接地体尺寸示意图

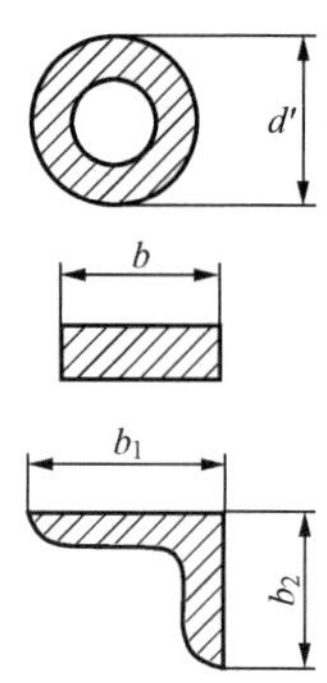

图 1-23 不同型式的钢材截面

2）水平接地体可依据如下算式，即

$$R_P=\frac{\rho}{2\pi l}\left(\ln\frac{l^2}{hd}+A\right) \tag{1-25}$$

式中 R_P——水平接地体的接地电阻，Ω；

l——水平接地体总长度，m；

h——水平接地体的埋设深度，m；

d——水平接地体的直径或等效直径，m；

A——水平接地体的形状系数（见表 1-8）。

表 1-8　　水平接地体的形状与系数

形　状	—	L	人	＋	米形（6 射线）	米形（8 射线）	□	○
A	0	0.378	0.867	2.14	5.27	8.81	1.68	0.48

实际计算时，由于对上述算式及系数等进行了简化与归类，因此，可以直接采用表 1-9 中相应的简化算式，来计算人工接地体的（工频）接地电阻值。

表 1-9　　人工接地体接地电阻值简易算式表

接地体形式	简易计算式	备　　注
垂直式	$R\approx0.3\rho$	长度为 3m 左右的接地体
单根水平式	$R\approx0.03\rho$	长度 60m 左右的接地体
复合式（接地网）	$R\approx0.28\frac{\rho}{r}$ 或 $\approx\frac{\rho}{4r}+\frac{\rho}{l}$	r 为接地网面积等值的圆半径，即等效半径（m），l 为接地体总长度（m），包括垂直接地体在内

注　ρ—土壤电阻率，Ω·m。

（2）复合接地体。单一接地体的接地电阻往往不能满足要求。因此，要求埋设两个以上的接地体，并互相连接起来，组成复合接地体。由若干单一接地体组成的复合接地体，由于地中电流线互相排挤，从每一单一接地体流散的电流受到限制，使得总流散电阻大于各单一接地体流散电阻的并联值，因此，计算时必须考虑一个利用系数 η。利用系数 η 是各单一接地体流散电阻的并联值与复合接地体流散电阻的比值。利用系数 η 总是小于 1 的。单一接地体间的距离越近，相互屏蔽作用越大，利用系数就越低。

复合接地体总接地电阻值 R_n 可按下式计算，即

$$R_n=\frac{R_0}{\eta n} \tag{1-26}$$

式中 R_0——单一接地体的接地电阻，Ω；

n——单一接地体的根数；

η——复合接地体的利用系数（可查阅有关资料）；

R_n——复合接地体的接地电阻，Ω。

在已知接地电阻要求值的前提下，所需单一接地体的根数可按下述方式进行：如果各单一接地体之间采用 12mm×4mm 的扁钢连接，一般无需单独计算扁钢的接地电阻，但考虑到扁钢在地中也具有一定的散流作用，故垂直接地体的根数可适当减少 10%左右，再根据复合接地体的总接地电阻 R_n 的算式，可得到所需的根数 n 为

$$n\geqslant\frac{0.9R_0}{R_n\eta} \tag{1-27}$$

2. 接地电阻的允许值

从保护接地的原理可知，保护接地的基本原理是限制漏电设备外壳对地电压在安全限值 U_j 以内，即漏电设备对地电压 $U_d=I_dR_d\leqslant U_j$。各种保护接地的接地电阻就是根据这个原则来确定的。

（1）低压供电系统。在 380V 不接地低压系统中，单相接地电流一般很小，为限制设备漏电时外壳对地电压不超过安全范围，一般要求保护接地电阻满足以下要求，即

$$R\leqslant 4\Omega$$

当电源容量小于 100kVA 时，单相接地电容电流更小，可以放宽对接地电阻的要求，接地电阻取

$$R\leqslant 10\Omega$$

（2）高压供电系统：

1）小接地短路电流系统。如果高低压设备共用接地装置，要求设备对地电压不超过 120V，其接地电阻为

$$R\leqslant 120/I_{jd}\ (\Omega)$$

式中 R——考虑到季节影响的最大（工频）接地电阻，Ω；

I_{jd}——单相接地时的故障（电容）电流，A。

如果高压设备单独装设接地装置，对地电压可放宽到 250V，其接地电阻为

$$R\leqslant 250/I_{jd}\ (\Omega)$$

小接地短路电流系统高压设备的保护接地电阻除应满足以上两式要求外，还不应超过 10Ω。

2）大接地短路电流系统。在大接地短路电流系统中，由于接地短路电流很大，要把设备对地电压限制在某一范围内是很难的。实际上此时线路上的保护会动作而迅速切除接地故障，设备外壳上不会长期出现危险的对地电压。故要求其接地电阻为

$$R<2000/I_d\ (\Omega)$$

但当接地短路电流 $I_d>4000$A 时，可采用

$$R\leqslant 0.5\Omega$$

式中 R——考虑季节影响的最大（工频）接地电阻，Ω；

I_d——流经接地装置的最大单相稳态短路电流，A。

（3）其他各类常用接地电阻的允许值。为确保接地装置在运行中能发挥应有的作用，其接地电阻均应符合规程要求。对各类常用的接地装置，其允许接地电阻值分别为：

1）100kVA 及以下低压配电系统的中性线重复接地，$R\leqslant 10\Omega$；当重复接地有 3 处以上时，$R\leqslant 30\Omega$。

2）低压线路杆搭的接地或低压进户线绝缘子脚的接地，$R\leqslant 30\Omega$。

3）变配电所母线上避雷器的接地，$R\leqslant 4\Omega$。

4）线路进线段避雷器接地；独立避雷针接地（个别可取 $R\leqslant 300\Omega$），工业电子设备（包括 X 光机）的保护接地，均为 $R\leqslant 10\Omega$。

5）烟囱的防雷保护接地，$R\leqslant 30\Omega$（包括水塔或料仓的防雷接地均同此项要求）。

六、接地电阻的测量

接地装置投入使用前和使用中都需要测量接地电阻的实际值，以判断其是否符合要求。

目前常用的测量方法有电流表—电压表法（即伏安法）和接地电阻测量仪法两种。

伏安法测量接地电阻的接线如图 1 - 24 所示。图中 T 是测量用电源变压器，R_x 表示被测接地装置，S_y 和 S_l 分别为电压极和电流极与 R_x 的距离。接通电源后，电流沿 R_x 和电流极成回路。如果 S_y 和 S_l 都足够大，使 R_x 和电流极的对地电位互不影响，并使电压极处于零电位处，则可根据电压表和电流表读数求得接地电阻。R_x 为两表读数的比值。

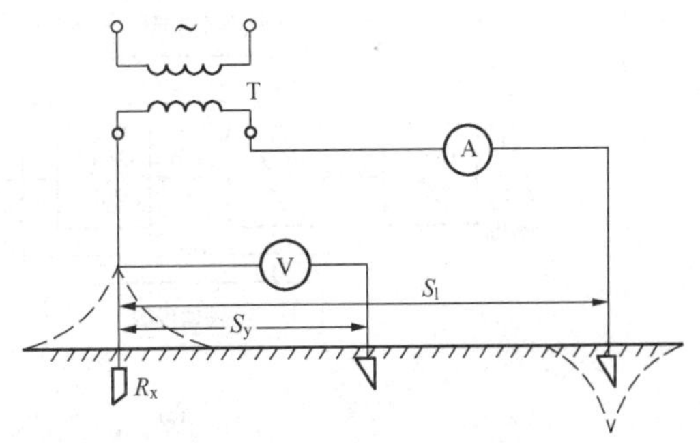

图 1 - 24　伏安法测量接地电阻

为了测量工作的安全和消除电网可能给测量带来的影响，测量用电源变压器应用双线圈变压器，使测量回路和电网隔离。为了使测量结果更接近实际运行状态，测量时的接地电流应保持在实际接地电流的 20%以上。测量时应尽量减小电流接地极的电阻，以满足测量电流的需要和使电压表有较高的示值。

伏安法测量准确度较高，测量范围可为 0.1～100Ω，缺点是需用专用交流电源和敷设接地极，准备工作量较大。

伏安法测量过程中接地极附近地面有分布电位，应注意防止跨步电压触电。

接地电阻测量仪（俗称接地绝缘电阻表）种类很多，按工作原理可分为电桥型、流比计型、电位计型和晶体管型等。由于它们有自备电源，携带方便，并配有接地线和接地棒，可简化测量工作，多为工矿企业采用。

第九节　漏 电 保 护 器

一、引言

从前述可知，保护接地、保护接零是防止间接触电常用的保护措施。但是保护接地要求很小的接地电阻，困难很多，特别是移动式或手持式电具难于实现接地保护；保护接零则要求专用保护线，而目前我国多采用中性线与保护线共用的接零系统，在这种系统中，保护接零并不完全可靠。例如，线路负荷大、线路长时不能可靠切断单相接地故障；因不平衡电流，中性线在正常时对地也会出现电压；中性线危险电位“蔓延”等。采用漏电电流保护器（以下简称漏电保护器）作为间接触电的防护措施不仅弥补了这些缺陷，而且还可作为间接触电的后备保护和漏电火灾的防护。

二、漏电保护器的工作原理

漏电保护器按工作原理分为电压型、电流型和脉冲型等。其中电流型漏电保护器是最常用的，故本书只对电流型漏电保护器进行介绍。

（一）电流型漏电保护器的组成

图 1 - 25（a）为电流型漏电保护器的组成方框图。其构成主要有三个基本环节，即检测元件、中间环节（包括放大元件和比较元件）和执行机构。其次，还具有辅助电源和试验装置。

（1）检测元件。它是一个零序电流互感器，如图 1 - 25（b）所示。图中，被保护主电路的相线和中性线穿过环形铁芯构成的互感器的一次线圈 N1，均匀缠绕在环形铁芯上的绕组构成了互感器的二次线圈 N2。检测元件的作用是将漏电电流信号转换为电压或功率信号输出给中间环节。

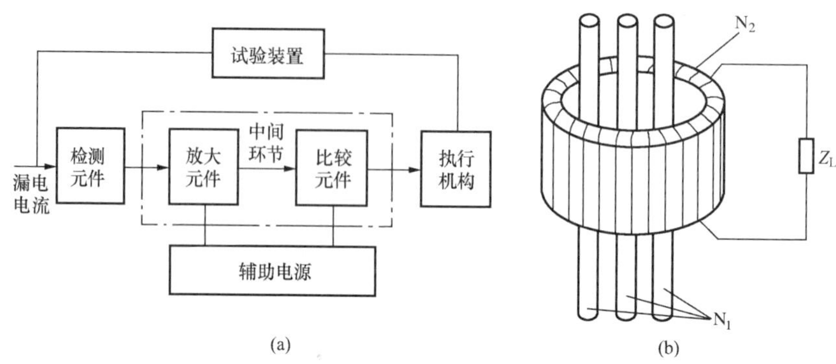

图 1-25　电流漏电保护器及检测元件

(a) 电流型漏电保护器的组成方框图；(b) 零序电流互感器

(2) 中间环节。该环节对来自零序电流互感器信号进行处理。中间环节通常包括放大器、比较器、脱扣器（或继电器）等，不同型式的漏电保护装置在中间环节的具体构成上形式各异。

(3) 执行机构。该机构用于接收中间环节的指令信号，实施动作，自动切断故障处的电源。执行机构多为带有分励脱扣器的自动开关或交流接触器。

(4) 辅助电源。当中间环节为电子式时，辅助电源的作用是提供电子电路工作所需的低压电源。

(5) 试验装置。这是对运行中的漏电保护装置进行定期检查时所使用的装置。通常是用一只限流电阻和检查按钮相串联的支路来模拟漏电的路径，以检验装置是否正常动作。

(二) 电流型漏电保护器的工作原理

如图 1-26 所示，电流型漏电保护器主要由零序电流互感器、脱扣机构及主开关组成。

有环形铁芯的零序电流互感器是个检测元件，它的作用是把检测到的触电、漏电故障信号 I_d 变换成二次回路的工作电压 E_2，使 E_2 加在漏电脱扣器线圈上，产生二次回路的工作电流 I_2，从而推动脱扣器动作，或者通过放大器将 E_2 和 I_2 放大，再推动脱扣器动作。脱扣机构是判断元件，它根据零序电流互感器的输出信号或经过放大后的信号来决定漏电保护器是否应该动作。主开关则是漏电保护器的执行元件，脱扣器动作后主开关即切断电源而起到保护作用。

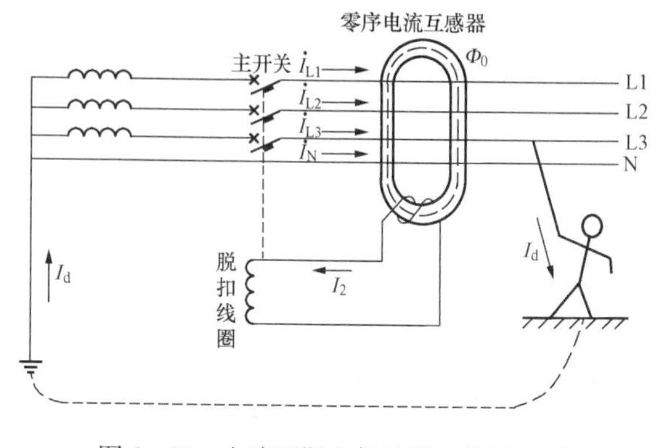

图 1-26　电流型漏电保护器工作原理图

在正常情况下，无论负荷平衡与否，由于各相负荷电流的相量和等于零，即

$$\dot{I}_{L1}+\dot{I}_{L2}+\dot{I}_{L3}+\dot{I}_N=0$$

则零序电流互感器中的磁通也等于零，其二次绕组没有感应电压输出，主开关保持接通状态。

当外部线路有人触电或碰壳漏电时，三相电流的相量和将不等于零，即

$$\dot{I}_{L1}+\dot{I}_{L2}+\dot{I}_{L3}+\dot{I}_{N}=\dot{I}_{d}$$

I_d 会在零序电流互感器中产生感应磁通 Φ_0。这样，就在零序电流互感器二次绕组两端产生感应电压 E_2，E_2 加在脱扣器线圈产生励磁电流 I_2，当故障电流达到整定值时，I_2 就增加到足以推动脱扣器动作，使主开关迅速切断电源，达到触电保护的目的。

电流型漏电保护器的最大优点是既可作为全系统的总保护，又可以分路、分级安装，实现分路、分级保护，停电范围小，便于查找和排除故障，而且它的灵敏度高、动作时间短、动作可靠，不改变电网的运行方式。其缺点是结构较复杂，造价较高，维护检修复杂，灵敏度变化大。

三、漏电保护器的主要技术参数与分类

（一）漏电保护器的主要技术参数

（1）额定电压（U_N）：规程推荐的优选值为220V、380V。

（2）额定电流（I_N）：允许长期通过的负荷电流。

（3）额定漏电动作电流（$I_{\triangle N}$）：制造厂规定的漏电保护器必须动作的漏电电流值，推荐采用10、15、30、50、100、300、500、1000、3000mA等。

（4）额定漏电不动作电流（$I_{\triangle No}$）：制造厂规定的漏电保护器必须不动作的漏电电流值。额定漏电不动作电流的优选值为$0.5I_{\triangle N}$。

漏电保护器应该在电网漏电电流达到$I_{\triangle N}$时保证动作，同时在漏电电流小于或等于$I_{\triangle No}$时必须保证不动作，这是保护器投入的必要条件。

（5）保护器与电源开关组合为漏电开关时还有保护器分断时间、额定短路接通能力、过电流能力、极数和线数等特性参数。

（二）漏电保护器的分类

漏电保护装置的种类很多，可以按照以下的方式分类。

1. 按中间环节的结构特点

（1）电磁式漏电保护器。其中间环节为电磁元件，有电磁脱扣器和灵敏继电器两种型式。电磁式漏电保护器因全部采用电磁元件，使得其耐过电流和过电压冲击的能力较强；由于没有电子放大环节而无需辅助电源，当主电路缺相时仍能起漏电保护作用。但其不足之处是灵敏度不高，额定漏电动作电流一般只能设计到40～50mA，且制造工艺复杂，价格较高。

（2）电子式漏电保护器。其中间环节使用了由电子元件构成的电子电路，有的是分立元件电路，也有的是集成电路。中间环节的电子电路用来对漏电信号进行放大、处理和比较。它的主要优点是灵敏度高，其额定漏电动作电流不难设计到6mA；动作电流整定误差小，动作准确；容易取得动作延时，动作电流和动作时间容易调节，便于实现分级保护；利用电子器件的机动性，容易设计出多功能的保护器；对各元件的要求不高，工艺制作比较简单。但其不足之处是应用元件较多，可靠性较低；电子元件承受冲击能力较弱，抗过电流和过电压的能力较差；当主电路缺相时，电子式漏电保护器可能失去辅助电源而丧失保护功能。

2. 按结构特征

（1）开关型漏电保护器。它是一种将零序电流互感器、中间环节和主开关组合安装在同一机壳内的开关电器，通常称为漏电开关或漏电断路器。其特点是当检测到触电、漏电后，保护器本身即可直接切断被保护主电路的供电电源。这种保护器有的还兼有短路保护及过载保护功能。

（2）组合型漏电保护器。它是一种由漏电继电器和主开关通过电气连接组合而成的漏电保护装置。当发生触电、漏电故障时，由漏电继电器进行信号检测、处理和比较，通过其脱扣器或继电器动作，发出报警信号；也可通过控制触点去操作主开关切断供电电源。漏电电器本身不具备直接断开主电路的功能。

3. 按安装方式

漏电保护装置分为固定位置安装、固定接线方式和带有电缆的可移动使用的三种。

4. 按运行方式

漏电保护装置分为不需要辅助电源、需要辅助电源两种。

5. 按极数

漏电保护装置分为四极（用于三相四线制）、三极（用于三相三线制及单相三线制）和两极（用于单相两相制度）三种。

6. 按动作时间

漏电保护装置分为0.01s以内的快速型、0.1～0.2s的延时型和反时限型三种。

7. 按动作灵敏度

漏电保护装置分为高灵敏度（漏电动作电流在30mA以下）、中灵敏度（漏电动作电流在30～1000mA之间）和低灵敏度（漏电动作电流大于1000mA）三类。

四、电流型漏电保护器的选用

（一）动作特性的选用

电流型漏电保护器的动作电流和动作时间是其动作特性指标，应由使用目的、安装场所、电压等级、被控制电路的漏电流及用电设备的接地电阻等因素确定。

1. 按使用目的选择

安装漏电保护器的主要目的是为了防止人身触电伤亡事故，但是对于直接触电保护和间接触电保护的不同要求，在选择漏电保护器的动作特性时也有所不同。

（1）直接接触保护。对于经常要与操作人员接触的电动工具及移动式用电设备，如电钻、电锤、脱粒机、潜水泵、鼓风机、吸尘器、移动式粉碎机及临时架设的供电线路等，因为在使用时往往容易发生带电体和人体接触的直接触电事故，当额定工作电压在110V以上时触电伤亡的危险性很高，所以在上述用电设备的供电回路中应安装动作电流为30mA并能在0.1s内动作的漏电保护器。

对额定电压为220V的家用电器，如洗衣机、电冰箱、电风扇、电烘箱及电熨斗等经常要与没有经过安全用电专业培训的居民接触，而且这些电器都带有频繁的插进、拔出的插头，也容易发生直接触电的危险。另外，根据IEC家用电气设备安全标准的规定，这些家用电器的金属外壳都要有接地保护，因此必须用带有接地专用线的三脚插头。但是，目前我国一般居民住宅，均未考虑敷设接地装置，一般都不装三相插座。所以用户购买符合IEC安全标准的家用电器后，仍然将带有接地保护的三脚插头改为两脚插头用。这样当用电设备发生漏电时，设备外壳就会出现和工作电压相等的危险电压，人体触及时危险程度和直接触电相同。而且在实际应用中，有些用户还因为把与外壳相连的接地保护线和电源相线接错而发生触电事故。可见目前我国的家用低压电器往往处于不够安全的使用状态之中，因此当家用电器较多、经济条件许可时，宜在家庭进户线的电能表后面安装动作电流为 30mA 和 0.1s 以内动作的小容量漏电保护器。

对于额定电压在 220V 以上的手持电动工具，当进行接地保护有困难，或者在发生人身触电的同时会发生二次伤害的地方，如高空作业或河边使用的用电设备等，可以在供电回路中安装动作电流为 15mA 并在 0.1s 以内动作的漏电保护器。

医院里使用的医疗电气设备，因为要与病人接触，而病人心室颤动的阀值比正常人低，可在供电回路中选用动作电流值为 6mA 和 0.1s 以内动作的保护器。特别值得注意的是，人体和带电体直接接触时，在漏电保护器动作之前，通过人体的触电电流和漏电保护器的动作电流选择无关，它完全是由接触电压和人体电阻所决定。所以用于直接接触保护的漏电保护器具有 0.1s 的快速动作性能是保证安全的必要条件。

（2）间接接触保护。漏电保护器作为间接接触保护的目的，是为了防止用电设备在发生绝缘损坏时其金属外壳上呈现危险的对地电压。所以动作电流 $I_{\triangle N}$ 的选择与用电设备的接地电阻 R 及允许的接触电压有关，原则上可由下式选用，即

$$I_{\triangle N} \leqslant \frac{U}{R}$$

一般对于额定电压为 220V 的固定用电设备，如水泵、碾米机、磨粉机、排风扇、传送机、压缩机及其他容易和人接触并以电动机为动力的机械设备，当其接地电阻在 500Ω 以下时，单机配用的漏电保护器可以选用 30mA 和 0.1s 以内动作的漏电保护器。对额定电流在 100A 以上的大型用电设备，或者带有多台用电设备的供电回路，也可以选用 50～100mA 的漏电保护器。当用电设备的接地电阻在 100Ω 以下时，也可选用动作电流为 200～500mA 的保护器，其动作时间可以用 0.1s 的快速动作型，也可以选用 0.2s 的延时型。

2. 根据工作电压和使用场所来选择

一般在 380/220V 的低压电网中，如果用电设备的金属外壳、支架等金属部件容易被人触及，且这些用电设备又不能按照接地设计规程的要求使其接地电阻小于 4Ω 或 10Ω 时，则宜于按间接接触保护要求在用电设备的供电回路中安装漏电保护器，同时还应根据不同的使用场所合理地选用不同的动作电流。

如果在潮湿的场所，如水田里、坑道里、工厂的电镀车间、清洗工场、建筑工地，以及在可能会受到雨水影响的露天或充满水蒸气的地方，因为人体容易沾湿或出汗，使人体电阻明显下降，一旦发生触电事故，通过人体的电流必然比干燥场所大，危险性高。为此宜于选用 15mA 以上 30mA 以下并能在 0.1s 内动作的漏电保护器。

在有些用电设备的使用场所当人体的大部分要浸没在水中时，如游泳池里的照明电路，因为考虑到发生触电后不仅会引起心室颤动的危险，而且还伴有溺水的危险，所以即使工作电压很低（36V），也适宜安装漏电保护器，并且应选用 16mA 以下和 0.1s 以内能动作的保护器。

对具有双重绝缘的 380/220V 用电设备，由于其内部除主绝缘外，还有附加绝缘，绝缘性能良好，基本上可以避免间接触电事故，一般不需装设保护器。但是当用电设备使用在露

天、潮湿场所，并且带有一段经常要移动位置的电缆，操作人员又难免要触及这部分电缆时，为防止擦破电缆绝缘或因用电设备受雨水、露水的影响而发展成触电事故，也应按直接接触保护的要求选用 15mA 或 30mA 并在 0.1s 内动作的保护器。

当操作人员在铁板、构架、基座等金属物上工作，或在锅炉、坑道中工作时，因为人体大部分与导电性物体接触，在这种情况下使用的手持式电动工具、照明等供电回路，即使工作电压较低，当大于 24V 时仍应按直接接触要求安装 15mA 和 0.1s 内动作的保护器，也可选用最小动作电流 10mA 并具有反时限特性的保护器。

3. 根据电网和用电设备的正常漏电流选择

漏电保护器的灵敏度越高，也就是动作电流越低，就能提供越安全的保护。但是当动作电流小于低压电网正常漏电流时，保护器就不能投入运行，或者由于保护器频繁动作而破坏供电连续性。因此为了保证低压电网的稳定运行和提供不间断供电，保护器的动作电流选择就要受到电路正常漏电流的限制，不能无限制地提高灵敏度。

（二）漏电保护器的分级保护方式选用

低压电网采用漏电保护器作为安全防护措施，首先要涉及额定动作电流值的选定问题。而额定动作电流值的选定又取决于被保护低压电网的绝缘状况，即各相漏电流、三相不平衡漏电流的大小。额定动作电流值的选取对保护人身安全和保证电网稳定运行有着密切关系。为保护人身安全，额定动作电流值应小于人体摆脱电流（一般为 10mA）；而为保证电网稳定，连续供电，则要求额定动作电流值应大于低压电网的三相不平衡漏电流。当低压电网的三相不平衡电流大于 10mA 时，要同时满足上述两个条件是不可能的。这时，采用电流型漏电保护器分级保护方式可大大缓解上述矛盾，既能提高低压电网供电的可靠性和连续性，又能确保人身安全。分级保护一般由系统总保护（或支干线保护）组成，如图 1-27 所示。图中，第一级设在变压器低压出线侧作配电总保护，当发生倒杆、断线碰地时，能及时切断总电源。第三级用于保护单独的用电设备或车间，当设备碰壳或发生触电事故时，第三级保护动作只切断该支路电源，保障了人身安全，同时也未影响其他非故障分支线路的供电。第二级则设在分支干线出口处，作为第三级的后备保护，当第三级保护失灵时，第二级保护动作仍能保证人身安全。

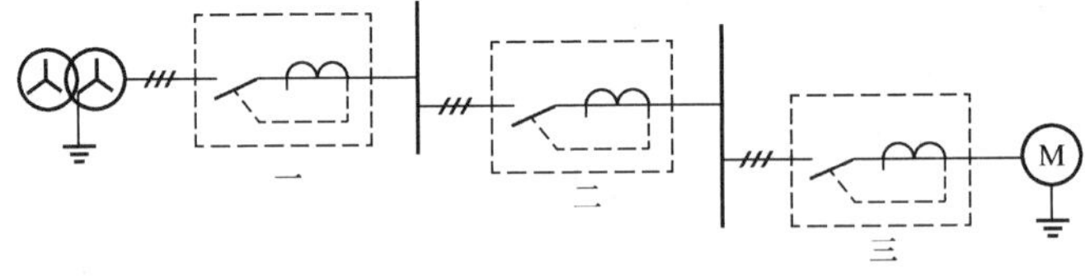

图 1-27　低压电网的漏电分级保护

系统总保护的保护原则应以间接保护为主，保护范围是整个低压系统（或支干线路），其保护器的额定动作电流值可从以下两方面来确定：①为了安全，额定动作电流应小于线路或用电设备单相接地故障电流值，其值一般可达 200～300mA 以上。如果保护器的额定动作电流小于该值，即可避免间接触电事故。②为防止误动作，额定动作电流应大于低压电网三相不平衡漏电流。不同的低压电网除线路密度、用户户数外，还受架设标准、季节气候、电网接线及负荷组成等条件的影响，其三相不平衡漏电流不完全相同。一般住宅的漏电电流不超过 8mA，有较多日用电器的住宅不超过 15mA，大型建筑及工厂的漏电流可达数十至数百毫安，农村低压电网的三相不平衡漏电流的变化范围更大。因此正确测定或估计漏电流是选择漏电保护器灵敏度的依据。

电网分支线的保护原则应以直接接触保护为主，保护范围为分支路线、用电设备及居民生活用电部分。额定动作电流值也可由以下两方面来确定：①额定动作电流值应小于人体直接触电电流的上限值。在气温较高的6～9月，气候潮湿，人易出汗，人体电阻约为0.8～2kΩ，人身直接触电电流可达100～200mA以上。如果额定动作电流值小于该值，则可以避免直接触电事故。②额定动作电流应小于人体安全电流。国际上公认30mA为人体安全电流，如果额定动作电流不大于该值，则在其保护范围内的触电事故基本上可以避免。所以，分支线上保护器的额定动作电流值可取30mA。由于保护范围小，也能满足不小于三相不平衡漏电流的要求而正常投入运行。

可见，当低压系统采用电流型漏电保护器的分级保护方式时，其低压系统总保护或支干保护可采用50、100、200mA分级可调式；分支线（动力或生活用电）保护可采用30、50mA分级可调式；级间协调应保证分支线发生触漏电故障时不越级跳闸。所以除动作电流外，尚需保证动作时间的协调。一般分支线保护应为瞬动型，即动作时间小于0.1s，而总保护应为延时型，动作时间应大于0.2s。

五、电流型漏电保护器的安装、接线和注意事项

要使漏电保护器发挥其保护作用，首先要选用符合国家标准、质量稳定、性能良好的合格产品，同时必须正确安装。

（一）安装漏电保护器前，对低压电网的整修

(1) 中性线不得重复接地。中性点直接接地的配电变压器都在中性线末端作重复接地，但装设漏电保护器后，不能再在系统中将中性线重复接地，这是因为低压电网在正常运行情况下，三相负荷不可能完全平衡，若中性线末端作重复接地，将有一部分三相不平衡电流经重复接地极流入大地返回电源。当不平衡电流的绝对值达到保护器额定动作电流值时，保护器就产生误动作。

(2) 安装漏电保护器和不安装漏电保护器的用电设备不要共用一个接地装置。如图1-28，当未装保护器的电动机M1绝缘损坏时，其外壳上出现对地电压U_d。由于装有保护器的电动机M2与M1共用一个接地装置，所以M2的外壳上也出现对地电压。人一接触M2带电的外壳即遭电击，触电电流ΔI_d的流向为A1→M1外壳→M2外壳→触电者→大地→电源零点。触电电流未经过保护M2用的漏电保护器，保护器不动作失去保护作用。正确的接法是M1、M2各用各自的接地装置，并根据现场条件尽可能使两接地体的距离相隔远些。

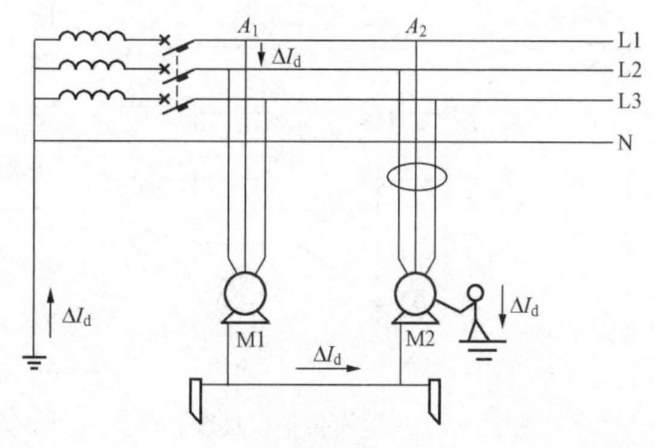

图1-28　共同接地体和危害

目前，有些用户将家用电器的外壳接到自来水管、暖气管上。如果同一幢楼每户的各种家用电器都连接到这些金属管上，当某户用电设备碰壳漏电时，就会使危险的对地电压传到每一户的各个用电设备上去，安装了漏电保护器的用户也不能避免这种危险。因此，这种接地方法是不安全的。

（3）保护支路应有各自的专用中性线。分级保护或分支保护的每一分支线路必须有自己的专用中性线。两相邻分支线路的中性线不能相连，也不能就近支接，否则就造成误动作而不能正常运行。

（4）单相负荷应尽可能均衡分布。为了所选保护器能正常运行，三相四线线路上的单相负荷应当均衡分布。因为当某一相线路偏长，设备集中时，必然会出现该相漏电流偏大于其他两相的情况，结果造成主干线三相不平衡漏电流值增大。当其发展到等于或大于保护器额定动作电流值时，就引起保护器误动作。

（二）安装漏电保护器前的检查

漏电保护器有各种型式，购买一台漏电保护器必须检查铭牌标志和使用说明书，以便核对和使用的要求是否一致。检查要点如下：

（1）额定工作电压。漏电保护器的额定工作电压应与所保护低压电网或用电设备的额定电压一致，以保证其正常运行。如果将220V的保护器用于380V的电路，可能会烧毁保护器；而将380V的保护器接入220V的电路，就可能不动作而失去保护作用。另外，有些产品的主回路工作电压和辅助电源电压不同，也要加以注意。

（2）极数和接线方式。开关式漏电保护器有单相两线式、三相三线式和三相四线式。三相四线式中又有中性线极能断开和不能断开之分，要弄清相线极和中性线极的区分，保护器的极数和接线应与使用场所相符。

（3）手柄、按钮的标志。漏电保护器手柄对应的开、闭位置应与实际相符。

（4）明确主回路和辅助电源的接线端。

（5）检验动作电流和动作时间应与设计选用的特性相符。

（6）接通电源并在空载状态下按动试验按钮，检查保护器是否能正常动作。

（三）漏电保护器的接线

漏电保护器在安装接线中应注意：

（1）漏电保护器进出线的排列应尽可能避免磁场的影响，因为保护器的零序电流互感器会由于磁场作用而误动作。

（2）安装漏电保护器时，电路中用电设备的接零保护线不应穿过零序电流互感器，否则用电设备发生碰壳漏电时，保护器可能不动作。

（3）用电设备应正确无误地连接在同一个保护支线回路内，不能像图1-29中的3、4、5、6那样同时连接于两个保护支线回路、跨接于保护器进出线两端或采用一线一地制供用电。图中，支线1、支线2为相邻两个分支线回路。用电设备1、2投入时，支线1、支线2正常运行。当用电设备3、4投入时，相当于按下保护器试验按钮而有一试验电流（即用电设备的负荷电流）通过漏电保护器RCD1、RCD2，使保护器动作，切断支线1、支线2电源。当用电设备5投入时，漏电保护器RCD1、RCD2中都通过用电设备5的负荷电流，保护器动作。当用电设备6投入时，相当于支线2发生接地故障，故障电流为用电设备6的负荷电流，保护器动作。

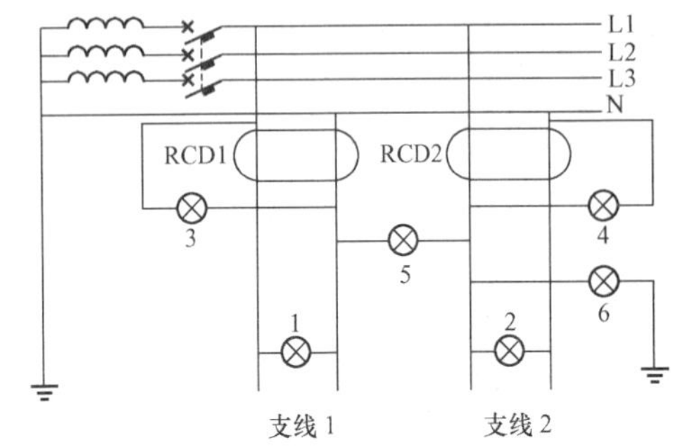

图1-29 用电设备正误接线

1、2正确；3、4、5、6错误

可见用电设备3、4、5、6投入时，都将造成保护器误动作。

（4）漏电保护器对接地的要求。目前常用的额定漏电动作电流30mA，额定动作时间0.1s的漏电保护器所保护的电器，应设接地装置。因为不设接地装置，发生触电时，漏电流必须通过人体才能使保护器动作，即使不危及生命，但麻电也令人恐惧。有接地装置后，用电设备发生漏电时，保护器动作自行切断电源，保护了人身安全。对于超过30mA的保护器，因为只能作为间接接触保护，必须设接地装置。只有额定动作电流15mA以下及动作时间0.1s以下的高灵敏、高速型的漏电保护器所保护的电气设备，如果接地有困难，允许不设接地装置。

另外，对于接零保护系统的用电设备，采用保护器后，其金属外壳最好改接零保护为接地保护。

六、漏电保护器的运行维护

（一）漏电保护装置的运行管理

（1）对使用中的漏电保护装置应定期试验其可靠性。检查方法是：按下试验按钮，观察漏电保护器的动作情况。

（2）为检验漏电保护装置使用中动作特性的变化，应定期对其动作特性（包括漏电动作电流值、漏电不动作电流值及动作时间）进行试验。

（3）运行中漏电保护器跳闸后，应认真检查其动作原因，排除故障后再合闸送电。

（二）漏电保护装置的误动作和拒动作分析

1. 误动作

误动作是指线路或设备未发生预期的触电或漏电时漏电保护装置产生的动作。误动作的原因主要来自两方面：一是由漏电保护装置本身的原因引起的；二是由线路原因而引起的。

由漏电保护装置本身引起误动作的主要原因是质量问题。例如装置在设计上存在缺陷、选用元件质量不良、装配质量差、屏蔽不良等，均会降低保护器的稳定性和平衡性，使可靠性下降，从而导致误动作。

由线路原因引起误动作的原因主要有：

（1）接线错误。例如，保护装置后方的中性线与其他中性线连接或接地，或保护装置的后方的相线与其他支路的同相相线连接，或负载跨接在保护装置的电源侧和负载侧，则接通负载时，都可能造成保护装置的误动作。

（2）绝缘恶化保护装置后方一相或两相对地绝缘破坏，或对地绝缘不对称，都将产生不平衡的泄漏电流，从而引发保护装置的误动作。

（3）冲击过电压迅速分断低压感性负载时，可能产生20倍额定电压的冲击过电压，冲击过电压将产生较大的不平衡冲击泄漏电流，从而导致保护装置的误动作。

（4）不同步合闸时，先于其他相合闸的一相可能产生足够大的泄漏电流，从而使保护装置误动作。

（5）大型设备在启动时，启动的堵转电流很大。如果漏电保护装置内的零序电流互感器的平衡特性不好，则在大型设备启动的大电流作用下，零序电流互感器一次绕组的漏磁可造成保护装置的误动作。

（6）附加磁场如果保护装置屏蔽不好，或附近装有流经大电流的导体，或装有磁性元件或较大的导磁体，均可能在零序电流互感器铁芯中产生附加磁通，从而导致保护装置的误动作。

此外，偏离使用条件，例如环境温度、相对湿度、机械振动等超过保护装置的设计条件时，都可造成保护装置的误动作。

2. 拒动作

拒动作是指线路或设备已发生预期的触电或漏电而漏电保护装置却不产生预期的动作。拒动作较误动作少见，然而拒动作造成的危险性比误动作大。造成拒动作的主要原因有：

（1）接线错误，错将保护线也接入漏电保护装置，从而导致拒动作。

（2）动作电流选择不当，额定动作电流选择过大或整定过大，从而造成保护装置的拒动作。

（3）线路绝缘阻抗降低或线路太长。由于部分电击电流不沿配电网工作接地或保护装置前方的绝缘阻抗而沿保护装置后方的绝缘阻抗流经零序电流互感器返回电源，从而导致保护装置的拒动作。

此外，产品质量低劣，例如零序电流互感器二次绕组断线、脱扣元件黏连等各种各样的漏电保护装置内部故障、缺陷均可造成保护装置的拒动作。

第十节 触 电 急 救

触电者的生命能否获救，其关键在于能否迅速脱离电源和进行正确的现场触电急救。如果不考虑实际情况，等待或不采取任何措施就将病人送往医院，可能错过抢救时机，导致死亡。

一、脱离电源

由于电流作用时间越长，伤害越重，所以首先要使触电者尽快脱离电源。

1. 脱离低压电源

救护人员应设法迅速切断电源，如拉开电源开关，拔掉电源插头等；或使用绝缘工具、干燥的木棒、木板、绳索等不导电的东西拉开触电者；也可抓住触电者干燥而不贴身的衣服将其拖开；或戴绝缘手套或将手用干燥衣物等包起绝缘后拖开触电者；救护人员也可站在绝缘垫上或干木板上，进行救护。

2. 脱离高压电源

由于高压电源开关很远，救护人员可用适合该电压等级的绝缘工具（戴绝缘手套、穿绝缘靴并用绝缘棒）拉开电源或触电者。救护人员在抢救过程中，应注意自身与周围带电部分之间的安全距离。

如果触电者触及断落在地上的带电高压导线，在尚未确认线路无电且救护人员未采取安全措施（如穿绝缘靴等）前，不能走进断线点 8～10m 范围内，防止跨步电压伤人。

如果高压带电线路触电，又不可能迅速切断电源开关的，可采用抛足够截面的适当长度的金属短路线方法，迫使断路器跳闸。抛掷前，应将短路线一端固定在铁塔或接地引下线上，另一端系重物，但在抛掷时，应注意防止电弧伤人或断线危及他人安全。

3. 脱离电源的注意事项

（1）应防止触电者脱离电源后可能出现的摔伤事故。当触电者站立时，要注意触电者倒下的方向，防止摔伤；当触电人所处的位置较高时，必须采取一定的安全措施，预防断电后触电者从高处坠落摔伤。

(2) 救护人员在救治他人的同时，要切记注意保护自己。

1) 分清电压等级施救。救护时应保持头脑冷静、清醒，应观察场地和周围环境，要分清是高压还是低压触电，以便做到忙而不乱，并根据不同的电压等级采取相应的正确措施使触电者脱离电源，而又不使救护人员受触电伤害。

2) 救护人不得使用金属和其他潮湿的物品作为救护工具。

3) 未采取任何绝缘措施，救护人不得直接接触触电者的皮肤和潮湿衣服。特别是在触电者未脱离电源，而救护人员又尚未采取任何安全措施的情况下，一般不准直接用手触及伤员，特别需要时最好用一只手操作，防止发生救护人触电的事故。

(3) 夜间发生触电事故，为救护触电者需切除电源时，有时照明会同时失电，因此必须考虑事故照明、应急灯等临时照明，以利救护。同时应防止出现其他事故。

二、触电急救

当触电者脱离电源以后，应判定其伤害程度，根据情况采取不同急救方法。触电急救的基本原则是"迅速、就地、准确、坚持"八个字。

若触电者神志清醒，应使其就地平躺，暂时不要让触电者站立或走动，以减轻心脏负担，同时注意观察，有必要时请医生诊治，避免发生迟发性假死。

若触电伤员神志不清，但呼吸、心跳正常，应抬到附近空气清新的地方，平躺休息，解开衣领以利呼吸，并应立即请医生诊治。如果发现呼吸困难、脉搏变浅或发生痉挛，应准备心跳呼吸停止时的进一步救护。

如果触电者呼吸停止，但有心跳，应采用人工呼吸法抢救；如果触电者有呼吸无心跳，应采用胸外心脏按压法进行抢救；如果触电者呼吸和心跳均已停止，则应立即按心肺复苏法就地进行抢救。

在抢救过程中，应反复使用"看、听、试"方法在5～7s内完成对触电者是否恢复自然呼吸和心跳进行再判断，根据脉搏和呼吸恢复情况继续施救。看，即看伤员的胸部、腹部有无起伏动作（看有无气流），方法是救护者的脸贴近触电者的嘴和鼻孔处，也可用一张薄纸片放在触电者的嘴和鼻孔上，查看有无呼吸（纸片动，则有呼吸；纸片不动，呼吸中断）；听，即用耳贴近伤员的口鼻处听听有无呼气声音，用耳贴在触电人的胸部听听心脏是否有跳动；试，即用两手指轻试一侧（左或右）喉结旁凹陷处的颈动脉有无搏动，判断心跳情况。

在进行现场抢救的同时，还应尽快通知医务人员赶至现场急救，同时做好送往医院的准备工作。

三、心肺复苏法

心肺复苏法支持生命的三项基本措施是通畅气道、人工呼吸和胸外心脏按压。

1. 人工呼吸

人工呼吸就是采用人工机械动作，使伤者逐步恢复正常呼吸的过程，如图1-30所示。

(1) 抬头仰颏。让触电者平躺，头部尽量后仰、鼻孔朝天，清理口中异物，避免舌下坠导致呼吸道梗阻，如图1-30 (a) 所示。头下不要垫枕头，否则影响通气。

(2) 捏鼻掰嘴。救护人站在触电者头部的左（或右）边，用放在前额上的拇指和食指捏紧其鼻孔，以防止气体从其鼻孔逸出；另一只手的拇指和食指将其下颌拉向前下方，使嘴巴张开，准备接受吹气，如图1-30 (b) 所示。

(3) 贴嘴吹气。救护人深吸气后紧贴掰开的嘴巴吹气，如图1-30 (c) 所示。吹气时要

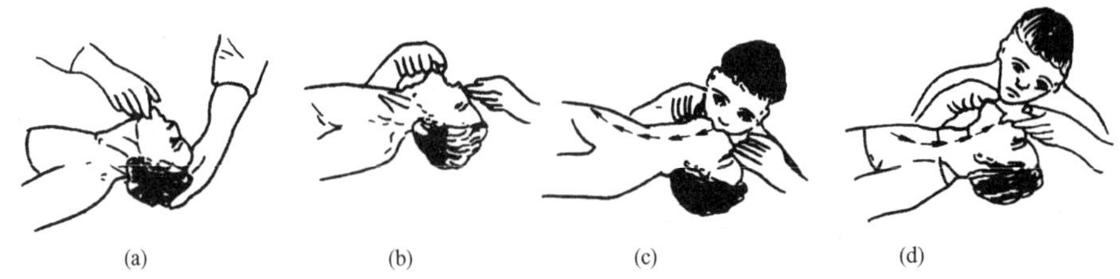

图 1-30 口对口人工呼吸的操作步骤

（a）抬头仰颏；（b）捏鼻掰嘴；（c）贴嘴吹气；（d）放松换气

使触电人的胸部略有起伏，每 5s 吹一次（吹 2s，放松 3s）。触电者如系儿童，只可小口吹气以防肺泡破裂。

（4）放松换气。放松触电者的口和鼻，使其自动呼气，如图 1-30（d）所示。

当难以做到口对口密封时，可采用口对鼻人工呼吸。其操作要领与口对口人工呼吸法基本相同，只是用嘴唇包绕封住触电者鼻孔吹气时须使触电者口闭合。

2. 胸外心脏按压法

胸外心脏按压法就是采用人工机械的强制作用，恢复正常心跳和血液循环。

（1）将触电人衣服解开，仰卧在地上或硬板上（不可躺在软的地方），头部放平，找到正确的按压位置，如图 1-31 和图 1-32 所示。

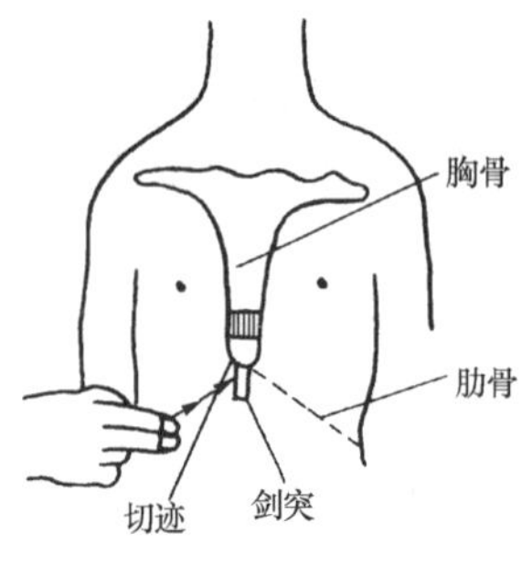

图 1-31 找切处

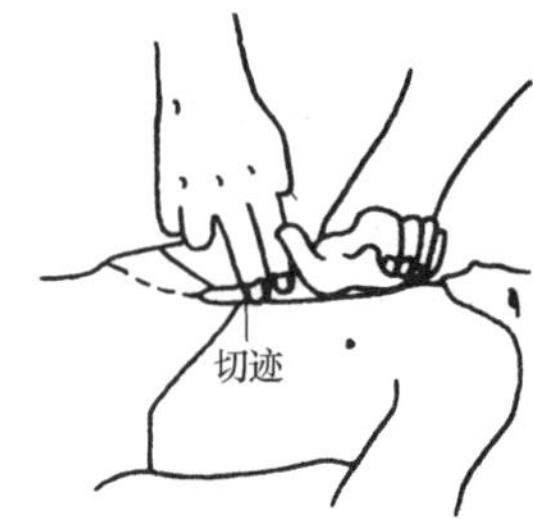

图 1-32 正确按压部位

（2）救护人跨腰跪在触电人的腰部，两手相叠，如图 1-33 所示（对儿童只能用一只手），手掌根部放在心口窝稍高一点的地方。

（3）掌根用力向下按压，压出心脏里面的血，如图 1-34（a）所示。每秒钟按压一次，压陷的深度一般为 3～5cm。儿童用力轻一些；成人不能太轻，否则效果不好。

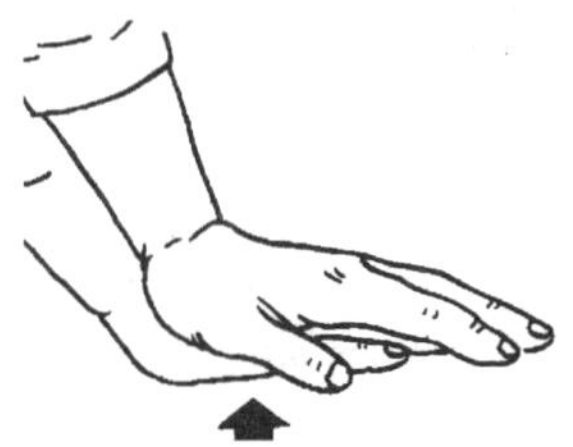

图 1-33 正确的叠手姿势

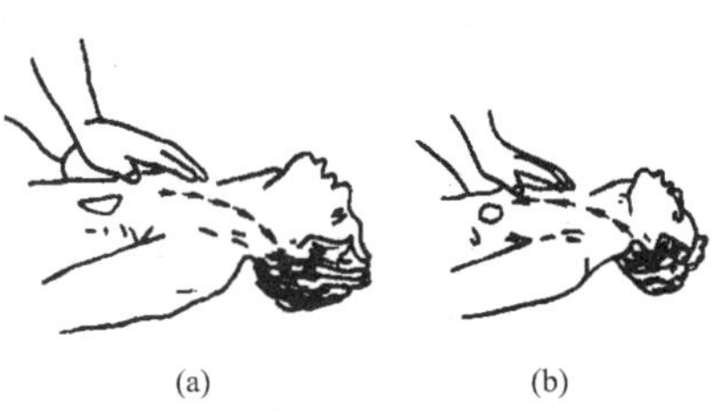

图 1-34 按压操作

（a）向下按压；（b）迅速放松

（4）按压后掌根立即全部放松（双手不必离开胸膛），以使胸部自动复位，让血液回流入心脏，如图 1-34（b）所示。

四、其他事项

抢救前必须确切判定触电者情况，正确抢救。采用人工呼吸和胸外心脏按压交叉救护时，其操作节奏为：单人抢救时，每按压 15 次后，吹气 2 次（15∶2），反复进行；双人抢救时，每按压 5 次后由另一人吹气 1 次（5∶1），反复进行。

抢救过程中，在医务人员未来接替抢救前，现场人员不得放弃现场抢救。触电者的死亡只有医生才有权认定。

现场急救中禁止使用肾上腺素等强心针，如不恰当使用则有可能加速死亡；禁止采取冷水浇淋、猛烈摇晃、大声呼唤或架着触电者跑步等办法刺激触电者，否则会使触电者因急性心力衰竭而死亡。

小　　结

1. 电流对人体的伤害形式：电击和电伤。绝大部分的触电事故是由于电击引起的。

2. 电击的致命效应主要是引起了心室颤动。

3. 影响触电危险性的主要因素：电流强度、触电时间、电流途径、人体电阻、电流频率及人体状况等。

4. 不同情况下的安全电流（允许电流）是不一样的，具体可根据触电后电源能否自动消失及有无二次伤害事故来确定。而安全电压则一般可由对应的安全电流和人体电阻的乘积来决定。我国标准中规定安全电压额定值的等级为 42、36、24、12、6V。

5. 常见的触电形式可分为直接触电（又可分为单相触电、两相触电和弧光触电）、间接触电（又可分为接触电压触电和跨步电压触电）、感应电压触电、剩余电荷触电、雷电触电和静电触电等。

6. 触电事故的发生是有规律可循的。

7. 单相触电是最常见的一种直接触电形式。单相触电的危险性与电网中性点的运行方式、电网的电压、电网绝缘的好坏及规模大小（即对地电容的大小）等有密切的关系。分析计算时应视实际情况分别对待。而两相触电是最危险的，其触电电流与电网的绝缘好坏及规模大小等无关。

8. 防止直接触电的主要技术措施是绝缘、屏护、障碍、间距、安全电压、电气隔离及漏电保护。

9. 防止间接触电的主要技术措施是自动断开电源、加强绝缘、不导电环境、降低设备外壳的预期接触电压、等电位环境、安全电压等。

10. 保护接地是将电气设备在正常运行情况下不带电的金属外壳、配电装置的金属构架和独立的接地体之间作良好的金属连接，是防止间接触电的重要措施之一。保护接地的原理是降低故障设备的预期对地电压，使其限制在安全电压范围内。为了能有效地达到保护的效果，保护接地应满足一定的条件。保护接地适用于高压大接地电流系统和中性点不接地的低压配电系统。

11. 保护接零是将电气设备在正常情况下不带电的金属部分与电源中性线紧密连接起来，是低压配电系统防止间接触电的重要措施之一。保护接零的原理是将碰壳故障转变为单相短路，从而产生很大的短路电流，促使保护装置迅速可靠动作而切除故障，消除电气设备外壳长期带电而可能造成的触电事故。适用于中性点直接接地的三相四线制低压配电系统中。

12. IEC 规定的低压配电系统可分为 IT、TT、TN 系统，其中 TN 系统又可分为 TN－C、TN－C－S、TN－S 系统。

13. 接地装置是接地体与接地线的总称。接地按用途可分为保护接地、工作接地、防雷接地、防静电接地、屏蔽接地等。接地电阻与接地体结构、土壤电阻率密切相关。不同的场合要求不同的接地电阻值。

14. 漏电保护器的应用可以弥补保护接地（中性线）的缺陷，可以作为间接触电的后备保护和电气火灾事故，已经得到广泛的应用。漏电保护器要正确合理地选用、安装、接线与维护。

15. 触电急救的基本原则是“迅速、就地、准确、坚持”八个字。本书介绍了触电急救的人工呼吸法、胸外心脏按压法。

习　　题

1－1　什么叫电击和电伤？

1－2　触电事故的规律有哪些？

1－3　常见的触电形式有哪些？

1－4　什么叫室颤电流？

1－5　电流对人体伤害的程度与哪些因素有关？

1－6　什么叫安全电压？我国规定的安全电压等级有哪些？

1－7　电气隔离的原理是什么？

1－8　配电网对地绝缘阻抗是什么阻抗？

1－9　什么叫保护接地？保护接地的安全原理是什么？保护接地适用于哪些场所？

1－10　低压保护接地的基本要求是什么？

1－11　什么叫 TT 系统？TT 系统应当采取哪些加强性安全措施？

1－12　什么叫保护接零？保护接零的安全原理是什么？保护接零适用于哪些场所？

1－13　TN 系统有哪些类型？为什么在 TN 系统中不允许个别设备采取保护接地？

1－14　TN－C 系统的中性线断开有什么危害？

1－15　什么叫等电位连接？

1－16　在 TN 系统中，怎样计算漏电设备外壳上的故障对地电压？

1－17　什么叫重复接地？重复接地有什么安全作用？对重复接地的基本要求是什么？

1－18　什么叫接地？有哪些种类的接地？什么叫接地电流？什么叫接地短路电流？什么叫对地电压和对地电压曲线？

1－19　什么叫接触电压？接触电压受哪些因素的影响？

1－20　什么叫跨步电压？跨步电压受哪些因素的影响？

1－21　接地装置的接地电阻主要受哪些因素的影响？

1－22　单线电击的危险性与配电网对地运行方式有何关系？

1-23　什么叫屏护装置？与障碍有什么不同？

1-24　什么叫加强绝缘？什么叫不导电环境？

1-25　漏电保护器的基本工作原理是什么？漏电保护器是怎么分类的？

1-26　选择漏电保护器应注意哪些问题？怎样选择电流型漏电保护器的动作参数？

1-27　漏电保护器的安装接线应注意哪些问题？漏电保护器在使用中应注意哪些问题？

1-28　造成漏电保护器误动作的主要原因有哪些？造成漏电保护器拒动作的主要原因有哪些？

1-29　某380/220V的中性点不接地三相配电系统，供电频率为50Hz，各相对地绝缘电阻均可看作无限大，各相对地电容均为0.55μF，触电者的人体电阻为2000Ω时，求流过人体的电流。

1-30　在题1-29中，如设备有保护接地，而且保护接地电阻为4Ω，其他条件不变，则求此时流过人体的电流。

1-31　触电急救的基本原则是什么？

1-32　怎样使触电者迅速脱离电源？有哪些注意事项？

1-33　何谓心肺复苏法？其支持生命的三项基本措施是什么？

1-34　人工呼吸法和胸外心脏按压法如何操作？

第二章　电气设备安全

大容量用户由供电部门高压供电，电压等级一般有110、35、10、6kV，电能送到用户处，还需经配电变压器降压，分配到各低压用电设备。因此，用户的变配电所需要许多的电气设备来完成这些工作，它们的安全运行关系到电力系统的正常发供电和用户的安全生产。

本章从事故分析入手，介绍变配电所主要电气设备（变压器、高压开关、电力电容器、电力线路等）的常见故障原因、安全要求和运行维护。

第一节　电气设备安全的基本要求

要保证电气设备的安全运行，必须满足三个条件：设备质量可靠、合理的运行维护、足够的安全距离。

一、设备质量可靠

电气设备本身质量可靠，安全设施齐全，则耐受外界不利因素冲击的能力就强，当环境突变或人员有失误时，也能有效地避免事故的发生，因此设备质量可靠是保证设备安全的先决条件。同时，在安装上，认真进行安装前的各项检查和试验，严格施工工艺，保证安装质量。

二、正确使用和维护

1. 保持设备正常运行状态

每一台电气设备都有自己的额定参数和使用条件，如额定电压、电流和容量，装设点海拔高度、环境温度湿度、室内使用和室外使用等。应正确地使用和维护，并使设备工作在额定参数的范围内，避免过电压、过负荷、过热等异常现象，坚持定期巡视和维护，及时发现和排除运行中的不安全因素。

2. 防止误操作

设备的投入和停止运行，经常要进行断路器和隔离开关的投切，设备需停电检修时还要完成安全措施等，这一些操作的程序都有一定的技术要求，当操作顺序发生错误时，就会引起事故。因此，不仅要求配电装置应具备防误操作的闭锁功能，提高设备可靠性，更要求运行人员严格执行操作规程，防止误操作。

3. 配备完善的继电保护装置及合理的保护方案

保护装置动作的可靠性、选择性、灵敏性、速动性是缩小事故范围、减小事故损失的有力保证。继电保护应有专人管理、定期校验，保护整定值的确定须同时满足电力网的要求，保证完好率达到100％。

4. 坚持进行设备技术监督

如对设备绝缘的预防性试验，在线监测，及时发现不安全因素，是保证设备安全运行的有效手段。

随着电力系统的发展，对电气设备进行在线状态监测的要求也越来越高。在线状态监测不仅有效解决了计划性预防检修的盲目性和高费用问题，而且减轻了解体、拆装对电气设备造成的伤害，大大提高了设备的利用率和可靠性。

三、安全距离

安全距离就是在各种工况条件下，带电导体与附近接地的物体、地面、不同相带电导体之间，必须保持的最小空气间隙。这个间隙不仅应保证在各种可能的最大工作电压或过电压的作用下，不发生闪络放电，还应保证工作人员在对设备进行维护检查、操作或检修时的绝对安全。

安全距离是根据空气间隙的放电特性来确定的。在超高压电力系统中，还要考虑静电感应和高压电场对人体的影响。

最新电力安全规程（发电厂和变电所电气部分）GB 26860—2011 对于安全距离作以下规定：

(1) 无论高压设备是否带电，工作人员不得单独移开或越过遮栏进行工作；若有必要移开遮栏时，应有监护人在场，并符合表 2-1 要求的安全距离。

表 2-1　设备不停电的安全距离

电压等级 (kV)	安全距离 (m)
10 及以下	0.7
20、35	1.00
66、110	1.50
220	3.00
330	4.00
500	5.00
750	7.20
1000	8.70
±50 及以下	1.50
±500	6.00
±660	8.40
±800	9.30

注 1. 表中未列电压等级按高一挡电压等级安全距离。
2. 13.8kV 执行 10kV 的安全距离。
3. 750kV 数据是按海拔 2000m 校正的，其他等级数据按海拔 1000m 校正。

(2) 10kV、20kV、35kV 配电装置的裸露导电部分在跨越人行过道或作业区时，若户外导电部分对地高度分别小于 2.7、2.8、2.9m 或户内导电部分对地高度分别小于 2.5、2.5、2.6m，该裸露导电部分两侧和底部应装设护网。

(3) 户外 10kV 及以上高压配电装置场所的行车通道上，应根据表 2-2 要求保证行车安全距离。

表 2-2　车辆（包括装载物）外廓至无遮栏带电部分之间的安全距离

电压等级（kV）	安全距离（m）
10	0.95
20	1.05
35	1.15
66	1.40
110	1.65（1.75）①
220	2.55
330	3.25
500	4.55
750	6.70②
1000	8.25
±50 及以下	1.65
±500	5.60
±660	8.00
±800	9.00

①括号内数字为 110kV 中性点不接地系统所使用。

②750kV 数据是按海拔 2000m 校正的，其他等级数据按海拔 1000m 校正。

第二节　变　压　器

变压器的作用是完成电能电压等级的转变。变压器主要由绕组和铁芯组成。配电变压器的电压等级通常有 110、35、10kV，按冷却方式分主要有油浸式与干式两类。下面分别介绍两种变压器的安全要求。

一、干式变压器的特点

干式变压器是指铁芯和绕组不浸渍在绝缘液体中的变压器。其在结构上可分为以固体绝缘包封绕组和不包封绕组两种。常用的干式配电变压器为环氧树脂浇注型，即用环氧树脂浇注或浸渍作包封的干式变压器。

相对于油浸式变压器，干式变压器因没有油，也就没有火灾、爆炸、污染等问题，安全水平较高，故电气规范、规程等均不要求干式变压器置于单独房间内。特别是干式配电变压器的新系列，损耗和噪声降到了较低的水平，更为变压器与低压屏置于同一配电室内创造了条件。在商业中心、地铁、高层建筑、水电站等场合，常选用环氧树脂浇注型干式配电变压器。

近年来除了常用的环氧树脂真空浇注型干式变压器外，又出现了一种 H 级绝缘干式变压器。H 级绝缘干式变压器的特点是：用作绝缘的 NOMEX 纸具有非常稳定的化学性能，可以连续耐 220℃高温，在起火情况下，具有自熄灭能力；即使完全分解，亦不会产生烟雾和有毒气体，电气强度高，介电常数较小。

1. 干式变压器的温度控制系统

干式变压器的安全运行和使用寿命，很大程度上取决于变压器绕组绝缘的安全可靠水平。绕组温度超过绝缘耐受温度将使绝缘破坏，这是导致变压器不能正常工作的主要原因之一，因此干式变压器运行时对其温度的监测及其报警的控制十分重要。

2. 干式变压器的防护方式

根据使用环境特征及防护要求，干式变压器可选择不同的外壳。通常选用 IP20 防护外壳，可防止直径大于 12mm 的固体异物及鼠、蛇、猫、雀等小动物进入造成的短路停电等恶性故障，为带电部分提供安全屏障。若须将变压器安装在户外，则可选用 IP23 防护外壳，除上述 IP20 防护功能外，更可防止与垂直线成 60°角以内的水滴进入。但 IP23 外壳会使变压器冷却能力下降，选用时要注意其运行容量的降低。

3. 干式变压器的冷却方式

干式变压器的冷却方式分为自然空气冷却（AN）和强迫空气冷却（AF）。自然空冷时，变压器可在额定容量下长期连续运行。强迫风冷时，变压器输出容量可提高 50%。适用于断续过负荷运行，或应急事故过负荷运行。由于过负荷时负载损耗和阻抗电压增幅较大，处于非经济运行状态，故不应使其处于长时间连续过负荷运行。

4. 干式变压器的过载能力

干式变压器的过载能力与环境温度、过载前的负载情况（起始负载）、变压器的绝缘散热情况和发热时间常数等有关，一般生产厂家会制定干式变压器的过负荷曲线。

二、油浸式变压器的常见故障

下面介绍油浸式变压器的常见故障，其中有些故障也是干式变压器常见的，如异常声响、异常温升、套管闪络等。

1. 异常声响

变压器正常运行时由于交变磁通经过铁芯产生的电磁力，铁芯发出连续均匀的“嗡嗡”声，音响的强弱正比于负荷电流的大小，是正常现象。

如果铁芯夹持不紧，或有缺片断片，硅钢片会因剧烈振动而噪声大幅度增加，特点是响声大但基本是均匀的。如果变压器铁芯某部位遗留有金属异物，如螺栓、螺帽等也会因振动而发出连续的金属敲击声。如果变压器铁芯未接地，铁芯处于悬浮电位，铁芯上的感应电荷会在铁芯与夹件间，或与油箱间发生静电放电，产生断续的、清脆的金属敲击声。

因振动或静电放电引起异常响声时，各种测量表计指示和温度不会变化，这类响声虽属异常，但对运行无大危害，不必立即退出运行，可安排在检修时予以排除。

当变压器发出“噼啪”的爆裂声，可能是变压器绕组或铁芯的绝缘击穿，或者引线等带电导体与油箱或铁芯距离过小而发生放电，这种情况当发生放电异常响声时，测量表计会有程度不同的瞬时摆动。

变压器匝间或层间短路，不但会发出放电声音，且故障点因局部严重发热使油沸腾汽化，会发出“咕噜咕噜”的沸水声。

因放电引起异常响声是内部故障的危险征兆，会造成严重事故，应立即停运检修。

2. 异常温升

变压器运行中因为绕组的铜损和铁芯的铁损会发热，使变压器绕组、铁芯和油温度升高，但变压器已设置了足够的散热装置，正常运行时，当发热量与散热量平衡，变压器各部件温度稳定在某允许值。如果由于某种原因使这种热量平衡遭到破坏，变压器油温可能超过技术条件规定的允许值，属异常温升。变压器在负荷和散热条件、环境温度不变的条件下，温度比原来高，并有不断升高的趋势，这与温度超允许值同属异常温升。

引起异常温升的原因有：严重或长期过负荷；绕组局部层间、匝间或股间短路；分接开关接触不良；铁芯局部短路；因漏磁或涡流引起油箱发热；变压器不满足并列运行条件并列引起环流；散热条件恶化；油严重变质等。

3. 喷油爆炸

喷油爆炸的直接原因是油箱内压力剧增超过箱体机械强度造成的。引起内部压力剧增的原因是内部故障短路电流和高温电弧使变压器油迅速汽化，而继电保护装置失效未能及时切断电源，使故障持续较长时间，油箱内压力不断增大，高压的油气从防爆管或箱体其他机械强度较薄弱的地方喷出形成事故。

变压器内部故障常见的有以下几种：

（1）内部短路。内部短路是由于变压器绝缘损坏。匝间短路等局部过热，变压器进水，雷电过电压等都可能使绝缘损坏。

（2）断线产生电弧。绕组导线焊接不良、引线连接松动，在大电流冲击下可能造成断线，断点处产生高温电弧使油迅速汽化使内部压力升高。

（3）分接开关故障。如果分接开关动静触头间接触不良或调节挡位时触头错位，运行中可能使触头发热、跳火起弧，导致调压段线圈短路。或者分接开关调挡不到位，动触头几乎跨接在调压段线圈两抽头之间，一旦接通电源立即形成短路。一般小容量的配电变压器因无气体保护，触头发热、跳火故障往往不能被及时发现，因而分接开关故障是引起小型配电变压器喷油爆炸的主要原因。

4. 严重漏油

变压器油连续从破损处不断漏出，油位计中已见不到油位为严重漏油。变压器油的作用是绝缘和散热，油面过低，套管引线和分接开关将暴露于空气中，绝缘水平将大大降低，另外，绕组温度升高等都易引起绝缘损坏击穿。所以应及时将变压器停电处理，补漏加油。

引起漏油的原因主要是焊缝开裂和密封件失效。另外，套管断裂、因外力冲撞使油箱和散热器破裂、油箱锈蚀严重而破损等也是引起严重漏油的因素。

5. 套管闪络

套管表面不清洁或有裂纹和破损时，会造成套管表面存在泄漏电流，发出“吱吱”的闪络声，阴雨大雾天还会发出“噼噼”放电声，极易引起对地放电，击穿套管，造成变压器引出线一相接地。因此，发现套管对地放电时，应将变压器停止运行更换套管。若套管之间搭接有导电的杂物，可能会造成套管间放电，应注意及时清理。

6. 油色异常，有焦臭味

新变压器油呈微透明、淡黄色，运行一段时间后油色会变为浅红色。如油色变暗，说明变压器的绝缘老化；如油色变黑（油中含有碳质）甚至有焦臭味，说明变压器内部有故障

（铁芯局部烧毁、绕组相间短路等），这将会导致严重后果，应将变压器停止运行进行检修，并对变压器油进行处理或换成合格的新油。

以上是变压器故障的直观判断，除此，通过变压器特性试验和绝缘分析，可有效地发现变压器潜在的缺陷，防止变压器故障。例如：测量时发现绕组直流电阻偏大或三相电阻不平衡，能发现分接开关接触不良或导线焊接脱焊，或引线连接松动等缺陷；变压器空载试验时，如果实测空载损耗过大，可能是内部存在匝间或股间短路，或存在铁芯局部短路；绝缘电阻测量结果降低说明绝缘受潮；变压器油的气相色谱分析能发现局部放电和过热故障。因此，判断变压器的故障性质和程度，应根据直观判断和试验结果综合分析。

三、变压器的安全要求

1. 安装前的核查

（1）核对变压器的型号和设计参数。用户变压器一般为降压变压器，其一次侧额定电压应等于电网额定电压，二次侧额定电压考虑到线路的电压损耗，应比线路额定电压高5%～10%。此外应检查变压器并列条件、调压的方式、额定容量、阻抗电压、联结组别、损耗及使用技术条件等是否与设计相符。

检查变压器的安全附件是否齐全良好。安全附件包括防爆管、气体继电器、吸湿器、温度计等。

防爆管端头用强度很低的防爆膜封闭，如玻璃或薄金属片，正常运行时阻止空气从防爆膜进入油箱，内部故障时防爆膜破裂，释放内部压力。在运输中为防止防爆膜因振动破坏，常用白铁皮代替防爆膜封闭管口。因此，变压器就位后，需将白铁皮取下换上防爆膜。

气体继电器（也称瓦斯继电器）是变压器内部故障的保护，投运前要整定动作值和校验。

吸湿器内装吸湿剂，过滤进入油箱的空气、减缓油的老化和吸湿。如发现吸湿剂变色、脏污，说明已失去吸湿作用，应予更换。

（2）变压器的吊芯检查。在安装变压器时，往往需要把芯部从油箱里吊出来进行检查，此即“吊芯检查”。

变压器吊芯检查的目的是为了发现铁芯、绕组和引线三部分在运输过程中有无机械损伤、变形、松动或绝缘损坏的情况。因此应着重检查绕组的轴向压紧状况，线圈应无位移、变形，绝缘无损伤；引线外包绝缘良好，固定支撑牢固；导杆及引线连接螺栓、螺帽接触应无松动、无锈蚀；穿心螺杆与铁芯的绝缘良好、铁芯无多点接地，无片间绝缘损坏；压钉及接地片完整；油箱清洁，箱壁上的阀门应开闭灵活、指示正确等。

2. 安装时的安全要求

（1）一般要求。变压器的安装位置，应考虑运输、检修和运行维护方便。装有气体继电器的变压器，安装时应使其箱盖沿气体继电器方向升高1%～1.5%的坡度，气体继电器应水平安装，观察窗应装于便于观察的一侧，箭头方向应指向油枕。

防爆管动作时会喷出高温油气和燃油，应注意喷油方向，不能危及其他电气设备。

变压器一、二次引线的连接，不应使变压器套管承受应力，一、二次引线不应交叉。

（2）变压器室的通风。变压器安装时应考虑变压器室有良好的通风条件，以利于散热。按变压器的容量不同选择不同的进风方式：容量小于630kVA时采用地坪进风，如图2-1

（a）、（b）所示；容量在 800～1250kVA 时采用抬高地坪 0.65～0.85m、下层进风的方式，如图 2-1（c）所示；排风温度不应高于 45℃，当自然通风达不到降温要求时，应采取机械通风。

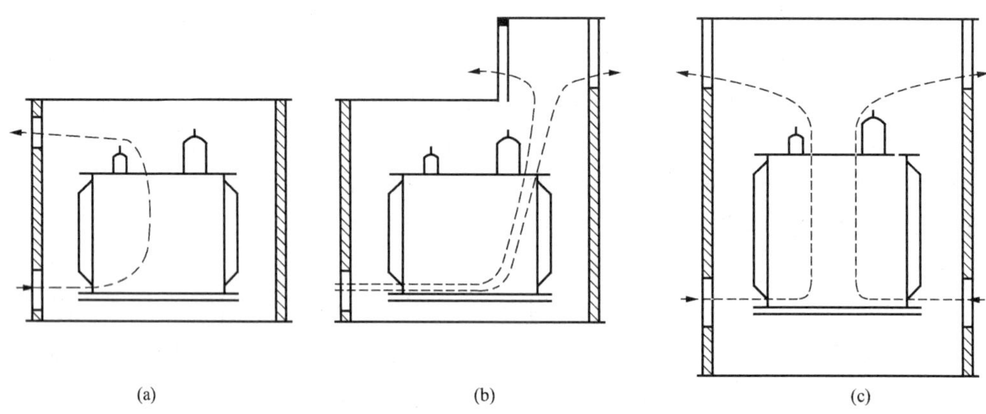

图 2-1 变压器室通风

（a）地坪进风单侧出风；（b）地坪进风气楼抽风；（c）下层进风两侧出风

（3）室内变压器的布置。室内安装的油浸式变压器，从防火防爆和限制故障范围的要求考虑，要求安装在有防火、防爆的建筑物内，并设有防爆铁门，且一室一台。居住建筑物内装设的油浸式变压器容量不大于 400kVA，否则应改用干式变压器。

（4）室外变压器布置。室外变压器四周应设围墙或栅栏，10kV 及以下的变压器外廓和栅栏距离应不小于 1.0m，栅栏高应不小于 1.7m，栅栏上应悬挂“止步！高压危险”标示牌。变压器应设在高度不低于 0.5m 的变压器台上。

四、电力变压器的运行维护

1. 运行参数的监视

变压器运行电压与额定电压的偏差应不超过±5%，以确保二次电压质量。如电源电压长期过高或过低，应通过调整变压器分接开关，使之正常。

变压器电流随用电负荷增减而变化。三相四线式配电变压器，中线电流不得超过低压线圈额定电流的 25%，否则应调整负荷。

变压器可以在正常过负荷和事故过负荷下运行。变压器过负荷运行，使用寿命将减小，而轻负荷时使用寿命增加，两者可相互补偿。不影响变压器使用寿命的过负荷称为正常过负荷。正常过负荷可经常使用，其允许值依变压器负荷曲线、冷却介质温度和过负荷前变压器负荷电流而定。事故过负荷指并列运行的两台变压器，一台事故停电时另一台的过负荷运行。事故过负荷的允许值应遵守制造厂的规定，也可参照表 2-3。

表 2-3 自然油循环冷却变压器事故过负荷及允许持续时间

过负荷倍数	环境温度（℃）下的允许持续时间（h：min）				
	0	10	20	30	40
1.1	24：00	24：00	24：00	19：00	7：00
1.2	24：00	24：00	13：00	5：50	2：45
1.3	23：00	10：00	5：30	3：00	1：30

续表

过负荷倍数	环境温度（℃）下的允许持续时间（h：min）				
	0	10	20	30	40
1.4	8：30	5：10	3：10	1：45	0：55
1.5	4：45	3：10	2：00	1：10	0：35
1.6	3：00	2：05	1：20	0：45	0：18
1.7	2：05	1：25	0：55	0：25	0：09
1.8	1：30	1：00	0：30	0：13	0：06
1.9	1：00	0：35	0：18	0：09	0：05
2.0	0：40	0：22	0：11	0：06	

变压器过负荷运行期间，应加强巡视检查，监视冷却系统工作情况、各部位温升情况、各连接线点温度，还应注意与变压器相关各设备的过负荷能力。

2. 变压器运行时的外部检查

（1）检查变压器运行声音是否异常。

（2）检查套管的完整及清洁，有无裂纹、破损及放电痕迹。

（3）检查冷却系统工作是否正常。

（4）变压器室门窗是否完整，室外变压器基础有无下沉现象。

（5）变压器的外壳接地必须良好。

（6）一、二次母线接头接触良好无过热，示温蜡片应无熔化。

如果是油浸式变压器，还应检查油位、油色、硅胶、防爆膜的运行情况。

3. 配电变压器的交接和大修试验项目

（1）测量分接头直流电阻：1600kVA 及以下变压器，各相间直流电阻值差别不大于三相平均值的 4%，线间直流电阻值差别不大于三相平均值的 2%。1600kVA 以上变压器，各相间直流电阻值差别不大于三相平均值的 2%，无中性点引出的绕组，线间直流电阻值差别不大于三相平均值的 1%。

（2）测量绝缘电阻不低于下列数值：额定电压为 3～10kV，20℃时绝缘电阻不小于 300MΩ；额定电压为 500V 及以下，绝缘电阻不小于 10MΩ。

（3）交流耐压：试验电压按出厂值的 85%，500V 及以下线圈的试验电压为 2kV。

（4）各分接头变比：各分接头变比的实测值与出厂试验值相比误差不大于±0.5%。

（5）组别和极性、有载分接开关、空载和短路试验符合设计或制造厂规定。

第三节 高 压 开 关

高压开关主要有断路器、隔离开关、负荷开关，这些高压电器的使用量大，且运行人员接触多，操作频繁，其工作可靠性对电气安全非常重要。

一、断路器

断路器是电力系统中最重要的工作和保护设备，它对维持电力系统的安全、经济和可靠运行起着非常重要的作用。在负荷投入或转移时，它应能准确地开、合。在设备（如发电机、变压器、电动机等）出现故障或母线、电力线路出现故障时，在继电保护装置的配合下，应能自动地将故障切除，保证非故障部分的安全连续运行。

断路器按其灭弧介质分有油断路器、真空断路器、SF_6 断路器和空气断路器。由于油断路器、空气断路器使用的历史长，技术也较普及，这里不再叙述，只对真空断路器和 SF_6 断路器加以介绍。

真空断路器的特点是动作快、燃弧时间短、结构简单、维修量小（一般情况下无需大修，但操作一万次后，或者真空度达不到要求时需大修）、没有爆炸和火灾危险，并具有频繁操作的能力。

SF_6 断路器的特点是有良好的灭弧性能，开断能力强，断口元件电压高，允许连续开断次数多，适于频繁操作，并且噪声小，无火灾危险，电寿命长，分合电容器时，没有重燃现象，长期运行不需检修。

（一）断路器的常见故障

1. 断路器的拒动和误动

造成断路器拒动和误动的原因多是操作回路和操作机构机械故障。例如操作电源失压、控制回路断线能造成断路器拒动，操作回路两点接地能引起断路器误动，操作机构卡死，连杆断脱都会使断路器拒动。因此，断路器投运前和大修后应检查其动作的可靠性和灵活性。

2. 绝缘不良引起的事故

（1）由于污秽和雷击可能引起断路器闪络及爆炸事故。

（2）由于充油或充胶电容套管受潮，能够引起内绝缘击穿，造成断路器或瓷套爆炸事故。

（3）由于断路器本体进水，而引起内绝缘破坏事故。

（4）绝缘材料和加工工艺缺陷引起的绝缘水平低造成的击穿事故。

3. 灭弧室事故

高压断路器在开断短路电流时，电弧不能熄灭，会引起灭弧室烧毁、爆炸、严重喷油、触头和触指烧坏等事故。造成这些后果的原因有断路器的遮断容量不足，灭弧室有缺陷，工作行程没调好，以及合闸时触头与触头没接触上而长时间燃弧，真空灭弧室漏进空气，灭弧介质不合格等。

（二）断路器的运行维护

1. 真空断路器的运行维护

真空断路器的性能和使用寿命，取决于真空灭弧室的好坏，因此真空灭弧室必须防止漏气，否则性能劣化，在运行中，应每年检查一次。检查时可按工频耐受电压试验办法进行，方法是使断路器处于分闸位置（开距为 12mm），然后在真空灭弧室的动静触头两端加工频电压（10kV 断路器加 42kV，1min），若无放电或击穿现象，则说明灭弧室的真空度未下降，是合格的。值班人员在巡视检查时，在合闸前（一端带电）观察管内壁是否有红色或乳白色辉光出现，如有则表明真空灭弧室的真空度已失常，应停止使用并及时处理。

2. SF_6 断路器的运行维护

SF_6 断路器应检查 SF_6 气体压力是否保持在额定表压，如压力下降即表明有漏气现象，应及时查出泄漏位置并进行消除，否则将危及人身及设备安全。运行中应严格防止潮气进入断路器内部，以免由于电弧产生的氟化物和硫化物与水作用对断路器材料产生腐蚀。

除此，断路器在巡视时，应检查外部瓷件有无破损、裂纹和严重污秽现象。检查接触端子有无发热迹象，如有应停电退出，消除后方可继续运行。在投入前应检查操作机构是否灵活，分、合闸指示及红绿灯信号是否正确。

二、隔离开关

隔离开关是起检修其他设备时隔离来电的作用。隔离开关一般装在母线侧，当断路器出线侧有倒送电可能时，应加装一组线路侧隔离开关。

隔离开关没有灭弧装置，因此严禁用隔离开关投切负荷电流和故障电流，以免造成三相弧光短路。隔离开关拉闸时，必须在断路器切断电路之后；合闸时，必须先合入隔离开关后，再用断路器接通电路。

隔离开关长期通过负荷电流和瞬时故障电流，因此触头间应保持良好接触，防止发热。触头闭合后应由操作机构的死点将其锁紧，防止在大的短路电流冲击下，弹开动触头而造成弧光短路。

隔离开关断开时，其动静触头的间距，是保证检修设备与带电部分隔离的必要间隙，因此隔离开关安装和调整时，必须保持断开状态下动静触头的间距满足技术条件要求。

隔离开关运行时应主要监视并检查触头接触状况，有无发热；绝缘子是否清洁；防误操作闭锁装置的可靠性。

三、负荷开关

负荷开关能切合工作电流，但不能切断短路电流。负荷开关必须与熔断器配合使用，当线路发生短路故障时，由熔断器切断短路电流。负荷开关断开后有明显的断开点，能起到隔离开关的检修隔离作用。

由负荷开关和熔断器组成的全封闭型环网开关，目前在配电变压器容量小于1250kVA的小容量高压用户中得到越来越广泛的应用。它具有体积小、占地少、价格便宜的优点。

高压负荷开关分为户内型及户外型，户内型目前常用的有FN3型负荷开关。它有三种形式：

(1) 无熔断器的负荷开关；

(2) 有熔断器的FN3-10R负荷开关（熔断器位于开关下方）；

(3) 有熔断器的FN3-10R/S负荷开关（熔断器在开关上方）。

第四节 电力电容器

电力电容器用于无功就地补偿，避免无功功率在电网中远送，减小线路功率损耗和电压损耗，提高电网运行的经济性。电容器如果制造质量不佳或者运行维护不当，可能造成事故，特别是介质击穿造成两极短路引起的爆炸，会危及其他设备，造成事故扩大。

一、电力电容器的常见故障

1. 渗漏油

电容器两极间的距离只有几毫米，运行过程中任何的介质缺陷都可能造成介质的击穿引发事故，所以电容器内部元件要经过严格的净化处理后，密封在油箱内。

造成电力电容器渗漏油的主要原因有：长期运行缺乏维修导致外皮生锈腐蚀造成的渗漏油；制造中质量不合格、运输安装不当等引起密封不严，如制造中焊接质量差，有砂眼或虚焊，设备又缺乏严格的密封试验，造成渗漏油；搬运中的碰撞振动使焊接不良处开裂渗漏油；套管和法兰接合处的密封也是比较薄弱的环节，若搬运时把套管当作提绊搬抬，或用硬母线做连接线使套管受到机械应力也容易造成套管密封渗漏。

2. 电容器外壳膨胀

电力电容器是由多个电容元件串并联组成。如果电力电容器内部绝缘击穿，形成局部放电使油气化，内部压力增高，导致电容器的外壳膨胀变形，这是运行中电容器故障的征兆，应及时处理，避免故障的扩大。

引起局部放电的原因很多，有制造质量的问题，如产品设计时工作场强取值过高、材料不合格或净化处理不合格等；有雷电或操作过电压引起的局部放电；有因介质温度过高，绝缘迅速老化或局部损坏造成局部放电。

造成运行中电容器温度异常升高的原因有：

（1）电容器通风条件差。例如电容器室设计、安装不合理造成通风不良，影响热量的正常散失，导致温度异常升高。

（2）电容器过电流。导致电容器过电流，一方面是电容器长期过电压，另一方面是高次谐波的影响。

工矿企业采用的大功率晶闸管整流装置是最严重的谐波源，n 次谐波电流 I_n 为

$$I_n = nU_n 2\pi fC \tag{2-1}$$

式中 f——基波频率，Hz；

n——谐波次数；

U_n——谐波电压有效值，V；

C——电容量，F。

基波电容电流 I 为

$$I = U2\pi fC$$

$$\frac{I_n}{I} = \frac{U_n}{U}n \tag{2-2}$$

式（2-2）表明，n 次谐波电流与基波电流之比是 n 次谐波电压与基波电压之比的 n 倍，电压中比例不大的谐波成分，也能产生较大的谐波电流，从而造成电容器的过电流，温度异常升高。

（3）频繁的合闸。电容器频繁的投切，使介质反复受到合闸涌流的作用，温度异常升高。

温度异常升高，使电容器介质绝缘变差，另外，介质损耗随温度的升高而增大，介质损耗的增大又进一步使温度升高，形成恶性循环，加速电容器介质绝缘损坏的速度。

3. 电容器爆破

运行中电容器爆破是一种恶性事故，发生的频数不高，一般是内部元件发生极间或对外壳绝缘击穿时，与之并联的其他电容器将对该电容器释放很大的能量，这样就会使电容器爆破以致引起火灾。为防止这种现象，电容器除需要开关保护外，电容器组中的单台电容器还应设置独立的熔丝保护。

电容器内部的绝缘缺陷，可通过绝缘预防性试验来发现。如测量结果 $\tan\delta$ 增大，说明内部介质劣化，电容量增加说明串联元件击穿，电容量减小说明并联元件断线等。

二、电力电容器的安全要求

1. 对电容器室的要求

电容器室最好为单独建筑物，其耐火等级不低于 2 级。电容器室的通风应良好，周围空

气温度应在±40℃之间，相对湿度80%。电容器组安装时，应有足够的通风散热间距。电容器分层布置时不宜超过三层，每层不宜超过两排，层间不设隔板，以利通风散热。

2. 电容器额定电压

电容器对加在它两端的电压是相当敏感的，一般规定电网电压不得超过其额定电压10%。因此凡电容器装设处电压可能超过其额定电压10%时，宜装设过电压保护，以免长期过电压运行引起电容器寿命缩短或介质击穿而损坏。过电压保护装置可发出报警信号，或经3～5min延时跳闸。

并联电容器接线，通常分为d接线和Y接线两种。d接线的电容器一相短路故障时，就形成了两相直接短路，短路电流很大，可能引起电容器爆炸。所以国家标准GB 50053—1994规定：高压电容器组的容量超过400kvar时，宜采用Y接线（中性点不接地系统）。这时电容器额定电压应按电网相电压来选择。例如10kV电网中，电容器为Y接线时，应选用额定电压为$11kV/\sqrt{3}$的电容器；电容器为d接线时，应选用的额定电压为11kV。通常电容器额定电压比电网电压高10%，以便电网电压正偏差10%时电容器不致被击穿。这种情况下，如果Y接线的电容器误接成d接线，电容器就会被击穿。

因此，在三相系统中装有补偿电容器时，如果电容器额定电压与系统电压相同，应采用d接线；如果电容器额定电压是系统的相电压，应采用Y接线。

3. 抑制高次谐波

当电网中有谐波影响电容器组的安全运行，特别是当电容器组容量较大，距谐波源较近时，必须采取加装滤波装置或串联电抗器的办法，对谐波加以抑制。

4. 电容器组要加装放电装置

电容器是储能设备，电容器组从电网断开后，电容器两极上残留一定电压。电容器组在带电荷的情况下，如果再次合闸投入运行，就可能产生很大的冲击合闸涌流和很高的过电压；如果电气工作人员触及虽已从电网断开但未进行放电的电容器，就可能被电击伤或电灼伤。所以为了防止带电荷合闸及防止人身触电伤亡事故，电容器组必须加装放电装置。放电装置应使高压电容器组在5min内、低压电容器组在1min内释放残压至安全值以下。一般情况下10kV电容器的放电电阻按下面经验公式计算，即

$$R \leqslant 15 \times 10^6 \frac{U^2}{Q}$$

式中 U——相电压，V；

Q——电容器组容量，kvar。

放电装置可用专用放电装置，即合乎要求的放电线圈。也可用兼用放电线圈，如采用电压互感器作高压电容器组的放电线圈，如图2-2（a）所示。实际运行中，低压电容器组多采用白炽灯泡代替放电电阻，如图2-2（b）所示。

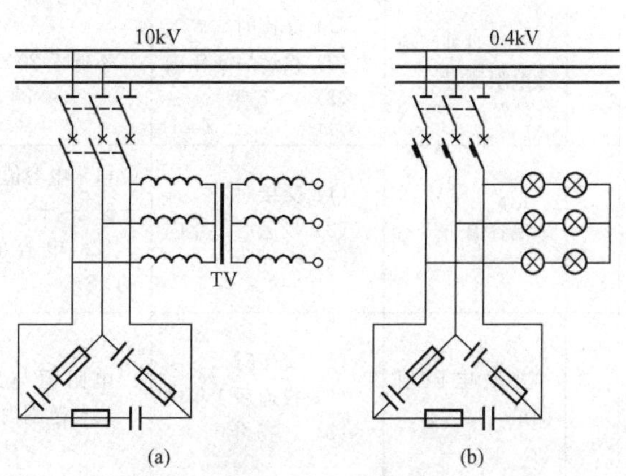

图2-2 补偿电容器及放电装置接线图
（a）高压电容器组；（b）低压电容器组

5. 并联电容器的保护

并联电容器主要故障形式是短路故障，它可造成相间短路。对于低压电容器

和容量不超过400kvar的高压电容器，可装设熔断器来做电容器的相间短路保护；对于容量较大的高压电容器，则需要采用高压断路器控制，装设瞬时或短延时的过电流继电保护来做相间短路保护。

三、电容器的运行维护

1. 电容器的切除

当发生下列任一情况时，应立即切除电容器。

（1）电容器爆炸；

（2）接头严重过热；

（3）套管闪络放电；

（4）电容器喷油或燃烧；

（5）环境温度超过40℃。

变电所停电时，电容器也应切除，以免突然来电时，母线电压过高，超过了电容器允许的工作电压。

在切除电容器前，需要从外观（如仪表指示或指示灯）检查放电回路是否完好。电容器从电网切除后，应立即放电。放电完毕，人体接触电容器前，为确保人身安全，应该用短接导线将所有电容器两端短接放电。

2. 并联电容器的维护

并联电容器正常运行时，值班人员应定期检查其电压、电流和室温等，并检查其外部，电容器外壳有无膨胀、漏油的痕迹，有无异常的声响及火花；熔丝是否正常；放电指示灯是否指示正常，接头有无发热现象。对装有通风装置的电容器室，还应检查通风装置各部分是否完好。

四、电容器试验周期和试验标准

高压并联电容器试验项目、周期和要求见表2-4。

表2-4　　高压并联电容器试验项目、周期和要求

序号	项　目	周　期	要　求	说　明
1	双极对外壳绝缘电阻测量	（1）交接时 （2）投运后1年内 （3）1～5年	不低于2000MΩ	（1）串联电容器用1000V兆欧表，其他用2500V兆欧表 （2）单套管电容器不测
2	电容值	（1）交接时 （2）投运后1年内 （3）1～5年	（1）电容值偏差不超出额定值的−5%～+10% （2）电容值不应小于出厂值的95%	用电桥法或电流电压法测量
3	并联电阻值测量	（1）交接时 （2）投运后1年内 （3）1～5年	电阻值与出厂值的偏差应在±10%范围内	用自放电法测量
4	渗漏油检查	6个月	漏油时停止使用	观察法

第五节 电力线路

电力线路承担着输送电能的任务，电力线路分布面广，其故障在电力系统中占很大的比例。电力线路分架空线路和电力电缆两种形式，架空线造价低，故障时检查维修容易，但其运行受外界影响大，影响市容美观；电缆线路运行受外界影响小，可靠性高，不影响市容，但造价高，故障时查找困难。高压送电线路多用架空线，城镇配电线路多用电力电缆。配电线路电压等级有110、35、10、6、0.22/0.38kV。下面分别介绍架空线路和电力电缆的常见故障和安全要求。

一、架空线路

（一）架空线路的常见故障

1. 倒杆断线

在架空线路中，倒杆断线是一种恶性故障。

（1）倒杆。外界原因（如杆基失土、洪水冲刷、外力撞击等）使杆塔的平衡状态失去控制，造成倒杆（塔），供电中断。某些时候，电杆在外界因素作用下严重歪斜，虽然还在继续运行，但由于各种电气距离发生很大变化，继续供电将会危及设备和人身安全，必须停电予以修复。

（2）断线。导线受到了本身机械强度所不允许的外力作用而断线，致使供电中断。如设计中对气象条件估计不足，或导线安全系数取值过小，或施工中不符合设计要求都可能导致导线机械强度不够。

2. 单相接地故障

单相接地是电气故障中出现几率最高的故障。在中性点直接接地系统中，单相接地故障会使继电保护装置迅速动作，切断故障段线路。在中性点非直接接地系统中，单相接地后非故障相的电压升高到线电压，由于对用户来说供电线电压数值、相位都不变，可以继续运行2h。时间如果太长，由于非故障相电压的升高，可能造成非故障相绝缘的击穿，导致两相接地短路。

造成单相接地的因素很多，主要有线路绝缘子裂纹、崩坏、击穿，绝缘子表面积垢导致污闪，线路上落有异物如树枝碰线、小动物接地，避雷器损坏等因素。线路上所接设备故障也会引起线路单相接地，如公用配电变压器单相接地、用户配电站单相接地等。

3. 污闪

运行中的绝缘子经常遭受工业污秽或自然界盐、碱、飞尘等的污染，形成污秽层，在不利的气候下（如雾、露、毛毛雨、融雪等）的沿面闪络叫污闪。污闪多发生于工作电压下，重合闸成功率低，往往造成大面积、长时间停电，危害极大。

4. 两相短路

线路的任意两相之间直接放电，使通过导线的电流比正常时增大许多倍，并在放电点形成强烈的电弧，烧坏导线，造成供电中断。两相短路包括两相短路接地，比之单相接地情况要严重得多。

形成两相短路的原因有混线（导线在大风或其他外界因素下摇摆短路）、异物短接、雷击等。

5. 三相短路

线路的同一地点三相间直接放电。三相短路（包括三相短路接地）是线路上最严重的电气故障，不过出现的几率极少。

造成三相短路的原因有线路带地线合闸、线路倒杆造成三相接地等。

6. 缺相

断线不接地，通常又称缺相运行，送电端三相有电压，受电端一相无电流，三相电动机无法运转。

造成缺相运行的原因有熔丝一相烧断，耐张杆塔的一相跳线接头不良或烧断等。

（二）对架空线路的安全要求

1. 对导线的要求

选择架空导线截面，应考虑三个方面：第一，满足发热条件，在最高环境温度和最大负荷的情况下，保证导线不被烧断，即导线载流量始终不大于允许电流；第二，满足电压损失要求，即保证线路电压损失 ΔU 不超过允许值；第三，满足机械强度要求，即应足以承受自重、温度变化时的应力、大风和覆冰时产生的应力不被拉断，为满足这一要求，我国有关规程和国家标准规定了架空导线最小允许截面，见表 2-5。

表 2-5　　导线的最小截面（mm^2）

导线种类	35kV 线路	3～10kV 线路		0.4kV 线路
		居民区	非居民区	
铝绞线及铝合金线	35	35	25	16
钢芯铝绞线	35	25	16	16
铜线	35	16	16	直径 3.2mm

2. 对线路绝缘子的要求

泄漏比距是绝缘子表面泄漏距离与线路额定电压的比值，即

$$S=\frac{n\lambda}{U_e}\quad(\mathrm{cm/kV})$$

式中　n——每串绝缘子个数；

λ——每片绝缘子的泄漏距离，cm；

U_e——线路额定电压，kV。

对于不同污秽地区，泄漏比距 S 都应不小于国家规定的泄漏比距 S_0，否则将易发生污闪事故。

3. 对线路间距的要求

为防止人体触电或过分接近带电导体，车辆或其他器具触碰或过分接近带电导体，防止导线对邻近的建筑物或树木放电，线路导线与地面、树木、建筑物、道路和其他线路等均应保持足够的安全距离，安全距离应遵照架空送电、配电线路设计技术规程的规定，见表 2-6。

表 2-6 架空线路至地面、树木、建筑物、道路和其他线路交叉或接近的最小距离（m）

项目				线路电压（kV）		
				1以下	10	35～110
铁路	标准轨距	垂直距离	至轨顶面	7.5	7.5	7.5
			至承力索或接触线	3.0	3.0	3.0
		水平距离	电杆外缘至轨道中心 交叉	5.0		
			电杆外缘至轨道中心 平行	杆高加3.0		
	窄轨	垂直距离	至轨顶面	6.0	6.0	7.5
			至承力索或接触线	3.0	3.0	3.0
		水平距离	电杆外缘至轨道中心 交叉	5.0		
			电杆外缘至轨道中心 平行	杆高加3.0		
道路	垂直距离			6.0	7.0	7.0
	水平距离（电杆至道路边缘）			0.5	0.5	0.5
通航河流	垂直距离		至50年一遇洪水位	6.0	6.0	6.0
			至最高航行水位的最高桅顶	1.0	1.5	2.0
	水平距离		边导线至河岸上缘	最高杆（塔）高		
弱电线路	垂直距离			1.0	2.0	3.0
	水平距离（两线路边导线间）			1.0	2.0	4.0
电力线路	1kV以下		垂直距离	1	2	3
			水平距离（两线路边导线间）	2.5	2.5	5.0
	10kV		垂直距离	2	2	3
			水平距离（两线路边导线间）	2.5	2.5	5.0
	35kV		垂直距离	3	3	3
			水平距离（两线路边导线间）	2.5	2.5	5.0
特殊管道	垂直距离		电力线在上方	1.5	3.0	3.0
			电力线在下方	2.5	—	—
	水平距离（边导线至管道）			1.5	2.0	4.0
索道	垂直距离		电力线在上方	1.5	2.0	2.0
			电力线在下方	1.5	2.0	3.0
	水平距离（边导线至索道）			1.5	2.0	4.0
地面	居民区			6.0	6.5	7.0
	非居民区			5.0	5.5	6.0
	交通困难地区			4.0	4.5	5.0
建筑物	垂直距离			2.5	3.0	4.0～5.0
	水平距离			1.0	1.5	3.0～4.0
街道行道树	垂直距离			1.0	1.5	3.0
	水平距离			1.0	2.0	

（三）架空线路的运行维护

厂区架空线路一般要求每月进行一次巡视检查。如遇雷雨、大风和大雪及发生故障等特殊情况，应临时增加巡视次数。

巡视检查的主要内容：①沿线情况，包括有无应消除的物体，各种异常现象和正在进行的工程情况等；②杆塔的倾斜度、杆本身及各部件的完好性、有无挂物、标志警示及杆塔基础是否牢固等；③导线、架空地线的固定与连接，接头是否接触良好，有无过热发红、严重氧化、腐蚀或断脱现象；④绝缘子有无损伤、裂纹、闪络放电、脏污；⑤拉线应无锈蚀、松弛、断股、张力分配不均，紧线夹、花篮螺丝、连接杆、抱箍应无锈蚀松动；⑥防雷及接地装置，接地引下线有无丢失、断股或断线，引下线与接地体的连接处是否牢固。

二、电缆线路

电缆敷设好后，电缆的两端需要与电气设备或架空线连接，这种用以连接它们的部件叫终端头。将一段电缆与另一段电缆连接起来的部件叫中间接头。电缆线路由电力电缆、终端头和中间接头三部分组成。

（一）电缆的常见故障

（1）机械损伤。此类事故约占总事故比例的50%，主要由于施工建设管理不严、施工不善等引起。

（2）铅包疲劳、龟裂、胀裂。此类事故约占10%，多由于电缆安装条件不良、制造厂铅的配方质量不高、压铅机停机加料及运行不妥、电缆长期过负荷运行等原因引起。这种现象多半发生在中间接头和终端头附近的一段电缆上，也有一些是发生在电缆密集和敷设在管中等散热不良的地方，以及震动较大的地区。

（3）绝缘受潮。主要发生在10kV及以下的线路上。这类终端头由于设计不周、施工不良和运行维护不善，也可能由于呼吸作用造成终端头凝结水结聚在电缆头内，最终导致绝缘受潮。曾发生过电缆锯开后未及时封头，致使整盘电缆报废事故。电缆受潮击穿引起爆炸，此类故障约占事故总数的25%。

（4）大截面电缆中间接头爆炸。此类事故约占5%，引起这类故障的原因有以下几种：①设计不当，采用紫铜皮匣的接头材料不够完善；②过负荷引起接头匣内绝缘胶膨胀而胀裂壳体；③导体连接不良；④封铅漏水。

（5）其他。如电缆运行年限久，负荷重，使电缆绝缘老化，或绝缘干涸等原因造成绝缘击穿。

（二）电力电缆的安全要求

（1）电缆敷设前应核对电缆的型号是否符合设计要求，经试验确定绝缘良好。

（2）电缆进出建筑物，通过铁路、道路，与热力管道交叉处应穿管保护。

（3）直埋电缆应作波浪形敷设，埋深应不少于0.7m，沟底土层不得有石块或其他硬质杂物和腐蚀性物质，否则应铺垫100mm厚的沙层，电缆上面再铺上100mm的沙层，上面用水泥盖板覆盖后回填原土，盖板宽度应超过电缆两边各50mm，保护电缆免受外力损伤。

（4）为防扭伤或损坏绝缘，电缆敷设的弯曲半径不能过小，交联聚乙烯绝缘多芯电缆不小于电缆外径的15倍，单芯电缆不小于20倍。

（5）为便于维护，线路沿线应有明显标志。直埋电缆线路在起始位置、转弯处、接头、交叉及进出建筑物等地段，应设方位标桩。

（6）直埋电缆与管道、建筑物等接近或交叉时的距离，应符合表2-7所列数值。

表 2-7 直埋电缆与建筑物管道等的最小距离（m）

项目		接近距离	交叉时垂直距离
电缆间	10kV 及以下	0.1	0.5
	10kV 以上	0.25	0.5
	不同使用部门的电缆间	0.5	0.5
热管道（管沟）及热力设备		2.0	0.5
可燃气体及易燃液体管道		1.0	0.5
其他管道		0.5	0.5
铁路路轨		3.0	1.0
电气化铁路	交流	3.0	1.0
	直流	10.0	1.0
电杆基础		1.0	
建筑物基础		0.6	
排水沟		1.0	0.5

（三）电力电缆的运行维护

电缆线路的巡视检查内容包括：查看路径地面有无沉陷、机械施工、堆置建筑材料及笨重物件；有无腐蚀性液体；线路标桩是否完整无缺；电缆头要查看密封、套管完整清洁、引出线和接线端子接触良好无发热现象；电缆外护层是否有放电烧损情况；接地线是否良好，有无松动拧股现象；支架必须牢固、无松动或锈烂现象等。

在洪水和暴雨后，应对电缆线路进行特殊巡查，查看路径有无冲刷、塌陷、积水，室内电缆沟和电缆隧道有无进水等不安全因素。

三、电力线路试验

电力线路最常用的试验项目是绝缘电阻的测量和定相。

（一）绝缘电阻的测量

测量线路（这里指电缆）绝缘电阻的目的，是检查线路绝缘是否良好，有无接地或相间短路故障。详见第六章。

（二）三相线路的定相

定相，就是测定相序和核对相位。新安装或改装后的线路投入运行以及双回路要并列运行，均需经过定相，以免彼此的相序或相位不一致，投入运行时造成短路或环流而损坏设备。

（1）测定相序。测定三相线路的相序，可采用电容式或电感式指示灯相序表。

图 2-3（a）为电容式指示灯相序表的原理接线，A 相电容 C 的容抗与 B、C 两相灯泡的阻值相等。此相序表接上待测三相线路电源后，灯亮的相为 B 相，灯暗的相为 C 相。

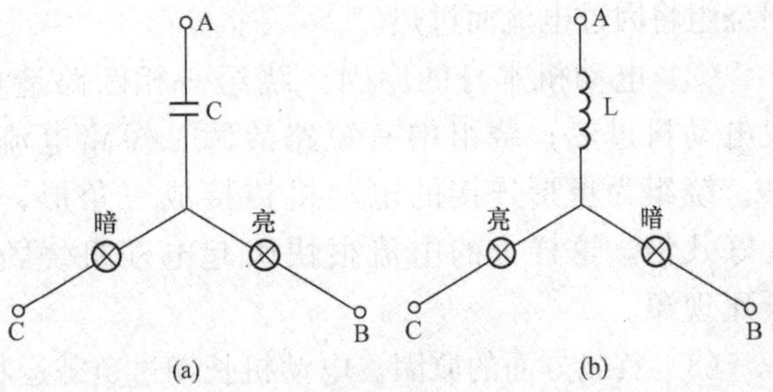

图 2-3 指示灯相序表的原理接线
（a）电容式；（b）电感式

图 2-3（b）为电感式指示灯相序表

的原理接线，A相电感L的感抗与B、C两相灯泡的阻值相等。此相序表接上待测三相线路电源后，灯暗的相为B相，灯亮的相为C相。

（2）核对相位。核对相位的方法很多，最常用的为兆欧表法和指示灯法。

图2-4（a）为用兆欧表核对线路两端相位的接线。线路首端接兆欧表，其L端接线路，E端接地，线路末端逐相接地。如果兆欧表指示为零，则说明末端接地的相线与首端测量的相线属同一相。如此三相轮流测量，即可确定线路首端和末端各自对应的相。

图2-4（b）为用指示灯法核对线路两端相位的接线。线路首端接指示灯，末端逐相接地。如果指示灯通上电源时灯亮，则说明末端接地的相线与首端接指示灯的相线属同一相。如此三相轮流测量，亦可确定线路首端和末端各自对应的相。

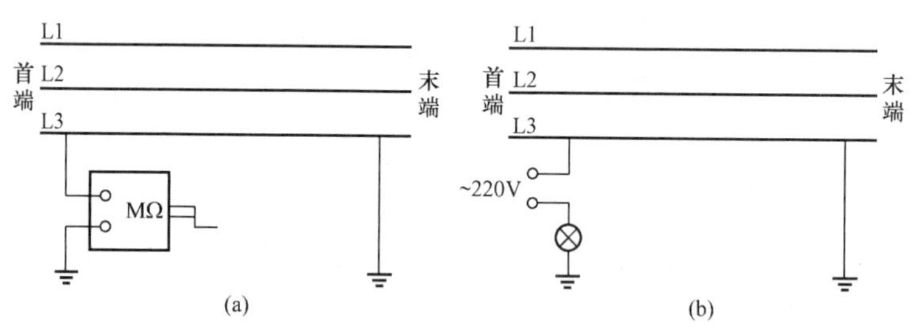

图2-4 核对线路两端相位的接线
（a）兆欧表法；（b）指示灯法

第六节 电 动 机

电动机的作用是把电能转化为机械能。电动机由定子和转子组成。电动机和变压器都是单边励磁的电气设备，变压器是静止的设备，而电动机是旋转的，因此发生故障的几率较高。

一、电动机的常见故障

1. 电动机过热

造成电动机过热的原因主要有：

（1）电源方面的原因。电源电压高，铁芯磁通密度B随电压增大，铁耗增大，将引起铁芯过热；电源电压低，电动机带负载运行时，将引起转子和定子电流增加，因而绕组铜耗增加，致使定、转子绕组过热；电网电压不对称，如一相断路造成电动机单相运行，其余两相绕组将因过电流而过热。

（2）电动机本身的原因。绕组一相断路造成三相电流不平衡，引起绕组额外发热，使电动机过热；绕组中有短路故障，短路电流比正常电流大很多，铜耗增大，绕组过热；绕组为星形连接的电动机错接成三角形，将引起定子电流增加，甚至达到额定电流好几倍，这样大的电流很快引起电动机烧毁；电动机机械故障，转动不灵活有卡住卡死现象。

（3）负载方面的原因。电动机长期过负载运行，形成小马拉大车现象；电动机的机械负载时高时低工作不正常；电动机的机械负载有卡阻现象造成过负载。

（4）通风散热不好。

2. 短路

绕组短路的形式有绕组匝间短路、极相组间短路、相间短路等。

绕组短路故障的原因，主要有电动机电流过大，电源电压过高造成绝缘损坏，重新嵌线时碰伤绝缘，电机严重受潮，定子绕组的线圈组之间的连线焊接不良或绝缘破坏、绝缘老化脆裂等。

另一种短路的情况是定子绕组接地（俗称“碰壳”），其原因主要有电动机长期不使用，周围环境潮湿；电动机长期过负载运行，使绝缘老化而击穿；有害气体侵蚀，使绕组的绝缘性能降低，绝缘电阻下降；金属异物掉进绕组内部，损坏绝缘，机械损伤使绕组的导体与铁芯、机壳接通；电动机重绕定子绕组时，绝缘损伤，导线与铁芯相碰等。

绕组接地后，电动机外壳带电，容易造成人身触电事故。因此，绕组接地故障，必须及时检查处理。

3. 定子绕组断路

异步电动机绕组断路故障多发生在绕组的端部、各绕组元件的接线头或电动机引出线端等处附近。故障原因主要是绕组受外力的作用而断裂、接线头焊接不良而松脱、绕组短路或电流过大使绕组过热而烧断。

二、电动机的安全运行

电动机在运行时，值班工作人员可以通过仪表和感觉器官监视其运行情况，以便及早发现问题，减少或避免故障的发生。

（1）监视电动机的温度，检查电动机的通风是否良好；

（2）监视电动机的电流；

（3）监视电源电压；

（4）注意电动机的振动、响声和气味；

（5）传动装置的检查；

（6）注意轴承的工作情况；

（7）注意绕线式电动机电刷与集电环之间出现的火花。

三、电动机的保护

电动机的保护主要有三种：短路保护、欠压失压保护、过载断相运行保护。

短路保护一般采用熔断器或自动空气开关。自动空气开关或熔断器都能在短路电流较大的情况下，立即切断电源，保护电动机。

欠压失压保护是为了防止电源电压过低时运行中的电动机烧毁，同时也可以防止断电后突然来电时电动机自行启动。自动空气开关、磁力启动器、自耦降压补偿器一般都装有欠压失压保护。

过载、断相运行保护，可在电动机过载及断相运行时，切断电源，防止电动机烧毁。电流继电器、热继电器具有这种保护作用。

四、电动机试验

电动机新装或运行中应定期进行试验。

电动机试验项目：①测量绝缘电阻及吸收比；②测量绕组的直流电阻；③绕组的交流耐压试验；④空载试验；⑤短路试验；⑥测定定转子之间的气隙距离。

测量绝缘电阻及吸收比、绕组的交流耐压试验以判断绝缘状况。定期测量电机定子绕组的直流电阻，可以发现定子绕组焊接头的隐患，防止焊接头开焊事故。空载试验可以测定电机工作过程的电能损耗。通过短路试验可以确定电动机短路电压大小。定转子之间的气隙距离影响电动机工作效率。

第七节　变配电所的运行维护

一、变配电所的倒闸操作

倒闸操作指通过对断路器和隔离开关的操作来改变电气设备的运行状态。电气设备运行状态有三种：运行、备用和检修。运行指控制电气设备的断路器和隔离开关均处于合闸位置，电路已接通。备用指控制电气设备的隔离开关在合闸位置，断路器断开，只要合上断路器设备即可转为运行状态。检修指控制电气设备的断路器和隔离开关均断开，为检修的需要电气设备上挂有接地线和标示牌。

倒闸操作不仅只改变一次设备的运行状态，对其相应的控制回路、有关的继保装置都应进行切换。一个操作任务往往有几十项甚至上百项，是一项复杂的技术工作。操作错误往往会将事故扩大到整个电网，造成电网瓦解大面积停电。为避免误操作，对倒闸操作的顺序和方法有严格要求。

1. 变配电所的送电操作

变配电所送电时，一般应从电源侧的开关合起，依次合到负荷侧的开关。按这种程序操作，可使开关的闭合电流减至最小，比较安全，万一某部分存在故障，也容易发现。但是在有高压断路器——隔离开关及有低压断路器——刀开关的电路中，送电时，一定要按照：①母线侧隔离开关或刀开关；②负荷侧隔离开关或刀开关；③高压或低压断路器的合闸顺序依次操作。

如果变配电所是事故停电以后的恢复送电，则操作程序视变配电所所装设的开关类型而定。如果电源进线是装设的高压断路器，则高压母线发生短路故障时，断路器自动跳闸。在故障消除后，则可直接合上断路器来恢复送电。如果电源进线是装设的高压负荷开关，则在故障消除后，先更换熔断器的熔管，然后合上负荷开关即可恢复送电。如果电源进线是装设的高压隔离开关——熔断器，则在故障消除后，先更换熔断器的熔管，并断开所有出线开关，然后合上隔离开关，最后合上所有出线开关以恢复送电。电源进线装设的是跌开式熔断器时，送电操作的程序与进线装设隔离开关——熔断器的操作程序相同。

2. 变配电所的停电操作

变配电所停电时，一般应从负荷侧的断路器拉起，依次拉到电源侧的断路器。按这种程序操作，可使断路器的开断电流减至最小，也比较安全。但是在有高压断路器——隔离开关及有低压断路器——刀开关的电路中，停电时，一定要按照高压或低压断路器—负荷侧隔离开关或刀开关—母线侧隔离开关或刀开关的拉闸顺序依次操作。

3. 倒闸操作票

操作票是防止错误操作的主要措施之一。一般发电厂和变电所的电气倒闸操作项目繁多，且不允许有任何差错和遗漏，而且操作顺序不允许有任何颠倒。这样复杂的工作仅靠操作人的记忆，要保证准确无误是不可能的。特别是操作时情绪紧张，更易发生错误。因此要求所有倒闸操作（单项操作和事故处理除外）均应填写操作票。操作票的主要内容应包括操作任务、操作顺序、发令人、受令人、操作人和监护人以及操作时间等。操作票格式可参考表 2-8。

表 2-8　　　　　　　变电站（发电厂）倒闸操作票格式

单位__________　　　编号__________

<table>
<tr><td>发令人</td><td></td><td>受令人</td><td></td><td>发令时间</td><td>年　月　日　时　分</td></tr>
<tr><td colspan="4">操作开始时间：
年　月　日　时　分</td><td colspan="2">操作结束时间：
年　月　日　时　分</td></tr>
<tr><td colspan="6">（　　）监护下操作（　　）单人操作（　　）检修人员操作</td></tr>
<tr><td colspan="6">操作任务：</td></tr>
<tr><td>顺序</td><td colspan="4">操作项目</td><td>✓</td></tr>
<tr><td></td><td colspan="4"></td><td></td></tr>
<tr><td></td><td colspan="4"></td><td></td></tr>
<tr><td></td><td colspan="4"></td><td></td></tr>
<tr><td></td><td colspan="4"></td><td></td></tr>
<tr><td></td><td colspan="4"></td><td></td></tr>
<tr><td></td><td colspan="4"></td><td></td></tr>
<tr><td></td><td colspan="4"></td><td></td></tr>
<tr><td colspan="6">备注：</td></tr>
<tr><td colspan="6">操作人：　　　　监护人：　　　　值班负责人（值长）：</td></tr>
</table>

操作票由担任操作的人员填写，应书写工整，清晰正确，不能涂改。每一份操作票只能填写一项操作任务，每一序号的操作项目只能填写一个操作动作；操作项目应严格按操作顺序依次填写，不能颠倒和遗漏；已填入操作票的操作项目不得对调和转移；操作项目应写明操作对象的名称和编号。

操作人在执行操作票的过程中，如果发现操作票上填写的内容有错误，应拒绝执行。同时，应立即向调度员或现场负责人报告，但不可私自涂改。现场负责人应立即与现场实际情况核对，确实有错误，应重新填写，方可操作。

4. 倒闸操作“五制”

为确保操作的准确无误，倒闸操作应遵循“五制”。

（1）核对命令制。当受令人得到操作命令，复诵无误后方可执行。操作命令应简明扼要，术语统一，以免受令人对命令的误解而发生人为误操作。

（2）操作票制。值班人员必须在接到工作负责人的书面要求后，按操作顺序逐项填写操作票。

（3）图板演习制。操作前，应根据操作票内容和顺序在模拟板上进行核对性演习操作，确保操作正确。

（4）监护、唱票、复诵制。倒闸操作必须由两人执行，其中由对设备较熟悉者作监护。监护人逐项唱票，并核对设备名称编号，断路器分合状态与操作票内容一致，操作人复诵无误后执行一个操作动作，操作完成后在该项序号前空格作一记号“√”。

（5）检查汇报制。操作结束后，应全面检查操作质量，及时向发令人汇报并记录。

用绝缘棒拉合隔离开关或经操动机构拉合隔离开关和断路器，均应戴绝缘手套。雨天操作室外高压设备时，绝缘棒应有防雨罩，还应穿绝缘靴。接地网电阻不符合要求的，晴天也应穿绝缘靴。雷电时，禁止进行倒闸操作。

5. 高压配电装置的“五防”

误操作和误入带电间隔等往往会造成严重的触电伤亡事故。配电装置防误操作的机构一般有五种，称为“五防”，即：①防止误分（合）断路器；②防止带负荷误拉（合）隔离开关；③防止带电挂接地线；④防止带地线合闸送电；⑤防止误入带电间隔。

为实现以上“五防”功能，必须采取在相关装置之间设计、安装机构式或电气式闭锁装置。即使人员失误，操作机构被锁死拒动，可避免误操作的发生。

二、变电运行管理“三制”

供电电压在 6kV 及以上、容量在 500kVA 及以上的用电单位，一般应配备运行值班工。运行值班工应实行运行管理“三制”，以保证电气设备运行安全。运行值班工的任务是设备巡视、表计抄录、倒闸操作、事故处理、日常维护和资料整理等。

1. 交接班制

交接班的一般内容有系统和本所运行方式；保护和自动装置运行及变更情况；设备异常、事故处理、缺陷处理情况；倒闸操作及未完的操作指令；设备检修、试验情况；安全措施的布置、地线组数编号及位置和使用中的工作票情况；其他。

值班人员应按照现场交接班制度的规定进行交接，未办完交接手续前，不得擅离职守；在处理事故或进行倒闸操作时，不得进行交接班；交接时若发生事故，应停止交接班并由交班人员处理，接班人员在交班班长指挥下协助工作；交接完毕后，双方值班长在运行记录簿上签字。

交接班制度明确了交接双方的责任和权力，确保了设备运行工作的连续性和完整性，对设备的安全运行具有重要作用。

2. 巡视检查制度

变配电站的设备巡视，应定期进行。有人值班的每班至少一次，无人值班的至少每周巡视一次。巡视的形式一般分为正常巡视、重点巡视、熄灯巡视和特殊巡视四种。

（1）正常巡视。按规定的时间和路线进行的例行巡视检查称正常巡视。巡视内容按《设备运行维护规程》规定的项目进行。巡视的方法为：“听”，有无异常声响；“闻”，有无异味；“看”，油色、油位、油温是否正常，接点有无发热，绝缘子有无裂纹放电，冷却系统是否正常等。

（2）重点巡视。重点巡视是对本单位重点设备的鉴定性检查。检查设备和周期各单位应有明文规定。

（3）熄灯巡视。每周应进行一次熄灯夜巡，检查设备有无放电现象，各接头部位有无发热等异常。

（4）特殊巡视。运行条件和环境有特殊变化时，对设备进行的巡视称特殊巡视。如大风前后检查设备及其周围有无被大风刮起的杂物，导线有无断股，门窗是否关好；冰雪雾天主要检查瓷质绝缘有无裂纹，闪络放电，充油设备油面是否正常，管道有无冻裂，积雪是否会造成事故等；雷雨后检查防雷设备的动作情况，设备有无放电痕迹，基础有无下沉，下水道是否畅通等；设备变动后主要检查检修后和新投入设备的运行情况；系统出现异常时应根据调度员和上级指示进行巡视。如出现单相接地、过负荷、超温、系统冲击或断路器跳闸等情况应加强设备巡视，必要时派专人监视设备的异常变化。

3. 维护试验制度

各用户动力部门应根据季节特点，结合本单位变（配）电所具体情况，定期进行设备维护试验，维护项目和周期可参考以下内容：

（1）每月试开一次户外设备锁，以防锈死。

（2）二次线及端子箱每年进行一次清扫。

（3）每季进行一次电容器清扫检查。

（4）设备外壳和瓷绝缘部分视脏污程度定期清扫。

（5）高压室门窗和室外道路，户外设备区每月清扫不少于两次。

（6）设备接头测温工作应在有疑问时和满载下进行。

（7）带电设备的测量试验工作，如试验重合闸、检查直流回路绝缘、测量低压回路三相负荷平衡情况等，必须由两人进行，正值监护副值操作；两人必须明确工作的安全措施和注意事项。

变配电所值班注意事项：

（1）不论高压设备带电与否，值班员不得单独移开或跨越高压设备的遮栏进行工作。如有必要移开遮栏时，须有监护人在场，并符合 DL 408—1991《电力安全工作规程》规定的设备不停电时的安全距离：10kV 及以下，安全距离为 0.7m；20～35kV，安全距离为 1m。

（2）雷雨天巡视室外高压设备时，应穿绝缘靴，并且不得靠近避雷针和避雷器。

（3）高压设备发生接地时，室内不得接近故障点 4m 以内，室外不得接近故障点 8m 以内。

进入上述范围的人员必须穿绝缘靴。接触设备的外壳和构架时，应戴绝缘手套。

三、设备评级管理

设备评级是设备运行管理的一项基础工作。定期进行评级，可以全面掌握设备技术状况，消除缺陷，对于提高设备健康水平具有十分重要的作用。

设备评级主要是根据运行和检修中发现的缺陷，结合预防性试验结果进行分析，权衡对安全运行的影响程度，并考虑绝缘和继电保护、二次设备定级及其技术管理情况，来核定设备的等级。设备评级分三类：

（1）一类设备。技术状况全面良好，外观整洁，技术资料齐全、正确，运行能达到铭牌参数或设计的能力，能保证安全、经济运行。一类设备的绝缘定级和继电保护二次设备定级均为一级。重大的反事故措施或完善化措施已完成。

（2）二类设备。个别次要元件或次要的试验结果不合格，但仍能按铭牌参数或设计能力运行，暂不影响安全运行或影响小，外观尚可。主要技术资料具备，且基本符合实际，或检修和预防性试验超过周期，但不超过半年者。二类设备的绝缘定级和继电保护二次设备定级应为一级或二级。

（3）三类设备。有重大缺陷，不能按额定参数或设计能力运行，不能保证安全运行，三漏严重，外观很不整洁。主要技术资料残缺不全，或检修预防性试验超过一个周期加半年仍未修试者。上级规定的重大反事故措施未完成者。

四、建立设备技术档案

设备技术档案是了解和判断设备健康水平、安排定期检修周期的资料依据，其主要内容有：

（1）设备原始资料。包括出厂试验记录、使用说明书、检修合格证及安装图等。

（2）安装设备的有关资料。包括安装调试记录、安装日期及投运日期等。

（3）改进、大小修施工记录及竣工报告。

（4）历年大修及定期预防性试验报告。

（5）设备事故、障碍及运行分析专题报告。

（6）设备发生的严重缺陷、移动情况及改造记录。

变电所建立设备技术档案后应按规定分类建档，并由专职人员负责管理。

小　　结

1. 要保证电气设备的安全运行，必须满足三个条件：设备质量过关、合理的运行维护、足够的安全距离。

2. 配电变压器按冷却方式分为干式与油浸式两类。干式变压器因为没有油，也就没有火灾、爆炸、污染等问题，安全性较好。本书从油浸式变压器常见故障入手，分析变压器安全运行的安装要求，运行维护要求和试验项目。

3. 断路器按其灭弧介质分，有少油、真空、SF_6 和空气断路器。本书介绍了断路器的常见故障及其原因，真空、SF_6 断路器的运行维护。介绍了隔离开关运行中的注意事项，负荷开关的特点。

4. 介绍了电容器常见故障及其原因、安全要求、运行维护和电容器试验。

5. 电力线路有架空线和电力电缆，本文分别介绍其常见故障，原因分析，安全要求，运行维护及试验项目。

6. 介绍了电动机常见故障及其原因、安全运行要求、电动机的保护方式和电动机试验。

7. 介绍了变配电所的倒闸操作安全要求，包括停送电操作顺序、倒闸操作票、倒闸操作“五制”、配电装置的“五防”。介绍了运行管理的“三制”，设备定级管理及设备技术档案。

习　　题

2-1　什么是安全距离？

2-2　说出各电压等级设备不停电的安全距离分别为多大。

2-3　变压器发生哪些故障应停止运行？对变压器的故障加以分析。

2-4　变压器绕组匝间短路有何故障现象？

2-5　测量变压器直流电阻能发现哪些缺陷？

2-6　变压器吊芯检查的目的是什么？吊芯应着重检查哪些项目？

2-7　引起断路器爆炸的原因有哪些？断路器拒动的原因主要有哪些？

2-8　隔离开关运行中应注意什么问题？

2-9 电力电容器外壳鼓肚的主要原因是什么？如何防止？

2-10 电力电容器温度异常升高的原因有哪些？电容器装置有何安全要求？电力电容器爆炸的原因是什么？

2-11 架空线路的常见故障有哪些？加以分析。

2-12 电力电缆安装的安全要求如何？

2-13 电力电缆常见故障有哪些？故障原因是什么？

2-14 电动机在运行中产生过热的主要原因有哪些？

2-15 电气设备三种工作状态是什么？如何区分？

2-16 说明变配电所送电和停电操作时断路器及其两侧隔离开关的操作顺序。

2-17 保证倒闸操作安全的关键是什么？在倒闸操作时，应遵循哪些原则？

2-18 某小型变电所主接线如图 2-5 所示，试填写“2 号变压器由运行转检修”的倒闸操作票。

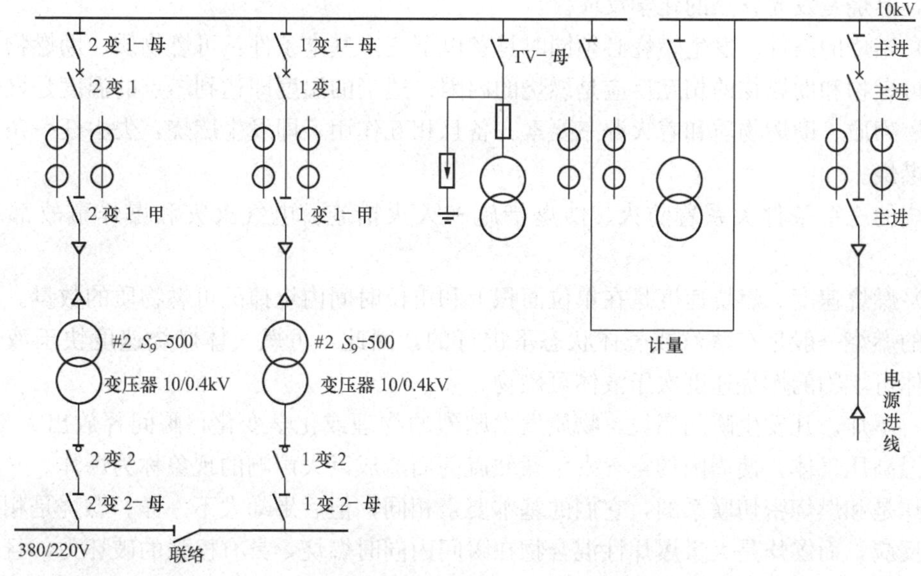

图 2-5 某小型变电所主接线示意图

2-19 倒闸操作的“五防”及“五制”是指什么？

2-20 变配电站值班员的任务是什么？

2-21 运行管理“三制”指什么？为什么设备要定级管理？

2-22 设备技术档案内容包括哪些？

第三章　电气火灾及防火防爆

本章简单介绍燃烧、爆炸及消防的有关概念，重点阐述发生电气火灾、爆炸的一般原因及一般防护措施和扑灭方法，并对静电安全作了详细分析。

第一节　燃烧爆炸与消防的基本知识

一、燃烧爆炸

燃烧是物质（或组成物质的各种元素）和氧剧烈化合，生成相应氧化物，同时发光发热的现象，燃烧是发光发热的化学反应。

（1）燃烧的条件。发生燃烧必须同时具备以下三个基本条件：可燃物质、助燃物质和着火源。可燃物和助燃物的相互反应是燃烧的内因；适当的温度即达到燃点的温度是燃烧的外因。可燃物质、助燃物质和着火源三要素齐备且相互作用，即发生燃烧，失去任一条件便不会发生燃烧。

燃烧的三个条件关系着防火、防爆措施和灭火措施。电气火灾和爆炸事故都和燃烧相关。

（2）燃烧速度。燃烧速度是在单位面积上和单位时间内烧掉的可燃物质的数量。由于可燃物质的燃烧一般是在蒸汽或气体状态下进行的，因此，可燃气体燃烧速度快于液体可燃物，固体可燃物的燃烧速度次于液体可燃物。

（3）爆炸。凡发生瞬间燃烧，物质发生剧烈的物理或化学变化，瞬间释放出大量能量，产生高温高压气体，使周围的空气发生猛烈震荡而造成巨大声响的现象称为爆炸。

爆炸是和燃烧密切联系的，它们的基本要素相同，但后果却大不一样。燃烧是相对平稳的化学反应，而爆炸是大量爆炸性混合物在瞬间内同时燃烧，具有极强的破坏力，且爆炸后压力的增长速度很大，因此，爆炸是强烈的。

（4）爆炸混合物。可燃气体、可燃液体的蒸汽、可燃粉尘或化学纤维一类物质，接触明火即能着火燃烧。当可燃气体、悬浮状态的粉尘和纤维这类物质与空气混合，其浓度达到一定比例范围时，便形成了气体、蒸汽、粉尘或纤维的爆炸混合物。

（5）火灾。可燃物质着火后超出有效范围而形成灾害的燃烧叫火灾。

（6）电气火灾与爆炸。由于电气方面原因形成的火源所引起的火灾和爆炸，如由某种原因造成变压器、电力电缆、断路器的爆炸起火；配电线路短路或过负荷引起的火灾等。

二、危险物品

危险物品是指能与氧气发生强烈氧化反应，瞬间燃烧产生大量热和气体，并以很大压力向四周扩散而形成爆炸的物质。一般把凡有火灾或爆炸危险的物品统称为危险物品。

表征危险物品和爆炸性混合物危险性的性能参数主要有闪点、燃点、自燃点、爆炸极限、最小引爆电流等。

(一) 闪点、燃点及自燃点

使可燃物遇明火发生闪烁而不引起燃烧的最低温度称为该可燃物的闪点，单位为℃。

使可燃物质遇明火能燃烧的最低温度称该可燃物质的燃点。可燃物质温度升高到一定程度，无需外来火源即发生燃烧的现象叫自燃，引起自燃的最低温度叫做自燃点，即自燃温度。

同一物质的闪点比燃点低1～5℃，一般多用闪点表示物品的危险性能。闪点愈低，火灾危险愈大，即形成火灾和爆炸的可能性愈大。温度超过闪点愈多，危险性也愈大。自燃温度高于可燃物质本身的燃点，自燃温度愈低，形成火灾和爆炸的危险性就愈大。

(二) 爆炸极限

爆炸性混合物的浓度达到一定数值时，遇火源即能着火爆炸，这个浓度称为爆炸极限。可燃气体、蒸汽混合物的爆炸极限，以其体积的百分比（%）表示；可燃粉尘、纤维的爆炸极限则以其占混合物中单位体积的质量（g/m^3）表示。

能引起爆炸的最低浓度和最高浓度分别称为爆炸下限和爆炸上限。浓度高于上限时，供氧不足；浓度低于下限时，可燃物含量不够。故浓度低于爆炸下限或高于爆炸上限，只能着火燃烧，而不会形成爆炸。

例如，一氧化碳的爆炸极限为12.5%～80%，氢的爆炸极限为4%～80%，汽油为1%～6%。

(三) 最小引爆电流

最小引爆电流是引起爆炸性混合物发生爆炸的最小电火花所具有的电流。随着爆炸性混合物特征和电路特征等因素不同，最小引爆电流在很大范围变化。在不便确定引爆电流的场合，可以采用最小引燃（引爆）能量，即在这样大小能量的电火花作用下会引起混合物燃烧和爆炸。

三、危险场所

(一) 爆炸危险场所

能形成爆炸性混合物或爆炸性混合物侵入能引起爆炸的场所称爆炸危险场所。按爆炸的危险程度及危险物品的状态，爆炸危险场所可分为二类五级。

(1) 第一类场所。指含有可燃气体或液体蒸汽与空气形成的爆炸性混合物的危险场所，可分三级：

1) Q-1级。在正常情况下即能形成爆炸性混合物的场所。

2) Q-2级。在正常情况下不能形成，但在不正常情况下却能形成爆炸性混合物的场所。

3) Q-3级。在正常情况下不能形成爆炸性混合物，在不正常情况下虽能形成爆炸性混合物，但数量较少，比重较小，难以聚积或爆炸，下限较高并有强烈气味的场所。

(2) 第二类场所。指含有悬浮状可燃粉尘或纤维与空气形成的爆炸性混合物的危险场所，可分两级：

1) G-1级。在正常情况下即能形成爆炸性混合物的场所。

2) G-2级。在正常情况下不能形成，但在不正常情况下却能形成爆炸性混合物的场所。

上述各条中的“正常情况”包括正常开车、停车、运转及设备和管线正常允许的泄漏；“不正常情况”包括装置损坏、误操作、维护不当及装置检修等。

（二）火灾危险场所

不可能形成爆炸性混合物，但可燃物质在数量和配置上能引起火灾危险的场所称为火灾危险场所。

火灾危险场所按照物质状态和火灾事故发生的可能性、后果以及火灾危险程度分为21区、22区和23区三个区（级），分别对应于旧标准的H-1、H-2、H-3级。

（1）21区（H-1级）。具有闪点高于环境温度的可燃液体，在数量和配置上能引起火灾危险的场所。

（2）22区（H-2级）。具有悬浮状、堆积状的可燃粉尘或可燃纤维，虽不可能形成爆炸性混合物，但在数量和配置上能引起火灾危险的场所。

（3）23区（H-3级）。具有固体状可燃物质，在数量和配置上能引起火灾危险的场所。

危险场所等级的划分，应会同劳动保障部门、专业工艺人员和电气技术人员，根据《爆炸危险场所电气安全规程》（试行）规定，视危险物品的种类、性能参数和数量，以及厂房结构、设备条件和通风设施等情况而定。

四、火灾的基本知识

（一）火灾发生的一般原因

火灾的发生除了有思想及管理上的原因外，其直接原因主要有：

（1）明火。指敞开外露的火焰、火星及灼热的物体等。明火有很高的温度和很大的热量，是引起火灾的主要火源。

（2）电火花。是引起易燃气体、蒸汽和粉尘着火爆炸的主要火源之一，电火花的来源有开关断开、熔丝熔断、电气短路等。

（3）雷电。指雷击时，强大的电压、电流所产生的热量及电火花。

（4）化学能。指有些化学反应放出的热量，能引起反应物自燃或导致其他物质的燃烧。

（二）防火的基本方法

根据物质燃烧的原理和灭火实践经验，防止火灾的基本方法是控制可燃物、隔绝空气、消除着火源、阻止火势及爆炸波的蔓延，见表3-1。

表3-1 四种防火方法

防火方法	防火原理	具体施用方法举例
控制可燃物	破坏燃烧的基础或缩小燃烧范围	（1）限制单位储运量 （2）加强通风，降低可燃气体、粉尘的浓度至爆炸下限以下 （3）用防火漆涂料浸涂可燃材料 （4）及时清除洒漏在地面或染在车船体上的可燃物等
隔绝空气	破坏燃烧的助燃条件	（1）密封有可燃物质的容器设备 （2）将钠存放在煤油中，黄磷存放在水中，二硫化碳用水封存，镍储存在酒精中等
消除着火源	破坏燃烧的激发能源	（1）危险场所禁止吸烟、穿带钉子的鞋、用油气灯照明，应采用防爆灯及开关 （2）经常润滑轴承，防止摩擦生热 （3）玻璃涂白漆、防日光直射 （4）接地防静电 （5）安装避雷针防雷击等

续表

防火方法	防火原理	具体施用方法举例
阻止火势、爆炸波的蔓延	不使新的燃烧条件形成，防止火灾扩大，减少火灾损失	(1) 在可燃气体管路上安装阻火器、安全水封 (2) 有压力的容器设备装防爆膜、安全阀 (3) 在建筑物之间留防火间距，筑防火墙 (4) 危险货物车厢与机车隔离

(三) 灭火的基本方法

一切灭火措施，都是为了破坏已经燃烧的一个或几个燃烧的必要条件，从而使燃烧停止，具体方法见表 3-2。

表 3-2　灭火的基本方法

灭火方法	灭火原理	具体施用方法举例
隔离法	使燃烧物和未燃烧物隔离，限定灭火范围	(1) 搬迁未燃烧物 (2) 拆除毗邻燃烧处的建筑物、设备等 (3) 断绝燃烧气体、液体的来源 (4) 放空未燃烧的气体 (5) 抽走未燃烧的液体或放入事故槽 (6) 堵截流散的燃烧液体等
窒息法	稀释燃烧区的氧量，隔绝新鲜空气进入燃烧区	(1) 往燃烧物上喷射氮气、二氧化碳 (2) 往燃烧物上喷洒雾状水、泡沫 (3) 用砂土埋燃烧物 (4) 用石棉被、湿麻袋捂盖燃烧物 (5) 封闭着火的建筑物和设备孔洞等
冷却法	降低燃烧物的温度于燃点之下，从而停止燃烧	(1) 用水喷洒冷却 (2) 用砂土埋燃烧物 (3) 往燃烧物上喷泡沫 (4) 往燃烧物上喷二氧化碳等

(四) 常用灭火器材的性能和使用

1. 灭火剂

常用灭火剂的选用是依据灭火的有效性、对设备的影响和对人体的影响三条基本原则。目前常用的灭火剂有水、干粉、二氧化碳、泡沫及卤族元素等。

由于环保要求，我国已明确提出，在 2010 年后禁止使用 1211、1301 灭火装置。替代品可选用七氟丙烷或三氟甲烷；若是新装设备，还可选用二氧化碳或烟烙尽灭火系统。

三氟甲烷是一种人工合成的无色、几乎无味、不导电气体，密度为空气的 2.4 倍；七氟丙烷又称 FM200 或 HFC-227ea，也是一种无色、无味的气体。它们都具有保护环境 [臭氧耗损潜能值（ODP）为零]、保护生命安全和工作温度范围大等特点。

INERGEN（烟烙尽）是氮气、氩气、二氧化碳以 52∶40∶8 的体积比例混合而成的一种灭火剂。它的三个组成成分均为不活泼气体，为大气基本成分。烟烙尽气体无色、无味、不导电、无腐蚀、无环保限制，在灭火过程中无任何分解物。

2. 灭火设施

灭火器是由筒体、喷头、喷嘴等部件组成的，借助驱动压力喷出所充装的灭火剂，达到灭火的目的。它是扑救初起火灾的重要消防器材。常用灭火器的性能和使用见表 3-3。

最常用的灭火系统是自动喷水灭火系统，即用喷头、阀门、报警控制装置和管道附件，按适当的高度和间距，装置一定数量喷头的供水灭火系统。另外，目前正在推广使用的灭火设施还有七氟丙烷（FM200、HFC-227ea）灭火系统和三氟甲烷洁净气体灭火系统，它们不仅适用于扑救电气火灾、灭火前应能切断气源的气体火灾等，还用于封闭空间场所的灭火，如油浸变压器室、带断路器的配电室和自备发电机房、电力控制室等。

电力生产灭火器的选用原则也是依表 3-3 来选择。

表 3-3　　常用灭火器主要性能和使用

种类	二氧化碳灭火器	干粉灭火器	1211 灭火器	泡沫灭火器	酸碱灭火器
用途	扑救电气设备、少量油类和其他一般物质的初起火灾 不导电	扑救石油及其产品、可燃气体、电气设备的初起火灾 不导电	扑救电气设备、精密仪器、图书资料、化工化纤原料等初起火灾 高效、低毒、不导电	扑救油类或其他易燃液体的火灾，不适用于带电设备和忌水物质（如电石等）的火灾扑救	扑救竹、木、棉、气、草、纸等初起火灾。不适用于电气设备和油类火灾
药剂与原理	液态二氧化碳 喷射时二氧化碳液体迅速蒸发，变成固体二氧化碳（干冰），其温度为−78℃。雪花状的干冰在燃烧物体上迅速挥发而变成气体。吸热降温，并使燃烧物与空气隔绝而熄灭	有碳酸氢钠（钠盐干粉）、碳酸氢钾（钾盐干粉）、磷酸二氢铵、尿素干粉等 以高压二氧化碳作动力喷射，粉剂能附着在燃烧物的表面层，起到窒息火焰作用，隔绝空气，防止复燃	1211（即二氟一氯一溴甲烷：CF_2ClBr） 窒息火焰，抑制燃烧连锁反应而中止燃烧	碳酸氢钠、发泡剂、硫酸铝 冷却和覆盖燃烧物表面，隔绝空气而中止燃烧	碳酸氢钠和硫酸铝 冷却并穿透燃烧物而灭火
使用方法	去掉铅封，一手把提，使喷筒对准火源，一手握紧鸭舌，气体即可喷出	打开保险销，把喷管口对准火源，另一手紧握导杆提环，将顶针压下，干粉即喷出	拔掉保险销，握紧压把开关，由压杆使密封阀开启，在氮气压力作用下，灭火剂喷出，松开压把开关，喷射即停止	将筒身颠倒过来，碳酸氢钠与硫酸两溶液混合后发生化学作用，产生二氧化碳气体泡沫由喷嘴喷出	手指压紧喷嘴颠倒筒身，上下摇动几次，松开手指，将液流射向燃烧物质

第二节　电气火灾与爆炸的原因

引发电气火灾和爆炸一般要具备两个条件，即有易燃易爆的环境和引燃条件。

一、易燃易爆环境

在发电厂及变电所，广泛存在易燃易爆物质，许多地方潜伏着火灾和爆炸的可能性。例如电缆本身是由易燃绝缘材料制成的，故电缆沟、电夹层和电缆隧道容易发生电缆火灾；油库、用油设备（如变压器、油断路器）及其他存油场所也易引起火灾和爆炸。

二、引燃条件

电气设备和电气系统在异常和事故情况下引起电气着火源是引发火灾和爆炸的引燃条件之一。电气着火源可能是下述原因产生的。

1. 电气设备过热造成危险温度

由电工原理可知，电流的热效应可用公式 $Q=I^2Rt$ 来表示，电流 I 越大，放出的热量 Q 越多，电流通路的电阻 R 越大，时间 t 越长，热量 Q 也越多，电流通过导体时产生的热量使导体温度升高，并加热其周围的绝缘材料。一旦温度达到可燃物的着火点，便能引燃。

带有铁芯的电气设备，如变压器、电动机等，除电流通过导体产生的热量外，交变磁场会使铁芯及其他铁磁材料产生涡流损失和磁滞损失，也将产生热量使铁芯及铁磁材料升温。

电气设备绝缘材料在电场中的介质损耗，能使绝缘材料温度升高。

总之，电气设备运行时是要发热的，但是，设备在安装和正常运行状态中，发热量和设备散热量处于平衡状态，设备温度不会超过额定条件规定的允许值，这是设备的正常发热。当电气设备正常运行遭到破坏时，设备可能过度发热，出现危险温度，会使易燃易爆物质温度升高，当易燃易爆物质达到其自燃温度时，便着火燃烧，引起电气火灾和爆炸。

造成危险温度的原因有以下几种：

（1）过载。过载是电气系统火灾的主要原因。电气设备或线路长时间过载运行，因电流过大，也可能引起过度发热。

（2）短路。发生短路时线路或设备中的电流超过正常电流的几倍甚至几十倍，而电流产生的热量与电流平方成正比，使温度急剧上升。

（3）接触不良。衡量电气连接接头好坏的标准是接触电阻的大小，容量小的设备要小些，容量大的设备可大些，重要的母线和干线连接处必须符合规定标准，导线连接点（焊接或压接、铰接）、电气设备的接线端子、开关、插销等连接处如果接触不良，将因接触电阻增加而导致火灾。

（4）铁芯发热。变压器、电动机等电气设备铁芯硅钢片绝缘损坏、涡流损耗增加或铁芯多点接地等造成局部短路，都能使铁芯局部过热，使附近绝缘物燃烧，引起火灾或爆炸。

（5）散热不良。在设备的散热装置故障或损坏时，散热条件恶化，不能将电气设备正常运行中产生的热量散失，就可能引起局部过热或整体温度升高。

（6）电热器件使用不当。有些电气设备正常工作时，外壳或表面具有很高温度，发出较多的热量，使温度升高，引燃可燃物造成火灾。如电炉电阻丝的温度高达 800℃以上；电熨斗的工作温度高达 500～600℃；白炽灯灯丝温度高达 2000～3000℃。如果这些发热元件紧贴在可燃物上或离可燃物太近，极易引燃成灾。如当 200W 的灯泡紧贴纸张时，十几分钟即可将纸张烘燃。曾发生过某礼堂由于窗帘覆盖在壁灯上，被烘烤起火的事故。不同功率灯泡表面温度见表 3-4。

表 3-4　　灯泡表面温度

灯泡功率（W）	40	60	100	200	100（碘钨灯）
灯泡表面温度（℃）	53～63	137～280	120～216	154～296	500～800

2. 电火花和电弧

一般电火花和电弧的温度都很高，电弧温度可高达 6000℃，不仅能引起可燃物质燃烧，还可直接引燃易燃易爆物质或电弧使金属融化、飞溅，间接引燃易燃易爆物质引起火灾。因此，在有火灾和爆炸危险的场所，电火花和电弧是很危险的着火源。

电火花和电弧包括工作电火花和电弧、事故电火花和电弧两类。工作电火花和电弧，指电气设备在正常工作和操作过程中产生的电火花和电弧；事故电火花和电弧，指电气设备或线路发生故障时产生的电火花或电弧。

电火花和电弧在以下情况下能引起空间爆炸：

（1）周围空间有混合物；

（2）充油设备的绝缘油在电弧作用下分解汽化，喷出大量油雾和可燃气体；

（3）发电机氢冷装置漏气、酸性蓄电池充放电排出氢气等形成爆炸性混合物。

充油的电气设备在外界热源烘烤下也能引起喷油或爆炸。

3. 漏电及接地故障引起火灾

当单相接地故障以弧光短路的形式出现或线路绝缘损坏，将导致供电线路漏电。低压电路的泄漏电流随电路的绝缘电阻、对地静电电容、温度、湿度等因素的影响而变化，同一电路在不同季节测得数据也不相同，但由于泄漏电流不大，保护装置不能动作，因此在漏电处热量积蓄到一定值时，就可能酿成火灾。

4. 静电引起火灾及爆炸

静电电压很高，容易发生放电，对有爆炸危险环境是一个十分危险的因素。详见本章第五节。

综上所述，虽然造成电气火灾和爆炸的原因很多，但总的来看电流的热量和放电火花或电弧是引起火灾和爆炸的直接原因。

第三节 电气火灾与爆炸的预防

一、电力系统防火（爆）意义

在电力系统中，防火（爆）工作是一项十分重要的工作，各企业常把防止火灾事故当作反事故的重点工作来对待，这是因为：

（1）在电力系统中有大量燃料，如煤、原油、天然气等都是可燃物，还有许多高温高压设备，电气设备常有火花、电弧和表面高温存在，若不遵守防火要求，随时都有发生火灾的危险。

（2）电力系统的主要设备，如汽轮机、变压器及油断路器等，其中都有大量的油；氢冷发电机组的氢气系统内有大量的氢气，这些都是易燃和易爆物，容易引起火灾。

（3）在电力系统中，发电厂、变电所、调度室及其他行业的电力车间，电缆密布，数量相当大，如一个发电厂使用的电缆可达几万米至几十万米。而且电缆分布甚广，所处环境恶劣，遇有电缆本身故障，很容易引起电缆着火。电缆着火速度很快，聚氯乙烯电缆着火时以10～20m/min速度蔓延，从而将使相连的电气表盘、设备、仪表烧毁，酿成重大火灾。

（4）在电力设备检修过程中，电火焊的焊渣、火星和高温金属块体很容易将现场的棉纱、木板、脚手架、绝缘材料、电缆及油渍燃着，甚至发生乙炔或氧气设施的着火和爆炸。

火灾一旦发生，其危害是非常严重的。火灾往往会把设备烧坏，以致全厂或系统停电，需较长时间才能修复，造成大批工矿企业停电、停产，损失惨重。

例如，某发电厂因输煤变压器电缆短路引起厂用变压器爆炸着火。油火喷到电缆竖井的电缆上，引燃电缆，大火沿竖井电缆延燃至电缆夹层，又蔓延至主控制室，将主控制室全部设备烧毁。火灾事故共烧毁3台厂用变压器、105块表盘、数万米电缆，直接经济损失114

万元，修复时间一年多，少发电量 1600×10^{4}kW·h。

又如，某电力建筑工程公司混凝土班为某电厂网控制楼蓄电池室做地坪（地坪材料中汽油：沥青为 7：3）。为保证地面干净，钢窗用毛毡封闭，施工人员使用 1kW 灯照明，约 10min 后室内起火，造成 4 名工人严重烧伤。

从以上实例可以看出，火灾无论对设备、人身、企业和社会都带来巨大损失，因此一定要重视防火防爆工作，一旦灾情发生，要争分夺秒地进行灭火。同时，为了保证顺利灭火和人身安全，每个电力工人都应具备一定的防火、灭火知识，正确掌握灭火器材的使用方法，以便有能力将火情限制在最小范围，尽量减少国家财产的损失和人员伤亡。

二、防止电气火灾和爆炸发生的基本措施

1. 排除可燃易爆物质

排除可燃易爆物，应采取下列措施：

（1）防止可燃易爆物质的泄漏。可燃易爆物质的跑、冒、滴、漏是火灾和爆炸发生的根源，为此，对存有可燃易爆物质的生产设备、储存容器、管道接头、阀门等应加强密封并经常巡视检测，杜绝可燃易爆物质的泄漏，从而消除火灾和爆炸事故的隐患。

（2）充分通风。在有可燃易爆物质的场所，经常打扫环境卫生，保持良好通风，是防火防爆安全的重要措施之一。因为良好的通风，不仅可以降低爆炸性混合物的浓度，把可燃易爆气体、蒸汽、粉尘和纤维的浓度降到爆炸浓度以下，达到有火不燃、有火不爆，大大减小危险程度的效果，而且还有利于降低环境温度，对可燃易爆物质的生产、储存、使用，对电气设备正常运行也是必要的。例如矿井、纺织厂及麻纺厂等粉尘较多的场所，送风除尘系统的工作状态是极其重要的。

采用机械通风时，送风系统不应与爆炸危险场所的送风系统相连。各除尘系统要分别单独构成循环回路，防止发生连锁爆炸。送风系统供给的空气不应含有危险物品。

此外，防止危险物品泄漏的措施、电热器使用和管理的规定、危险场所中电气工作的安全规定等，应视具体环境特点综合考虑，采用完善的安全措施。

2. 排除各种电气着火源

排除电气着火源就是消除或避免电气线路、电气设备在运行中产生电火花、电弧和高温。排除电气着火源的措施如下。

（1）排除电气线路产生着火源。在火灾和爆炸危险场所，电气线路必须满足下列规定：

1）Q－1、G－1 级场所内的所有电气线路及有剧烈振动的设备馈线，均采用铜芯绝缘导线或电缆；所有各级的控制电气线路不得使用铝芯线。

2）各类线路导线截面应满足要求。Q－1、G－1 级场所不小于 2.5mm²；Q－2 级场所不小于 1.5mm²；Q－2 级以下各场所铝芯线不小于 4mm²；Q－2 级场所的照明线路和 Q－3、G－2 级场所的所有线路铝芯线不小于 2.5mm²。

3）在有爆炸危险的场所，移动式电气设备应采用中间无接头的橡皮软线供电。

4）所有中性线应与相线具有同等绝缘强度，并处于同一护套或管子中。

5）所有绝缘导线或电缆的额定电压不得低于电网的额定电压，且不得低于 500V。

6）绝缘导线严禁明敷，均应穿钢管。当电缆明敷时，应采用铠装电缆（Q－2 级以下各场所 1000V 及以下的电气线路，在有防止外界损伤的情况下允许采用非铠装电缆）。

7）在火灾危险场所，可采用非铠装电缆或钢管配线；H－1、H－2 级场所 500V 以下的

线路可采用硬塑料管配线。当远离可燃物时，可采用绝缘导线在针式绝缘子上敷设。

8）高温场所应采用瓷管、石棉、瓷珠等耐热绝缘的耐燃线；有腐蚀性气体或蒸汽的场所采用铅包线或耐腐蚀的穿管线。

（2）合理选用电气设备防护型式。根据危险场所等级，合理选用电气设备类型，特别是在易燃易爆的危险场所应选用防爆型电气设备，这对防止火灾和爆炸具有重要意义。

危险场所的电气设备选型，应根据《爆炸和火灾危险场所电力装置设计规范》的规定选择。

防爆电气设备的类型、级别在铭牌上应有明显的标志，依其结构和防爆性能分为以下6种类型：

1）防爆安全型（标志A）：这类设备正常运行时不产生火花、电弧或危险温度。

2）隔爆型（标志B）：这类设备有坚固的防爆外壳、能承受爆炸压力而不损坏，而且构件接合处留有与传爆能力相适应的间隙，即使设备内部发生爆炸时，也不会引起外部爆炸性混合物的爆炸。

3）防爆充油型（标志C）：这类设备是将可能产生火花、电弧或危险温度的带电部件浸在绝缘油里，从而不引起油面外爆炸性混合物的爆炸。油面应高出发热和产生火花的部件10mm以上。

4）防爆通风、充气型（标志F）：这类设备内部充入正压的新鲜空气或惰性气体，能阻止外部爆炸性混合物进入内部引起爆炸。防爆通风型外壳上设有进气口和出气口，利用机械通风造成壳内正压；防爆充气型的壳体为全封闭结构，泄漏量极小，只需间断性补充压入气体即可保持正压。

5）防爆安全火花型（标志H）：这类设备在正常或故障情况下产生的火花，其能量小于所在场所爆炸性混合物的最小引爆能量，不会引起爆炸。

6）防爆特殊型（标志T）：这类设备是指结构上不属于上列各类型的防爆设备，如浇注环氧树脂的防爆设备。

除防爆型电气设备外，防水型、防尘型、密封型、防滴型和防溅式的保护型电气设备也都具有不同程度的防护性能。

（3）按规范安装危险场所的电气设备。可燃易爆危险场所电气设备的安装，应严格密封、连接可靠、防止局部放电（接线盒内裸露带电部分之间、裸露带电部分与金属外壳之间应保持足够的电气间隙和漏电距离）、防止局部过热（有隔热措施）。

（4）保持电气设备与危险场所的安全距离。电气设备安装时，应选择合理位置，使电气设备与危险场所保持必要的安全距离。其要求是：

1）为了防止电火花或危险温度引起火灾，各类开关、插销、熔断器、电热器具、照明器具、电焊设备、电动机等均应根据需要，尽量避开易燃物质。

2）室外变、配电装置与爆炸危险场所的建筑物、易燃可燃液体储气罐、液化石油气罐之间应保持必要的防火距离，必要时应加装防火隔墙。

3）10kV及以下的变配电所不应设置在有爆炸危险场所或火灾危险场所的正方或正下方。

4）10kV及以下架空线路，严禁跨越火灾或爆炸危险场所。当线路与火灾或爆炸危险场所接近时，其间水平距离一般不小于杆塔高度的1.5倍。

（5）保持防火间距。SDJ2—1979《变电所设计技术规程》规定：

1）油量为2500kg以上的屋外油浸变压器之间无防火隔墙时，其防火净距不应小于10m，否则应设防火隔墙。

2）建筑物外墙距屋外油浸变压器外廓5m以内时，在变压器总高度以上3m的水平线以下及外廓两侧各3m的范围内，不应有门窗和通风孔；建筑物外墙距变压器外廓5～10m时，可在外墙上设防火门，并可在主变压器总高度以上设非可燃性的固定窗。

3）露天固定油罐与主变压器、生产建筑物和构筑物之间无防火墙时，其防火净距不应小于15m。装有可燃介质电容器的房间与其他生产建筑物分开布置时，其防火净距不应小于10m，连接布置时，则其间的隔墙应为防火墙。

4）易沉积可燃物的地方不应露天设置变压器和配电装置；行车滑触线下方不应堆置可燃物；架空线路严禁跨越危险场所。

（6）确保电气设备正常运行。应加强设备的运行管理，防止设备过热过载运行，设备安装验收应符合规范，并定期检修试验，防止机械损伤和绝缘破坏造成设备短路。对运行中的设备要防尘、防腐、防潮和防日晒雨雪，精心维护、正确操作，避免产生高温和事故火花与电弧，消除电气火源。

（7）电气设备可靠接地或接零。电气设备可靠接地或接零，可在电气设备发生碰壳接地短路时迅速切除着火源，防止短路电流产生高温高热引发爆炸与火灾。接地或接零的具体要求是：

1）在爆炸危险场所，所有电气设备的金属外壳必须可靠接地或接零，并与金属管道、建筑物的金属结构连接成整体，以防止在金属导体间产生不同电位而引起放电。

2）在爆炸危险场所，应使用专门的接地线（或中性线），不得利用金属管道、建筑物的金属构架、中性线等作为专用的接地线（或中性线）。

（8）合理应用保护装置。在火灾和爆炸危险场所，除将电气设备可靠接地（或接中性线）外，还应有比较完善的保护装置、监测和报警装置，以便从技术上完善防火防爆措施。其具体要求是：

1）在火灾和爆炸危险场所，电气设备应装设短路、过载保护装置。过电流保护装置的动作电流在不影响电气设备正常工作的情况下，应尽量整定得小一些，以提高其动作的灵敏度。对于爆炸危险场所的单相线路，应安装双极开关，以便同时断开相线和中性线。

2）凡突然停电有引起火灾和爆炸危险的场所，必须有双电源供电，且双电源之间应装有自动切换连锁装置，当一路电源中断，另一路电源自动投入，保持供电不中断。

3）对有通风要求的爆炸危险场所，通风装置和其他设备间有连锁装置，当设备启动时，应先启动通风装置，后投入其他设备；停止工作时，应先切除工作设备，后断开通风设备。

4）在火灾和爆炸危险场所，应装设自动检测装置，当危险场所内爆炸性混合物接近危险浓度时，发出信号或报警，以便立即采取措施，消除险情。

5）必要时装设漏电保护装置，当漏电电流达到动作电流时，该装置迅速切断电源。

6）在爆炸危险场所，若是由中性点不接地系统供电时，该供电系统应装设绝缘监视装置，当该供电系统发生单相接地时，能发出接地信号，并迅速处理。

7）变压器低压侧中性点接地的保护接零系统，其单相短路电流应稍大些，以提高系统的可靠性和缩短短路故障的持续时间；最小单相短路电流不得小于该段线路熔断器额定电流的5倍，或自动开关瞬间（或短延时）动作过流脱扣器整定值的1.5倍。

3. 变配电所房屋建筑的防火要求

电气设备或线路发生着火或喷油爆炸时，变配电室的房屋建筑应能防止火灾事故的蔓延和扩大。在房屋布局上，还应考虑一旦发生事故时，保证工作人员能迅速撤离现场，消防设施能顺利到达事故点灭火，并在事故后能便于检修和恢复送电。防火措施主要有：

（1）电气用建筑采用耐火材料。变压器、电容器和多油断路器的单独防爆间，应采用钢筋水泥结构，隔墙应用防火绝缘材料制成，门窗应用不可燃材料如铁质或木质外包铁皮的耐火材料制成，且门应向外开。要求变压器室、电容器室耐火等级不低于一级；配电室耐火等级不应低于二级，其屋架结构起码采用砖木结构，绝不能用油毡或芦苇屋顶。

（2）隔离充油设备。充油设备之间应保持防火距离，当间距不能满足时，其间应装设能耐火的防火隔墙。

室内装设的单台充油量60kg以下的设备，可用耐火隔板隔开；充油量在60～600kg的设备，应用防爆隔墙隔离；单台充油量大于600kg以上时，应安装在单独的防爆间内。

（3）充油设备装设储油和排油设施。为了防止充油设备发生火灾时火势的蔓延，对充油设备设置了储油和排油设施。根据充油设备充油量的大小，这些设施有隔离板、防爆墙围成的间隔、防爆小间、挡油墙坎、储油池等。

室内单台设备充油量大于60kg和室外单台设备充油量大于1000kg时，应设置储油池，储油池应能容纳全部油量。池内铺设不小于200mm厚度的卵石层，使燃油降温，促其停止燃烧。屋外储油池的外沿应大于设备外廓1m，池边应高出地面100mm，以免雨水泥沙冲入储油池。

如果环境条件不宜设储油池时，应设置能容纳20％油量的挡油设施，并能够及时将油导入安全处所。不宜设储油池的环境条件有：充油设备位于沉淀可燃粉尘或可燃纤维的场所；充油设备50m以内有粮、棉及其他易燃物堆积；变压器位于二楼以上楼层，或变压器室下有地下室等。

（4）变配电室门的设置。应有利于事故时人员撤离和防止外人进入，变配电室的门一律向外开启，并设自动锁。由室内开门不用钥匙，便于人员撤离，同时防止无关人员进入带电设备的室内。

两个相邻配电室间的房门应能双向开闭。当母线室超过7m以上时，应两端设门。

（5）生产现场设置消防设备。在容易引起火灾场所或显赫处安装灭火器和消防工具。

4. 防止和消除静电火花

静电放电产生的火花是引燃引爆的着火源，故应防止和消除静电放电。详见本章第五节。

第四节 电气火灾的扑救

一、电气火灾的特点

电力生产环境的特殊性，决定了电气火灾与其他火灾相比具有如下特点：

1. 火势凶猛，蔓延迅速

电力生产场所储存和使用有大量的可燃油，如油系统着火多伴随电缆着火，带火的油流流至电缆上，将电缆燃着，大火迅速沿电缆蔓延至电缆竖井、夹层及继电器室和控制室，使火灾迅速扩大。由电缆火灾事故统计中知，从电缆着火开始到大火延燃至电缆夹层及集控室的时间分别为6、9、10、15、20min等，平均12min左右集控室、电缆夹层即燃起大火，可见电缆火灾蔓延之快。

2. 带电设备周围存在有接触电压和跨步电压

发生电气火灾后，部分电气设备可能仍然带电，在一定范围内存在有接触电压和跨步电压，当其数值达到40～55V时，有致命危险，灭火时会引起人身触电伤亡事故。因此必须将设备外壳保护接地，深埋接地极，采用环路接地网，敷设水平均压带等，以降低接触电压和跨步电压。

3. 充油电气设备火灾易发生喷油或爆炸

充油电气设备如变压器、油断路器、电容器等发生火灾后，产生爆炸性气体混合物，可引起喷油或爆炸，危及灭火人员安全，造成火灾蔓延。

4. 扑救困难

电气各类火灾事故中，特别是油管路喷油至高温蒸汽管道或高温热体上，如同火上加油，会迅速起火。再加上油压高、油量大、着火油流蔓延面积大、通风条件好。因此，火势迅猛，火焰强度高，燃烧温度可高达1500℃以上，火柱有时高达30m以上。在这种情况下，扑救人员难以靠近火场，灭火介质难以发挥抑制火情作用，扑救非常困难。

5. 二次危害严重

电气火灾中，产生大量的浓烟和有毒气体，弥漫于电气装置室内。有些气体（如稀盐酸）附着在表盘、仪表、端子等装置上，形成一层导电膜，严重降低设备和导电回路的绝缘，火灾扑灭后，这些二次污染必须清除，否则将影响设备的安全运行。

6. 损失严重，修复时间很长

电气火灾由于火势凶猛，蔓延迅速，扑救困难，因此设备损坏严重，再加上电力设备和装置均属于技术密集型、资金密集型、精度高的设备和仪器，安装恢复时间就很长。

二、电气火灾的扑灭

由上述可知，电气火灾有两个显著特点：一是着火的电气设备可能带电，扑灭火灾时，若不注意，可能发生接触电压和跨步电压触电事故；二是充油电气设备发生火灾时，可能发生喷油甚至爆炸，造成火势蔓延，扩大火灾范围。因此扑灭电气火灾必须根据其特点，采取适当措施进行扑救。扑灭电气火灾的基本方法如下：

1. 切断电源

发生电气火灾时，首先设法切断着火部分的电源，切断电源后即可采用常规灭火法灭火。但切断电源时应注意下列事项：

(1) 切断电源时应使用绝缘工具操作。因发生火灾后，开关设备可能受潮或被烟熏，其绝缘强度大大降低，因此，拉闸时应使用可靠的绝缘工具，防止操作中发生触电事故。

(2) 切断电源的地点要选择得当，防止切断电源后影响灭火工作。

(3) 严格遵守倒闸操作顺序的规定，防止忙乱中发生误操作，扩大事故。对于高压设备，应先断开断路器，后拉开隔离开关，对于低压设备，应先断开磁力启动器，后拉开隔离开关，以免引起弧光短路。

(4) 当剪断低压电源导线时，剪断位置应选在电源方向的支持绝缘子附近，以免断线线头下落造成短路或触电伤人；剪断非同相导线时应分别剪断，并使各相断口间保持一定距离，以免造成人为短路。

(5) 如果线路带有负荷，应尽可能先切除负荷，再切断现场电源。

(6) 夜间扑灭火灾时，应注意断电后的照明措施，避免因断电影响灭火工作。

(7) 及时与供电部门联系，必要时请供电部门派人到现场监护、指导、帮助联系停送电工作。

2. 断电灭火

在确认着火电气设备的电源切断后，扑灭电气火灾还应注意如下事项：

(1) 灭火人员应尽可能站在上风侧进行灭火；

(2) 灭火时若发现有毒烟气（如电缆燃烧时），应戴防毒面具；

(3) 若灭火过程中，灭火人员身上着火，应就地打滚或撕脱衣服，不得用灭火器直接向灭火人员身上喷射，可用湿麻袋或湿棉被覆盖在灭火人员身上；

(4) 灭火过程中应防止全厂停电，以免给灭火带来困难；

(5) 灭火过程中，应防止上部空间可燃物着火落下危害人身和设备安全，在屋顶上灭火时，要防止坠落及坠入“火海”中；

(6) 室内着火时，切勿急于打开门窗，以防空气对流而加重火势。

3. 带电灭火

在来不及断电，或由于生产和其他原因不允许断电的情况下，需要带电灭火。带电灭火的安全注意事项如下：

(1) 根据火情适当选用灭火剂和灭火器。详见本章第一节。

(2) 采用喷雾水枪灭火。用水带电灭火时，因为含杂质的水有导电性，不宜用直流式水枪，以免直流水枪喷出的水柱泄漏电流过大造成人员触电，若需用直流水枪灭火时，直流水枪的喷嘴应接地，接地线应为长20～30m、横截面积2.5～6mm^{2}的导线。一般应使用喷雾水枪，在水的压力足够大时，喷出的水柱充分雾化，可大大减小水柱的泄漏电流。为了保证经水柱通过人体的电流不超过感知电流，水枪雾化程度要满足要求。

当用水带电灭火时，灭火人员应戴绝缘手套、穿绝缘鞋或均压服。

(3) 灭火人员与带电体之间应保持必要的安全距离。用水灭火时，水枪喷嘴至带电体的距离为：110kV及以下不小于3m；220kV及以下不小于5m。用不导电灭火剂灭火时，喷嘴至带电体的最小距离为：10kV不小于0.4m；35kV不小于0.6m。

(4) 对高空设备灭火时，人体位置与带电体之间的仰角不得超过45°，以防导线断路危及灭火人员人身安全。

(5) 火场上空有架空线路经过时，人不应站在架空导线下方附近，以防断线落地时造成触电。若有带电导线落地，应划出一定的警戒区，防止跨步电压触电。

4. 充油设备灭火

充油设备中的油是可燃液体，其闪点多在130～140℃之间，受热气化还可能形成很大的压力造成充油设备爆炸。因此，充油设备着火有更大的危险性。

充油设备外部着火时，可用不导电灭火剂带电灭火。如果充油设备内部故障起火，则必须立即切断电源，用冷却灭火法和窒息灭火法，使火焰熄灭，即使在火焰熄灭后，还应持续喷洒冷却剂，直到设备温度降至绝缘油的闪点以下，防止高温使油气重燃造成更大事故。

如果油箱已经爆裂，燃油外泄，可用泡沫灭火器或黄砂扑灭地面和储油池内的燃油，注意采取措施防止燃油蔓延。如果油火已经顺沟蔓延，则只能用泡沫覆盖灭火。

发电机和电动机等旋转电机着火时，为防止轴和轴承变形，应令其慢慢转动，可用二氧化碳、二氟一氯一溴甲烷或蒸汽灭火，也可用喷雾水灭火，用冷却剂灭火时注意使电机均匀冷却，但不宜用干粉、砂土灭火，以免损伤电气设备绝缘和轴承。

第五节　静　电　安　全

静电是由不同物体接触摩擦时在物质间发生了电子转移而形成的带电现象。静电现象是电磁现象的一种，是人类最早发现的电现象。公元前600年前后的古希腊自然哲学家泰利斯，发现用琥珀摩擦能吸引细小物体，这种现象实际上就是静电现象。我国东汉时期的王充（公元27～97年）在《论衡》中也有静电现象的记载。特别是近几十年，人们对静电有了更多的研究。

随着科学技术水平的提高和工农业生产的发展，人们对于静电有了新的认识。目前静电在工农业生产中应用很广泛，如静电喷漆、静电植绒、静电印刷、静电除尘（锅炉除尘、水泥厂除尘等）、静电复印、选矿、石油脱水、静电捕鱼等。现代静电的应用对于节约材料、节约能源、保护环境、快速传递信息都具有重要意义。

一、静电的产生和特点

（一）产生静电的原因

（1）摩擦带电。两种物质间相互摩擦产生热量，从而激发分子外层轨道上的自由电子，在一种物质表面上的电子就会传给另一种物质，并产生相互带有相反极性电荷的积聚，从而产生静电。

（2）剥离、分离、冲撞带电。低导电性物质在紧密接触和剥离时，分离过程中会引起电荷的分离和电子的交换，从而产生静电。例如：穿脱尼龙袜或者脱下化纤衣物产生的静电；附着在器壁上液滴坠落分离时产生的静电；塑料管道输送液体时，随液体流动一部分电荷被带走时所产生的静电等。

（3）感应带电。导体在电场中受场强的作用，其表面不同部位感应出不同电荷或导体上原有电荷重新分布，使原来不带电的导体感应带电。除导体外，电介质在电场中产生极化现象也能感应带电。

（二）人体静电

人体表皮有一定电阻，人在活动中，衣服、鞋及所带工具，与其他材料接触又分离，就可能产生静电。人体带有静电时，如与其他接地体接近便会产生放电，特别是在易燃、易爆的气体、蒸汽或可燃的纤维和粉尘环境中，危害更大。

按照产生静电的原因，人体静电带电大体可分为四类：

（1）由于人体自身动作产生静电引起的带电。如人坐在椅子上，突然站起来，化纤服装与人造革椅面之间产生摩擦和剥离，使工作服和人体带上静电；如人体在高电阻率材料的地毯等绝缘地板上走动时产生电荷，导电性鞋将直接传递使人体带电。

（2）与带电体接触，静电荷向人体转移或悬浮带电微粒附着于人体，引起人体带电。

（3）静电感应引起人体带电。如人在雷雨季节在野地行走，因雷电对人体感应产生静电，并通过人体放电将人电击伤或击死即为这种情况。

（4）人因自身生理作用产生数百伏甚至上千伏的静电电压。

（三）容易产生静电的生产工艺过程

高分子材料和高电阻材料容易产生和积累危险的静电。就工艺过程而言，以下工艺过程比较容易产生和积累静电：

（1）固体物质大面积的摩擦，如纸张与辊轴摩擦、橡胶或塑料碾制、传动带与带轮或辊轴摩擦等；固体物质在压力下接触而后分离，如塑料压制、上光等；固体物质在挤出、过滤时与管道、过滤器等发生摩擦，如塑料的挤出、赛璐珞的过滤等。

（2）固体物质的粉碎、研磨过程；悬浮粉尘的高速运动等。

（3）在混合器中搅拌各种高电阻率物质，如纺织品的涂胶过程等。

（4）高电阻率液体在管道中流动且流速超过 1m/s 时；液体喷出管口时；液体注入容器发生冲击、飞溅时等。

（5）液化气体、压缩气体或高压蒸汽在管道中流动和由管口喷出时，如从气瓶放出压缩气体、喷漆等。

（四）静电的特点

（1）静电电量不大而电压很高。生产工艺过程中产生静电的电量一般只是微库或毫库数量级，电量很小，但是在一定条件下形成的静电电压却很高。

两物体紧密接触又分离，一物质带正电荷，另一物质带负电荷，构成一只电容器。从电工学原理知道，电容器极板间的电压 U 与极板上的电量 Q 成正比，与电容 C 成反比，即

$$U=\frac{Q}{C}$$

产生静电后，设静电量为 Q，并保持不变，则电压和电容保持反比关系。在产生静电的实际场所，电容的变化是很大的。电容量大幅降低，电压则大大升高。

静电电压虽高，但电荷量很小，静电能量一般在毫焦（mJ）级，少数情况能达到数十毫焦，静电能量越大，发生火花放电时危险程度越高。

（2）静电泄漏缓慢。静电消散的途径有两个：一是表面电荷与空气中的电子或离子中和；二是带电体自身泄漏。

空气中正常情况下自由电子和离子含量极少，对静电消散作用有限，一般可忽略不计。当带电体附近有放电体或放射物质等条件使空气电离时，空气中带电质点增多，静电中和作用将大大加强。

通过带电体本身泄漏静电的速度决定于带电体本身（包括与大地之间的支架或容器）的介电系数和电阻率。

可以证明，电介质上的电量随时间按指数规律下降，即

$$Q = Q_0 e^{-\frac{t}{\varepsilon_r \rho}}$$

$$\rho = \frac{1}{g}$$

式中 Q_0——时间 $t=0$ 时绝缘体上的电量；

ε_r——介质介电系数，F/m；

ρ——介质电阻率，Ω·m；

g——介质的电导率。

介电系数 ε_r 与电阻率 ρ 的乘积即时间常数，时间常数愈大，电量消散越慢。一般电介质的电阻率很高，因而带电体自身静电泄漏也很慢。

由于静电泄漏很慢，在产生静电的过程停止相当时间后，仍可能保留危险的静电电压。电介质内部或表面受潮后，因 ρ 下降，静电消散将加快。相反，在干燥天气，由于电介质电阻率提高，静电消散则更缓慢，危险性增加。

二、静电的危害

静电的危害主要有以下几种类型：

（一）静电引起爆炸与火灾

这是静电的最大危害。例如，某电站 1 号机氢气油密封系统破坏，氢气随密封油通过密封油管进入主油箱，使氢油混合物在运动中产生静电，导致主油箱氢气爆炸火灾事故；某厂铝粉生产过程中，有次经袋式过滤器回收的铝粉通过漏斗时，引起爆炸，伤亡 6 人。又如美国 1900～1957 年粉体工业 281 次重大起火爆炸事故中，有 24 次是静电放电引起的；1971 年日本各种工业中发生了 139 次由静电引起的火灾和爆炸事故。

人体静电在危险场所中也可能引起爆炸。例如氢气的最小引燃能量是 0.019mJ，而如果人体静电电压为 2000V，人体对地电容为 200pF 时，静电能量为

$$W_e = \frac{1}{2}CU^2 = \frac{1}{2} \times 200 \times 10^{-12} \times 2000^2 = 0.4\ \text{(mJ)}$$

其远大于氢气的最小引燃能量，可能引起爆炸和火灾。

（二）人体电击

（1）静电使人遭受电击，或因电击引起二次伤害。

1）电击可能发生在人体接近带静电的物料时，也可能发生在带静电电荷的人体接近接地体的时候。

2）静电电压达到 10kV、电荷密度达到 10^{-5}C/m^2 时的带电介质对人体放电，将引起明显的电击感觉。

3）静电电击伤害程度与静电能量有关，由于一般生产工艺过程中静电能量很小，静电引起的电击不致直接使人致命，但对于人的心脏、神经有较大冲击，会有麻电感，可引起高空坠落、摔倒，造成二次伤害事故。

（2）电击还可能引起工作人员精神紧张，妨碍工作。

（三）妨碍生产，影响产品质量

主要表现在：

（1）由于静电放电，使发电厂和变电所的保护和自动装置的微机输入信号受到干扰，从而引起电气元件的继电保护误动作，使断路器跳闸，影响正常生产等。

（2）静电放电会影响产品质量及工作效率。在纺织行业，纺纱机上纤维带静电后，互相排斥，难以加拈成纱，静电使纤维缠结、吸附尘土，降低纺织品质量；在印刷行业，静电使纸线不齐、不能分开，影响印刷速度和印刷质量，使叠色印刷产生废品；在感光胶片行业，静电火花使胶片感光，降低胶片质量，造成废品；在粉体加工行业，静电使粉体吸附于设备上，影响粉体的过滤和输送。

（四）对设备或部件造成损害

汽轮机电机转子带电，当因转子接地不良，静电电压（轴电压）较高时，将产生较大的

轴电流，轴电流流过轴颈、轴瓦及主油泵蜗轮蜗杆，将使其烧蚀，并使油质劣化；轴电流还引起汽轮发电机部件磁化等危害。

（五）其他干扰

对无线电通信、录音设备、电子设备产生干扰，影响正常工作。这是因为静电放电现象产生的放电电流、电磁波和发光会导致半导体元件误动、电子仪器出现杂音和误动等故障。

三、静电火灾的预防

（一）静电放电引起爆炸火灾事故的条件

（1）静电放电间隙或所在环境必须存在爆炸性混合物，且浓度在爆炸极限范围之内。

（2）生产工艺或物体运动过程有产生静电的条件。

（3）物品有积聚静电的条件。

（4）物品积聚静电的电场强度必须超过介质的击穿强度，发生放电，产生静电火花。

（5）静电火花的能量必须超过可燃性气体、蒸汽、粉尘和纤维等爆炸性混合物的最小引爆电流。

其中，爆炸性混合物的存在［即条件（1）］是必要条件，静电放电火花产生火源［即条件（2）、（3）、（4）、（5）］为充分条件。

（二）预防静电火灾的措施

根据造成静电危害的基本条件以及静电火灾爆炸事故产生的条件，预防静电火灾主要采取以下措施。

1. 工艺控制法

摩擦和冲击会产生静电，因此，在生产中选择适当的工艺条件和操作方法，可以限制静电的产生。

（1）适当选配工艺设备和工具的材料，以减少静电的产生和积累。如用导电性能好的材料作传动皮带；保持皮带的正常拉力防止传动皮带打滑，或采用传动效率较高的导电三角带，或在皮带上涂以导电性涂料；用齿轮传动代替皮带传动以减小摩擦等。

（2）限制工艺流程中气体、液体或粉尘等物质的流速和摩擦强度，以限制静电荷的产生。如为了限制烃类燃油在管道内流动时产生静电，要求其流速与管径满足下式关系，即

$$V^2 d \leqslant 0.64$$

由此得

$$V \leqslant 0.8\sqrt{\frac{1}{d}}$$

式中 V——限制流速，m/s；

d——管道内径，m。

（3）减小物料的冲击和分裂。例如向容器中灌注液体时，使注入液体的管道通至容器底部或紧贴容器侧壁，避免液体冲击和飞溅。实验证明，人字形管口和45°斜管口造成的冲击和分裂比平管口小，产生的静电也少。

（4）及时消除油罐或管道内空气、积水或其他杂质，可以减少附加静电。因为液体混入杂质在摇动中会因摩擦产生静电。

2. 静电接地法

所谓静电接地是通过接地装置将静电荷泄入大地，以消除导体上的静电。

（1）静电感应导体的接地。当导体上的静电是由静电感应引起，如果只在导体的一端接

地，则只能消除接地端的静电荷，而导体另一端的静电荷不能消除，为彻底消除导体上的感应静电，导体的两端应同时接地，如输油管道的两端均应接地。

(2) 加工、储存、运输各类易燃易爆的液体、气体、粉体的设备和装置均应可靠接地。例如运输汽油的油罐汽车，在行车过程中，汽车底盘上会产生高压静电，因此，底盘应通过金属链条将油罐与地面连通，以泄放静电荷。

(3) 危险场所旋转机械的接地，如皮带轮、滚筒、电机等旋转机械，除机座接地外，其转轴通过滑环电刷接地，且采用导电性润滑油。

(4) 同一场所多个带静电金属物件的接地。同一场所两个及以上带静电的机件、设备或装置，除分别接地外，它们之间应作金属性等电位连接，以防止相互间存在电位差而放电。

(5) 对于具有爆炸危险的重要场所或建筑物，其地板应由导电材料制成，如采用导电混凝土和橡胶等做地板，并将地板可靠接地。

3. 电离中和法

电离中和措施是在带静电荷的设备周围安装静电消除器，使空气（氧、氮原子）电离，产生带有正、负的离子对，与带电体极性相反的离子向带电物体移动，从而使电荷中和，有效的消除物体表面的表电荷，而不致积聚起来造成危险。静电消除器是防止非导体带电的有效设备，常用的静电消除器有以下几种：

(1) 感应式静电消除器。其结构简单且无外加电源，应用场所较多，主要用于造纸、橡胶、纺织、塑料等生产及加工行业。

(2) 高压静电消除器。其结构简单，维修方便，但需要外加电源。主要用于化工、橡胶、纺织、电力等行业，但不能用于火花爆炸危险的场所。

高压静电消除器按电源种类不同，可分为直流高压和交流高压两种。

(3) 放射线式静电消除器。该消除器是利用某些元素的同位素放射的 α、β 射线使空气电离，产生正、负离子，以消除物料上的静电，X 射线也可用来消除静电。这种消除结构简单，不需外接电源，工作时不产生火花，适用于有火花爆炸危险的场所。但应控制射线对人体的伤害和对产品的污染（最大允许剂量为 0.005R/d)，一般不用 γ 射线静电消除器。

上述静电消除器中，直流高压静电消除器中的消电效能最好，感应式和工频高压静电消除器的消电效能次之，高频高压式效能较差。工频交流高压静电消除器应用最广。放射线式静电消除器由于消电效能最差，因此应用受到限制。

4. 泄漏法

采取增湿措施和采用抗静电添加剂，促使静电电荷从绝缘体上自行消散，这种方法称为泄漏法，泄漏法的目的是降低电阻率。当物体的体积电阻率小于 $1\times10^6\Omega\cdot m$ 或表面电阻率小于 $1\times10^7\Omega$ 时，对防止静电电荷的积聚和静电事故的发生，有良好的效果。

(1) 增湿。增湿就是提高空气的湿度。湿度对于静电泄漏的影响很大。湿度增加，绝缘体表面电阻大大降低，导电性增强，加速静电泄漏。空气相对湿度如果保持在 70%左右，可以防止静电的大量积累。

(2) 加抗静电添加剂。抗静电添加剂是特制的辅助剂，有的添加剂加入产生静电的绝缘材料以后，能增加材料的吸湿性或离子性，从而增强导电性能，加速静电泄漏；有的添加剂本身具有较好的导电性。

(3) 采用导电材料或纸绝缘材料。对于易产生静电的机械零件尽可能采用导电材料制作。在绝缘材料制成的容器内层，衬以导电层或金属网络，并予以接地；采用导电橡胶代替普通橡胶等，都会加速静电电荷的泄漏。

5. 屏蔽法

静电屏蔽接地就是用金属丝或金属网在绝缘体上缠绕若干圈后再行接地。对于绝缘体上的静电，不能用导体直接与接地体相连接构成接地，而应采用 $10^6 \sim 10^8 \Omega$ 的高电阻接地。电介质采用静电屏蔽接地后，其上的静电可以得到限制或防止介质静电放电。

6. 等电位法

等电位措施是用金属体将带电设备之间及其管道、容器连接处，特别是放电火花可能引起燃烧和爆炸的部位进行跨接，以消除它们之间的电位差，达到安全的目的。如在输送燃油的进出油管法兰之间、铁路钢轨之间用跨接线的连接。

对于非金属管道，应在其连接处的内部或外部表面缠绕金属导线，使其构成整体，以消除部件之间的电位差。

小　　结

1. 燃烧的三要素即可燃物质、助燃物质和着火源齐备且相互作用时，即发生燃烧，失去任一条件便不会发生燃烧。火灾和爆炸事故都和燃烧相关，燃烧的三条件关系着防火、防爆和灭火措施。

危险场所分爆炸危险场所和火灾危险场所。能形成爆炸性混合物或爆炸性混合物侵入能引起爆炸的场所为爆炸危险场所；不可能形成爆炸性混合物，但可燃物质在数量和配置上能引起火灾危险的场所为火灾危险场所。

根据物质燃烧的原理和灭火实践经验，防止火灾的基本方法是控制可燃物、隔绝空气、消除着火源、阻止火势及爆炸波的蔓延。

一切灭火措施，都是为了破坏已经燃烧的一个或几个燃烧的必要条件，从而使燃烧停止。

灭火剂要依据灭火的有效性、对设备的影响和对人体的影响三条基本原则进行选用，而灭火器则应按照火灾类别和不同的灭火机理来选择。

2. 引发电气火灾和爆炸要具备两个条件，即有易燃易爆的环境和引燃条件，而电气设备和电气系统在异常和事故情况下引起电气着火源则是引发火灾和爆炸的引燃条件之一，但总的来看电流的热量和放电火花或电弧是引起火灾和爆炸的直接原因。

3. 电力系统中，防火（爆）工作是一项十分重要的工作，各企业应把防止火灾事故当作反事故的重点工作来对待。防止电气火灾和爆炸的发生主要从排除可燃易爆物质和各种电气着火源、加强变配电所房屋建筑的防火要求以及消除静电火花等几方面着手。

4. 由于电气火灾有两个显著特点：一是着火的电气设备可能带电，扑灭火灾时，若不注意，可能发生接触电压和跨步电压触电事故；二是充油电气设备发生火灾时，可能发生喷油甚至爆炸，造成火势蔓延，扩大火灾范围。因此扑灭电气火灾必须根据其特点，特别是结合各电气设备的特殊情况采取适当措施进行扑救。

5. 由于静电会引起爆炸与火灾，人体电击，妨碍生产及影响产品质量，对设备或部件造成损害，对无线电通信、录音设备、电子设备产生干扰，影响正常工作等，所以要根据静电火灾爆炸事故产生的条件，采取措施加以预防。

习 题

3-1 燃烧的三要素是什么？燃烧和爆炸的后果有何不同？

3-2 什么是危险物品？试举例说明。

3-3 危险场所是如何分类的？

3-4 灭火的基本方法有哪些？常用灭火器的原理如何？

3-5 电气火灾有何特点？产生电气火灾与爆炸的一般原因有哪些？

3-6 电火花和电弧在哪些情况下能引起空间爆炸？

3-7 防止电气火灾和爆炸发生的基本措施有哪些？

3-8 扑灭电气火灾的基本方法有哪些？

3-9 何谓静电？静电有何危害？

3-10 产生人体静电的原因有哪些？

3-11 在生产中如何限制静电的产生？

3-12 电气设备防静电常用哪些措施？

第四章　过电压防护

雷电是自然界的一种大气放电现象。当雷电电流流过地表的被击物时，具有极大的破坏性，其电压可达数百万伏至数千万伏，电流可达几十到几百千安，造成人畜伤亡，建筑物破坏，大面积停电，电子信息系统瘫痪等严重事故。我们把这种危及绝缘的异常电压升高称为外部过电压（也称为大气过电压或雷电过电压）。另外，在电力系统内部的操作或发生故障时会引起短暂（甚至持续）的电压升高，对电气设备的绝缘也会造成损坏。我们把这种异常的电压升高称为内部过电压。

第一节　波过程的一般知识

电力系统中的线路、发电机、变压器的绕组都属于分布参数电路，它们的过渡过程实质上就是电磁波在其中的传播过程，简称波过程。波过程是分析过电压及其防护问题的重要理论基础，其特点是理论性强，本书只作简要介绍。

一、波过程的基本概念

1. 波过程的物理本质

为了揭示线路波过程的物理本质和基本规律，可以忽略线路的电阻和电导，假定沿线线路参数处处相等，即研究均匀无损单导线中的波过程，对所分析问题的结论并没有影响。

如图 4-1 所示为一根无限长的均匀无损线，E 为直流电压源、幅值为 U_0，L_0 和 C_0 分别为导线单位长度的电感和电容。当开关 S 合上后，电源向线路电容充电，即在导线周围空间建立起电场。靠近电源的线路电容立即充电，并向相邻的电容放电。由于线路电感的存在，较远处的电容要间隔一段时间才能充上一定数量的电荷，并向 x 正方向更远处的电容放电。

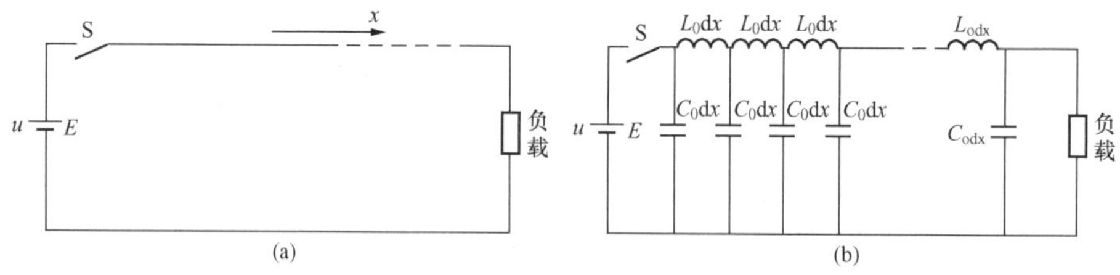

图 4-1　单根无损导线上的波过程

(a) 实际电路；(b) 分布等值电路

这样，电容依此充电，线路沿线逐渐建立起电场，形成电压。也就是说有一电压波以一定的速度沿线路 x 正方向传播。

随着线路电容的充放电，将有电流流过导线的电感，即在导线周围建立起磁场。因此，线路上将会有与电压波相对应的电流波以同样的速度沿 x 的正方向传播。沿导线传播的电压波和电流波统称为"行波"。可见电压波和电流波沿线路的传播实质上就是电磁波沿线路传播的过程，而且是一个相随而行的统一体。

2. 波阻抗、波速

从物理概念上可以分析推导出同一方向运动的电压波和电流波的数量关系——波阻抗，以及行波的传播速度——波速，具体的推导过程读者可以参考有关资料。

所谓波阻抗是指电压波和与其相随而行的电流波大小的比值。其数值 Z 只和导线单位长度的电感 L_0 和电容 C_0 有关，与线路的长度无关，其表达式为

$$Z=\sqrt{\frac{L_0}{C_0}} \tag{4-1}$$

电磁波通过波阻抗为 Z 的导线时，能量以电磁能形式储存在导线周围的介质中，而不是被消耗掉。波阻抗的单位为 Ω（欧姆）。一般单导线架空线路波阻抗为 400Ω（考虑电晕后）左右，而电力电缆的波阻抗值较架空线路的波阻抗小得多，一般为几欧至几十欧。

所谓波速是指行波单位时间里传播的距离。其值 v 只与线路单位长度的电感 L_0 和电容 C_0 有关，而与线路的长度无关。其表达式为

$$v=\frac{1}{\sqrt{L_0C_0}} \tag{4-2}$$

波速的单位为 m/s。架空线路的波速为 3×10^8m/s，该速度与空气中光的传播速度相同。电力电缆线中波的传播速度约为光速的一半。

3. 波传播的基本规律

从前面的讨论我们可以知道行波不仅与空间（x）相关，而且与时间（t）相关。电压波和电流波可分别由式（4-3）和式（4-4）表示，即

$$\text{电压波}\qquad u=u(x,t) \tag{4-3}$$

$$\text{电流波}\qquad i=i(x,t) \tag{4-4}$$

行波既可以沿导线的正方向运动，也可沿其反方向运动，所以有必要对不同极性的行波规定一个正方向。沿着正方向运动的行波称为前行波，沿着反方向运动的行波称为反行波。电压波的符号只决定导线对地电容上相应电荷的符号，而和运动方向无关。电流波的符号不但与相应的电荷符号有关，而且还与运动方向有关。按有关规定：沿 x 正方向运动的与正电荷相应的电流波为正方向。

通过建立和求解波动方程（读者可参考有关资料），可以得到用前行波和反行波来表示的电流波和电压波的表达式，即

$$u=u_q(x,t)+u_f(x,t) \tag{4-5}$$

$$i=i_q(x,t)+i_f(x,t) \tag{4-6}$$

其中，$u_q(x,t)$、$i_q(x,t)$ 分别表示前行电压波和电流波，$u_f(x,t)$、$i_f(x,t)$ 则表示反行电压波和电流波。为了叙述方便，以下分别简写为 u_q、i_q、u_f、i_f。

在规定了行波正方向的前提下，不难看出前行波 u_q、i_q 总是同号，而反行波 u_f、i_f 则总是异号，即

$$Z=\frac{u_q}{i_q} \tag{4-7}$$

$$Z=-\frac{u_f}{i_f} \tag{4-8}$$

式（4-5）～式（4-8）是反映单根无损导线波过程基本规律的四个基本方程。从这四个方程出发，加上初始条件和边界条件，就可以算出导线上的电压和电流。

二、波的折射与反射

实际上，电力系统中无限长的线路是不存在的，更经常会遇到诸如架空线路和电力电缆相连接的情况。由于架空线路的波阻抗与电力电缆波阻抗不同，因而两者的连接点（简称“节点”）实际上是两个不同波阻抗值的分界点。当行波沿架空线路传播到节点时，会产生一个电磁波能量重新分配的过程，即在节点处产生行波的折射和反射。

如图 4-2 所示，两段波阻抗分别为 Z_1 和 Z_2 的线路相连，其节点为 A。当有一电压波 u_{1q}沿波阻抗为 Z_1 的导线向节点 A 运动时，称电压波为入射波 u_{1q}。从节点 A 反方向运动的电压波 u_{1f}称为反射波，反射波是由入射波反射所产生的。由于入射波 u_{1q}的折射作用，将有一个前行电压波 u_{2q}传到波阻抗为 Z_2 的导线上，称该波为折射波。如果 Z_2 线路为有限长，该折射波又将会在其线路的末端再次发生反射。为了简化讨论波在 A 点发生反射与折射，假设没有反射波沿 Z_2 线路传播到节点 A。

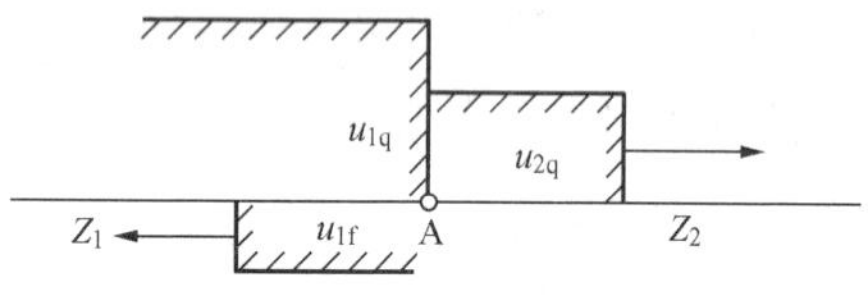

图 4-2　行波的折射与反射

可以运用波传播的基本规律和结点的边界条件来计算折射波和反射波。即利用波传播的基本规律分别在 Z_1 线路和 Z_2 线路上建立四个独立方程，由于在节点 A 处只能有一个电压值和一个电流值，据此又可建立两个独立的方程。该方程组有 11 个未知量，10 个独立方程，联合求解后可得出以下的关系式，即

$$u_{2q}=\frac{2Z_1}{Z_1+Z_2}u_{1q}=\alpha u_{1q} \tag{4-9}$$

$$u_{1f}=\frac{Z_2-Z_1}{Z_1+Z_2}u_{1q}=\beta u_{1q} \tag{4-10}$$

式（4-9）、式（4-10）分别是波的折射和反射规律。其中 α 和 β 分别称为行波的折射系数和反射系数，很容易证明 $\alpha=1+\beta$。

由式（4-9）、式（4-10）及 $\alpha=1+\beta$ 关系式可知，当 $Z_2=\infty$（线路末端开路）时，$\alpha=2$，$\beta=1$，$u_{2q}=2u_{1q}$，$u_{1f}=u_{1q}$，此种情况称为电压正的全反射。全反射的结果是使线路末端电压上升到入射电压波的两倍。随着反射电压波的反行，导线上的电压将逐点上升到入射波电压的两倍。由 $i_{1f}=-\frac{u_{1f}}{Z_1}=-i_{1q}$的关系式还可看到，在电压全反射的同时，电流则发生了负的全反射，电流负反射的结果使线路末端的电流为零，随着负反射电流波的反行，导线上的电流将逐点下降为零。

由式（4-9）、式（4-10）及 $\alpha=1+\beta$ 还可知，当 $Z_2=0$（线路末端短路）时，$\alpha=0$、$\beta=-1$、$u_{2q}=0$、$u_{1f}=-u_{1q}$，此种情况称为电压负的全反射，其结果使线路末端电压下降为零，而且逐渐向导线首端发展。同样由 $i_{1f}=-\frac{u_{1f}}{Z_1}=i_{1q}$的关系式还可看到，在电压负的全反射的同时，电流将发生正的全反射，使线路末端的电流上升为入射波电流的两倍，而且逐渐向导线的首端发展。

当 $Z_1=Z_2$ 时，显然 $\alpha=1$、$\beta=0$、$u_{2q}=u_{1q}$、$u_{1f}=0$，行波就没有反射地传播，和均匀导线的情况完全相同。

三、彼得逊等值法则及其应用

为了解决更复杂的分布参数线路上的波过程，人们往往希望能够得到某种集中参数等值电路来计算波的折、反射问题。为此，对式（4-9）做变换得

$$u_{2q}=\frac{2Z_2}{Z_1+Z_2}u_{1q}=\frac{Z_2}{Z_1+Z_2}2u_{1q} \tag{4-11}$$

式（4-11）可以用图4-3的等值电路来表示，这一等值电路叫彼得逊等值电路。等值法则如下：①线路波阻抗 Z_1 用数值相等的集中参数电阻代替；②把线路入射电压波的两倍 $2u_{1q}$ 作为等值电压源。

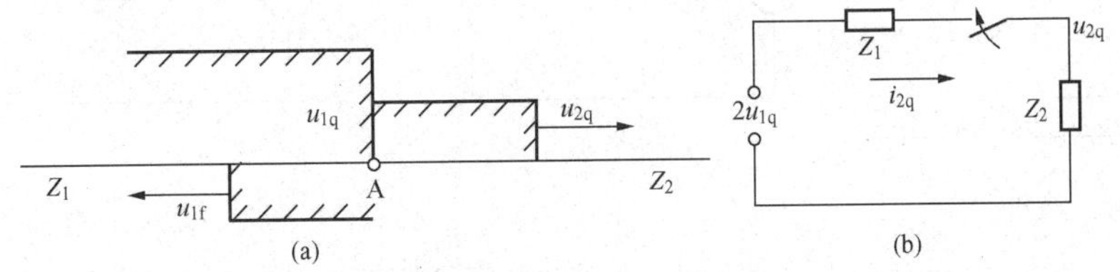

图4-3　彼得逊等值电路

（a）原理接线图；（b）等值电路

应用这一法则，可以很方便地解决行波沿多条线路折射或节点上的负荷是任意阻抗（包括由电阻、电感、电容组成的复合阻抗）的问题。但必须指出的是，彼得逊等值法则的应用是有一定适用范围的。

以下是彼得逊等值法则的两个具体应用：

【例4-1】 如图4-4（a）所示，变电所母线上接有 n 条出线。有一矩形过电压波 U_0 沿其中一条出线传来，设各出线的波阻为 Z，求母线上的过电压。

解　利用上述彼得逊法则，可得图4-4（b）的等值计算电路。

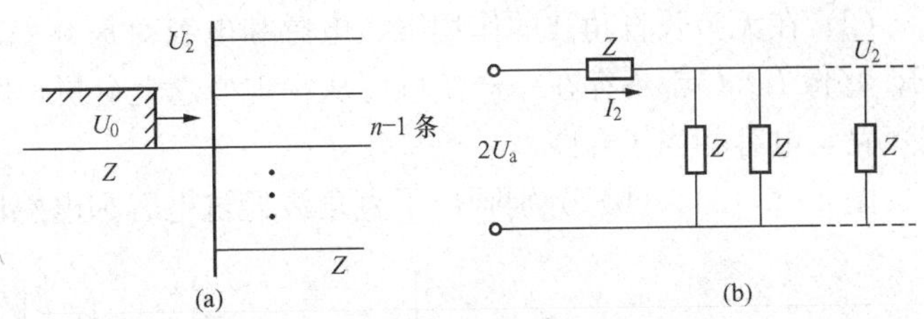

图4-4　行波侵入变电所的等值电路

（a）原理接线图；（b）等值电路图

显然母线上的过电压可以计算如下，即

$$U_{2q}=\frac{2U_0}{Z+\dfrac{Z}{n-1}}\cdot\frac{Z}{n-1}=\frac{2}{n}U_0$$

由此可见，连接在母线上的线路越多，母线上的过电压越低。这对降低变、配电所的雷电过电压水平是比较有利的。

【例4-2】 假设有一无限长的直角波穿过电感或从电容旁通过后，其波形将会发生什么样的变化？实际接线如图4-5（a）、（b）所示。

解　根据彼得逊等值法则，可得图4-5（c）、（d）的集中参数等值电路。根据电路理论中的三要素法（读者自行推导），可得出波穿过电感和旁过电容后的数学表达式为

$$U_2(t)=\alpha E(1-\mathrm{e}^{-\frac{t}{\tau}}) \tag{4-12}$$

其中 $\alpha=\dfrac{2Z_2}{Z_1+Z_2}$ 为从线路 1 到线路 2 的折射系数，τ 为时间常数，电感的时间常数 $\tau_L=\dfrac{L}{Z_1+Z_2}$，电容的时间常数 $\tau_C=\dfrac{Z_1Z_2}{Z_1+Z_2}C$。

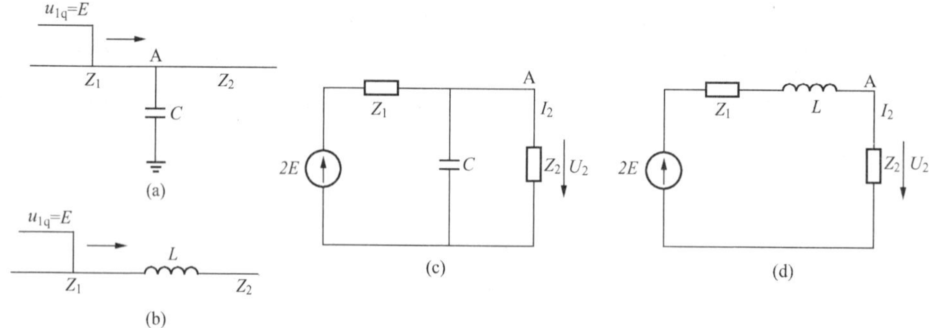

图 4 - 5　波经过电容和电感

分析式（4 - 12）可以得出下列结论：

（1）波经过电感或电容以后，由直角波变成了指数波，减小了波的陡度。这与从物理概念上分析是一致的。因为电感中的电流不能突变，电容上的电压不能突变，所以当波到达节点以后，折射电压波只能随着通过电感电流的逐渐增加或电容的逐渐充电而增长。

显然要把陡度限制在一定的程度，只要适当增加 L 或 C 的数值。防雷保护中常用这一原理来减小雷电侵入波的陡度，以保护旋转电机的匝间绝缘。

（2）在无穷长直角波的作用下，电感和电容对最终稳态值没有影响。当 $t\to\infty$ 时，$u_2=\alpha E$，好像 L、C 都不存在一样。也可从物理概念上分析，因为在直流电压作用下，电感相当于短路，电容相当于开路。

图 4 - 6（a）、（b）分别画出了直角波经过电容和电感以后的折、反射波形。

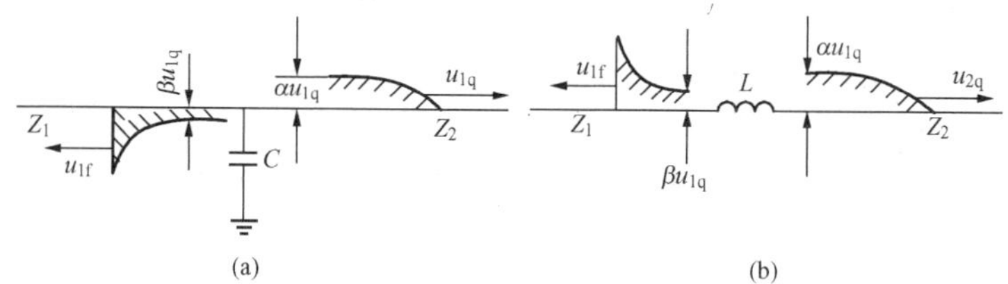

图 4 - 6　直角波经过电容或电感时的折、反射波形

（a）直角波径过电容；（b）直角波径过电感

第二节　雷电的一般知识

一、雷云及雷电的形成

雷电放电现象从古代以来就为人们所关注，但是直到近代才开始有了科学的认识。18 世纪中叶富兰克林著名的风筝实验，第一次向人们揭示了雷电只不过是大气中的长空气间隙放电现象。

雷电现象是由带电荷的雷云引起的。雷云带电原因解释很多，但还没有获得比较满意一致的认识。一般认为雷云是在有利的大气和大地条件下，由强大的潮湿的热气流不断上升进入稀薄的大气层冷凝的结果。此外，水平移动的冷气团或热气团，在其前锋交界面上也会形成积云。云中水滴受强气流吹袭时，分成较小和较大的水滴。较小的水滴被气流带走，形成带负电的雷云，较大的水滴则形成冰晶并带正电，故可以认为水滴结冰过程中发生了电荷的转移，冰晶带正电，水滴带负电。当遇强烈气流把水带走后，便形成了带相反电荷的雷云。可见，水、蒸汽及强烈气流是形成雷云的基本条件。

随着电荷的积累，雷云的电位逐渐升高。当带不同电荷的雷云或雷云与大地凸出物相互接近到一定程度时，就会发生云间或对大地的火花放电，产生强烈的光和热（放电通道温度高达 15000～20000℃），使空气受热急剧膨胀，发生爆炸的轰鸣声，这就是闪电与雷鸣。

最常见的是线形雷，有时也能见到片形雷，个别情况下还会出现球形雷。

二、雷电的破坏作用

雷击时，雷电流很大，其幅值可达数十到数百千安；雷电放电的时间很短，通常只有 50～100μs；放电陡度高，每微秒达数十千安；雷电压极高，感应雷一般可达 300～400kV，直击雷电压则更高。雷电有很大的破坏力，主要表现在以下三个方面。

1. 电性质的破坏作用

表现在数十万至数百万伏的冲击电压可能毁坏电气设备的绝缘，造成大面积停电；绝缘损坏还可能引起短路、导致火灾或爆炸事故，还会造成高压系统窜入低压系统，造成人身触电事故；巨大的雷电流流入地下时，会在雷击点及其连接的金属部分产生很高的接触电压或跨步电压，存在发生触电事故的危险，雷击点接地电阻较大时还可能造成反击事故。此外，强大的雷电脉冲电流对周围不接地的金属物产生电磁感应，可能引起火花放电进而引燃易燃易爆物，雷电磁脉冲还对弱电系统构成巨大的威胁。

2. 热性质的破坏作用

表现在巨大的雷电流通过导体时，会在极短的时间内产生大量热能，造成易燃品燃烧或金属熔化、飞溅，引起火灾或爆炸；如果易燃物品直接遭到雷击，则容易引起火灾或爆炸事故。

3. 机械性质的破坏作用

表现为被击物遭到破坏，甚至爆裂成碎片。这是因雷电流通过被击物时，在被击物缝隙中的气体剧烈膨胀，缝隙中的水分也急剧蒸发为大量气体，致使被击物破坏或爆炸。此外，同性电荷间的静电斥力，同方向电流的电磁作用力也有很强的破坏性。雷击时的气浪也有相当的破坏作用。

三、雷电类型及雷电过电压

（一）雷电的类型

雷电通常可分为四种类型，即直击雷、感应雷、雷电侵入波和球形雷。

1. 直击雷

直击雷是指雷云与大地上某一点之间发生的迅猛放电现象。直击雷放电过程如图 4－7 所示。雷云对地静态电位可达几千万甚至几亿伏，当雷云接近地面时，地面感应出异性电荷，两者可视为一巨大的电容器，其间的电场强度很不均匀。当电场强度达到 25～30kV/cm 时，将发生由雷云向大地发展的跳跃式“先导放电”，先导放电通道将近大地时，便发生大地向雷云发展的极明亮的“主放电”，其放电电流可达数十至数百千安，放电时间仅 50～100μs，放电速度约 6 万～10 万 km/s，主放电再向上发展，到达云端即告结束。主放电结束后继续有微弱的余光（叫余辉放电）。大约 50％的直击雷具有重复放电性质，平均每次雷击含 3～4 个冲击。全部放电时间一般不超 0.5s。

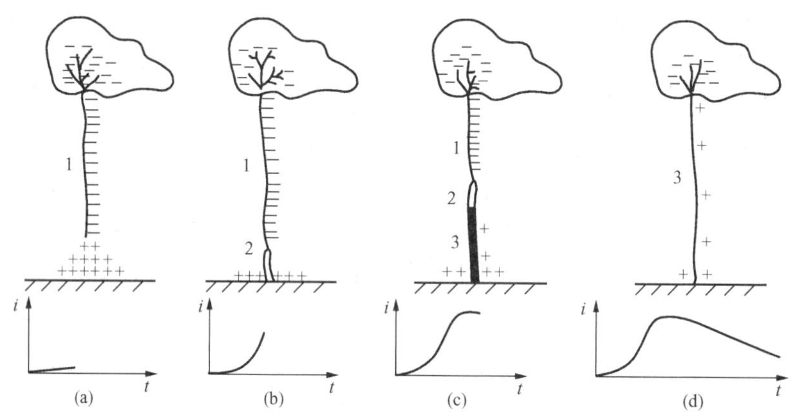

图 4-7 直击雷对地放电的基本过程

1—先导放电通道；2—强游离区；3—主放电通道

2. 感应雷

感应雷是指雷电放电过程中，雷云中的电荷及强大的脉冲电流对周围导体产生静电感应和电磁感应的现象。静电感应是由雷云接近地面，在架空线路或其他凸出物顶部感应出大量电荷引起的。在雷云与其他部位放电后，架空线路或凸出物顶部的电荷失去束缚，以雷电波的形式，沿线路或凸出物极快地传播。电磁感应是由雷击后巨大的雷电流在周围空间产生迅速变化的强磁场引起的。这种磁场能使附近金属导体或金属结构感应出很高的电压。

3. 雷电侵入波

雷电侵入波是指架空线路或其他金属管道遭受雷击（直接雷或感应雷）时产生的冲击电压波沿其自身迅速向两侧传播的现象。雷电侵入波可毁坏变、配电所及建筑物内电气设备的绝缘及引发人身触电事故。雷电侵入波事故在雷害事故中占有相当大的比重。

4. 球形雷

球形雷较为罕见它的形成研究，目前还没有完整的理论。通常认为这种闪电是一个温度极高，并呈现红、橙、黄、紫或蓝色的球形发光体，直径通常在 10～20cm，个别甚至超过 1m。球形雷有时从天而降，在空中或沿地面水平移动或滚动。球形雷会通过烟囱、门窗和其他缝隙钻进室内，或无声地消失，或发出怪异的声音，或发出剧烈的爆炸声。

（二）雷电过电压的产生

雷电过电压主要由大气中的雷云放电所引起。它分为如下三种。

1. 直击雷过电压

假设在图 4-7 中，雷击中某一物体，该物体的高度为 h，单位高度的电感为 L_0，雷电流通过该物体时的接地电阻（称为冲击接地电阻）为 R_{ch}。

假定雷电通道中的线电荷密度为 σ(c/m)，主放电速度为 v，则雷电主放电电流为

$$i = \sigma v \tag{4-13}$$

显然该物体顶端的对地电压应是冲击接地电阻 R_{ch} 两端电压降与物体电感两端电压降之和。前者等于 iR_{ch}，后者考虑如下：发生主放电时，先导通道中的电荷，在极短的时间内被剧烈中和，通道中的电流也在极短的时间内（大致 1～4μs）上升到最大值，雷电流在通过被击物时，陡度（波前部分）很大，所以在物体的周围就有很大的 $\mathrm{d}\Phi/\mathrm{d}t$。设雷电流陡度为 $\mathrm{d}i/\mathrm{d}t$，则由于磁场剧烈变化而引起的避雷针体电压降应该为 $L_0h\mathrm{d}i/\mathrm{d}t$。假设被击物本身的电阻所引起的电压降忽略不计。则该物体遭到雷击后，顶端对地电位为

$$U = iR_{ch} + L_0 h \frac{\mathrm{d}i}{\mathrm{d}t} \tag{4-14}$$

式中 i——雷电流，即式（4-13）中的雷电主放电电流。

由式（4-14）可知，直击雷过电压幅值受到下列因素的影响：①被击物阻抗的性质及参数；②雷电流幅值；③雷电流的波形（主要是波头陡度）。

2. 感应雷过电压

以雷击架空线路为例，来说明感应雷过电压，如图 4-8 所示。当雷云出现在架空线路上方时，线路由于静电感应作用，靠近雷云的导线上会感应出与雷云电性相反的电荷；距雷云较远的导线上，则感应出与雷云电性相同的电荷。这些束缚电荷会经过导线的对地电阻流入大地。当雷云对线路附近的大地或物体放电后，雷云电荷消失。此时，原来导线上的束缚电荷就会因失去外力束缚而成为自由电荷。由于它们本身互相排斥，就向线路两端高速流动，从而形成很高的感应雷过电压波。

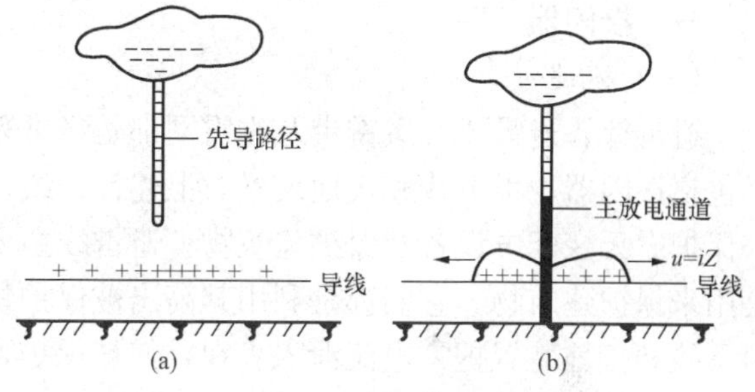

图 4-8 线路上感应雷过电压的形成

一般地，感应过电压的幅值可近似地按下式计算，即

$$U_g = \frac{25Ih_d}{S}$$

式中 U_g——雷击大地时，感应过电压的幅值，kV；

I——雷电流幅值，kA；

h_d——导线悬挂点的平均高度，m；

S——地面雷击点距线路的距离，m。

实测证明，感应雷过电压的幅值可达 300～400kV，对 35kV 及以下输配电线路的危害很大。

3. 雷电侵入波过电压

因为线路的冲击绝缘水平比同电压等级的电气设备高得多，所以当雷电侵入波沿着线路传播时产生的高幅值过电压将危及与该线路直接相连的电气设备的绝缘。遭受雷击的线路冲击绝缘水平越高，则雷电侵入波过电压的幅值越大。

四、雷电的主要参数

1. 雷电流幅值、波头时间和波长时间

对于脉冲波形的雷电流，需了解它的三个基本参数：幅值、波头时间和波长时间。幅值

是指脉冲雷电流所达到的最大值。波头时间是指雷电流上升到最大值所需的时间。波长时间是指脉冲电流的持续时间。

2. 雷电流的波形、极性和陡度

根据实测结果，雷电流属于单极性的脉冲波，而且75%～90%的雷电流是负极性的。雷电流的陡度也即雷电流随时间的变化率，它是雷电流的最大值与波头时间之比。

3. 雷电日（小时）

雷电放电的频繁程度通常用雷电日或雷电小时来表示。不同地区每年或每天具有不同次数的雷电放电。雷电日是指该地区一年中有雷电的天数。雷电小时则指该地区一年中有雷电的小时数。

第三节 防 雷 装 置

常见的防雷装置有避雷针（线、带、网）、避雷器及防雷接地等。下面将分别讨论它们各自的保护原理及其应用。

一、接闪器

（一）概述

避雷针、避雷线、避雷带及避雷网都是经常采用的防护直击雷装置。一套完整的防雷装置包括接闪器、引下线和接地装置。上述针、线、网、带实际上都是接闪器。避雷针主要用来保护露天变配电设备及保护建筑物；避雷线主要用来保护输电线路；避雷带和避雷网主要是用来保护建筑物。它们都是利用其高出被保护物的突出地位，把雷电引向自身，然后通过引下线和接地装置把雷电流泄入大地，使被保护物免受雷击。

各种接闪器的具体作用是：

（1）避雷针利用尖端放电的原理，即当雷云放电时使地面电场畸变，从而在避雷针的顶端形成局部场强集中的空间以影响雷闪先导放电的发展方向，使雷云对避雷针放电并将雷电流泄入地中，以达到保护附近的建筑物和电力设备免遭雷击的目的。通常，避雷针用于发电厂和变电所的直击雷保护。

（2）避雷线也称架空地线，其原理与避雷针类似，通常用于输电线路的直击雷保护。另外，在线路（靠近变电所区段）可能受到直击雷危害时，可以限制沿线路侵入变电所的雷电冲击波幅值及陡度。

（3）沿建筑物屋顶四周易受雷击部位敷设的作为防雷保护用的金属带作为接闪器、沿外墙作引下线和接地网相连的装置称为避雷带。多用在民用建筑特别是山区。由于雷击选择性较强（可能从侧面横向发展对建筑物放电），故使用避雷带（网）的保护性能比避雷针的要好。

（4）避雷网分为明装避雷网和笼式避雷网两大类。沿建筑物屋顶上部明装金属网格作为接闪器，沿外墙装引下线接到接地装置上，称为明装避雷网。一般建筑物中常采用这种方法。而把整个建筑物中的钢筋结构连成一体，构成一个大型金属网笼，称为笼式避雷网。

（二）避雷针的结构与保护范围

避雷针一般由接闪器（针头）、接地引下线和接地装置三部分组成。接闪器可采用直径为16mm、长为1～2m的钢棒。接地引下线应保证雷电流通过时不致熔化。通常，直径为

8mm 的圆钢或截面积不小于 48mm²、厚度不小于 4mm 的扁钢便可以满足接地引下线的要求，也可以利用非预应力钢筋混凝土杆的钢筋或钢构架本身作为接地引下线。接地引下线与接闪器和接地装置之间以及接地引下线本身的接头都应可靠连接。连接处不允许用绞合的办法，而必须用焊接或线夹、螺钉。

受避雷针保护的空间是有一定范围的，避雷针的保护范围可由模拟实验和运行经验来确定。所谓保护范围，一般是指这样的空间范围：在此空间范围内的被保护物遭受直接雷击的概率仅为 0.1%左右。

避雷针的保护范围与避雷针的高度、根数、被保护物的高度及避雷针间距有关。本书只介绍单支避雷针的保护范围。

如图 4-9 所示，避雷针空间的保护范围是一个锥形空间。这个锥形空间的确定是从针的顶点向下作与针成 45°的斜线，构成锥形保护空间的上部，从距针底沿地面各方向 1.5h 处向针 0.75h 高处作连接线，与上述 45°斜线相交，交点以下的斜线构成了锥形保护空间的下部，一般用保护半径来表征避雷针的保护范围。

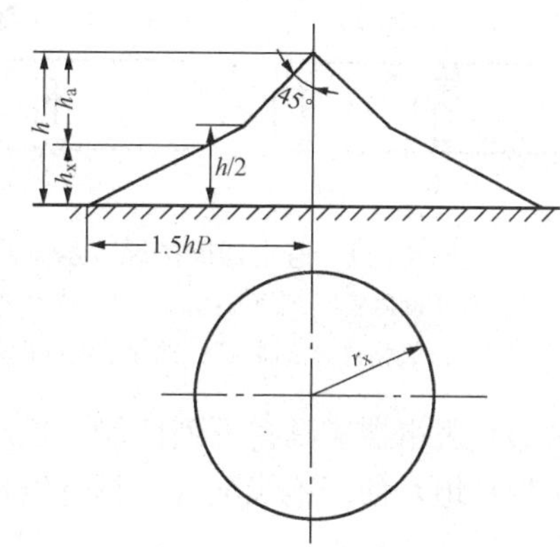

图 4-9 单支避雷针保护范围

h—避雷针的高度，m；h_x—被保护物高度，m；r_x—避雷针在 h_x 水平面上的保护半径，m；h_a—避雷针有效高度，m

（三）避雷线的保护范围

避雷线的保护范围由避雷线悬挂高度、被保护物高度和条数有关。如图 4-10 所示，避雷线的保护范围是一个带状的区域，由避雷线向下作与其铅垂面成 25°的斜面，构成保护空间的上部。在 $h/2$ 处转折，与地面上离避雷线水平距离为 h_x 的直线相连的平面，构成保护空间的下部。

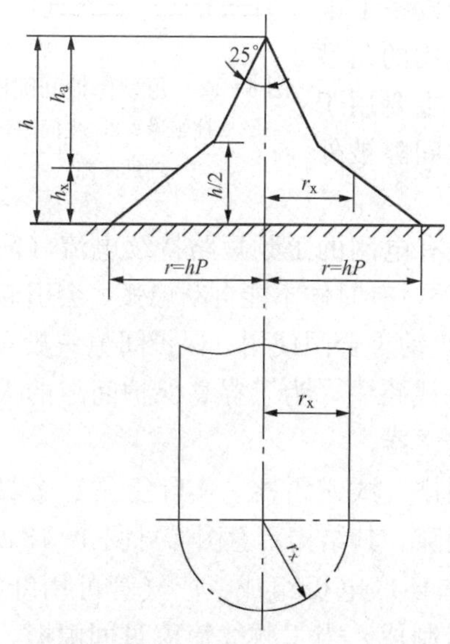

图 4-10 单根避雷线的保护范围

h—避雷线的高度，m；h_x—被保护物高度，m；r_x—避雷线在 h_x 水平面上的保护宽度，m

避雷线的保护范围，通常用保护角（避雷线与外侧导线之间的夹角）α 来表示，保护角一般取为 20°～30°。

至于避雷带、避雷网的详细介绍，读者可参考有关资料。

二、避雷器

输电线路一旦遭受雷击（对线路本身可能是直击雷过电压，也可能是感应雷过电压或者是反击过电压），雷电将沿线路侵入发、变电所或建筑物而危及电气设备。这些都是避雷针（线）所不能解决的问题。另外，同样电压等级的电气设备比线路的绝缘水平低得多。为了将这种侵入波过电压限制在电气设备的耐压值之内，可用避雷器来保护。避雷器实质上是一个放电器，它与被保护设备并联，如图 4-11 所示。当过电压超过一定幅值时，避雷器将先放电，将过电压能量泄放到大地中去，从而限制了

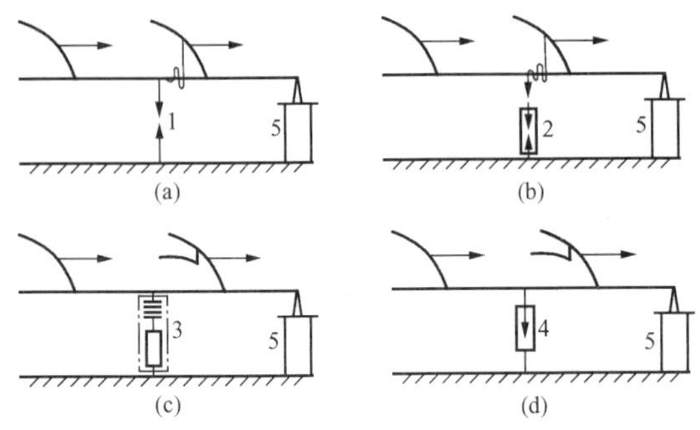

图 4-11　避雷器保护原理示意图
1—保护间隙；2—管型避雷器；3—阀型避雷器；4—氧化锌避雷器；5—被保护电气设备

过电压的幅值，保护与其相连的电气设备。

由此可见，对运行中的避雷器应满足以下基本要求：

（1）当雷电过电压达到或超过避雷器动作电压时，避雷器应尽快可靠动作，使雷电流泄入大地，以降低作用于设备上的过电压。

（2）在雷电过电压作用之后，避雷器应能在规定时间内迅速切断工频电压作用下的工频续流，使系统尽快恢复正常，避免供电中断。

（3）避雷器应具备下列性能：残压（雷电流在避雷器上所形成的压降）较低，伏秒特性应比较平坦，便于绝缘配合；具有较强的通流能力；不应产生高幅值的截波，以免造成被保护设备绝缘的损害。

避雷器有四种基本类型，即保护间隙、管型避雷器、阀型避雷器及氧化锌避雷器，必须指出的是，其中以氧化锌避雷器的保护性能最为优越，在实际应用中已经取代了前面三种传统型避雷器（即保护间隙、管型避雷器和阀型避雷器）。为了让读者能够更全面地了解避雷器的发展演变过程及加深对氧化锌避雷器优越性的认识，本书对传统型避雷器还是作了简要的介绍。

（一）保护间隙和管型避雷器

保护间隙是一种最原始、最简单的避雷器。它与被保护设备并联，当雷电侵入波的幅值超过保护间隙的击穿强度以后，间隙先被击穿，把一部分过电压能量泄入大地，防止被保护设备上电压的升高。图 4-12 所示的是过去在 3～10kV 电网中常用的角型间隙的结构图。图中 2 为主间隙，3 为辅助间隙。前者主要用于隔离电压、主放电及绝缘自恢复用；后者是为了防止主间隙被外物（如小鸟）短路而引起误动作。

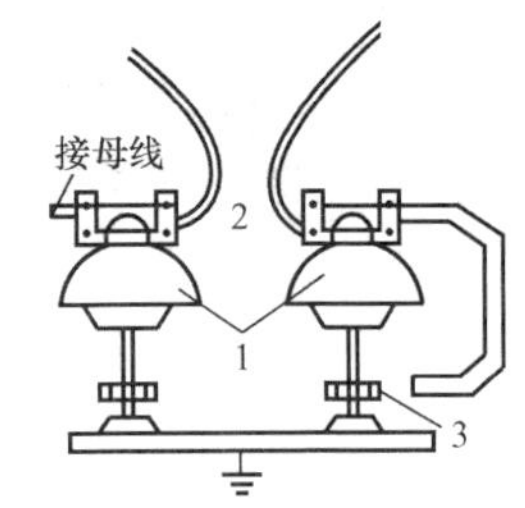

图 4-12　角型保护间隙图
1—支柱绝缘；2—主间隙；3—辅助间隙

保护间隙在雷电过电压波作用下击穿后，紧接着还有电网的工频短路持续电流（简称“工频续流”）流过间隙。由于角形保护间隙的熄弧能力差，有时候不能自动熄弧，会引起线路跳闸而降低了供电可靠性。为此，可将保护间隙配合自动重合闸使用。保护间隙一般只用于较低电压等级的配电线路中。为了提高保护间隙的灭弧能力，可以采用管型避雷器。

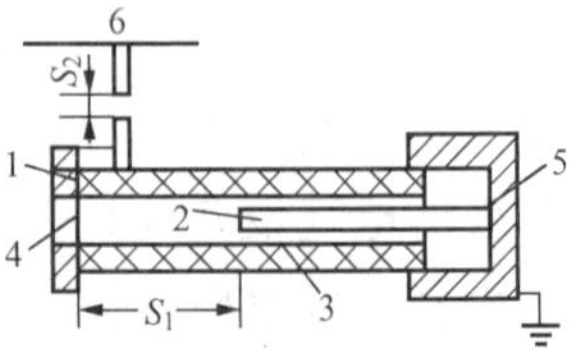

图 4-13　管型避雷器原理结构图
1—环形电极；2—棒电极；3—产气管；4—喷气口；5—金属端盖；6—母线；S_1—内间隙；S_2—外间隙

管型避雷器（又叫排气式避雷器）实际上是一个具有较高熄弧能力的保护间隙。其结构示意图参见图 4-13。S_1 为内间隙，它由棒形和环形电极组成。产气管可用纤维、塑料或橡胶等产气材料制成。当工频续流流过间隙时，电弧的高温会使产气材料分解出大量的气体，使管内的压力增加。气体在高压作用下通过环形电极的开口孔喷出，形成强烈的纵吹作用，促使电弧在工频续流第一次经过零值时熄灭。

尽管管型避雷器具有一定的灭弧能力，但是与保护间隙一样，其保护变压器或电机等具有绕组的电气设备仍然很不理想。这是因为：第一，保护间隙或管型避雷器的极间电场都是极其不均匀的，其放电分散性较大，与被保护设备的绝缘配合很不合理；第二，保护间隙或管型避雷器动作后工作导线将直接接地，会形成突然截断的冲击波，通常称为截波。截波的频率很高将危及变压器的纵绝缘。

下面要谈到的阀型避雷器可以弥补保护间隙或管型避雷器的这两个缺点。

（二）阀型避雷器

阀型避雷器的基本组成部分是火花间隙和阀片电阻，如图 4-14 所示。

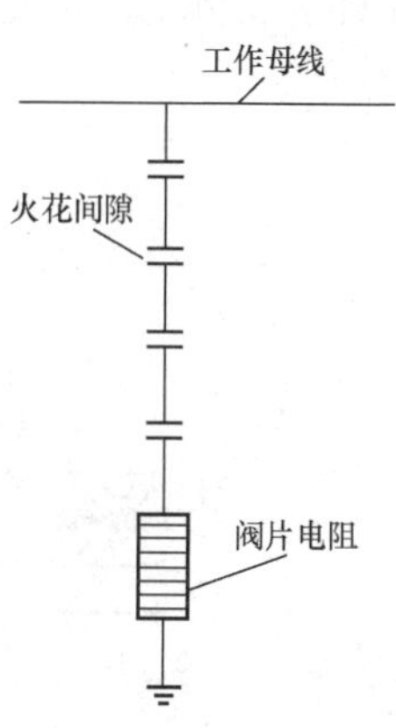

图 4-14 阀型避雷器的原理结构图

1. 阀片电阻

阀片电阻是用碳化硅（SiC）焙烧制成。阀片电阻是由多个阀片电阻串联组合体构成。

表征阀片电阻性能的重要指标有两个：非线性系数 α 和通流容量。阀片电阻的阻值随流过阀片电阻电流的大小而变化，其伏安特性如图 4-15 所示。阀片电阻的伏安特性可表示为

$$U = CI^{\alpha} \tag{4-15}$$

式中 C——材料的常数；

α——非线性系数，一般在 0.2 左右；

U——电压，V；

I——电流，A。

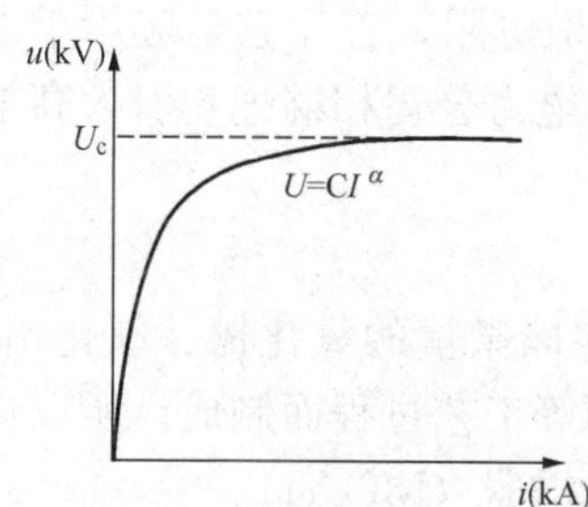

图 4-15 阀片电阻的伏安特性

阀片电阻的存在及其非线性正符合改善前面两种避雷器保护性能的要求，既避免出现对绝缘不利的截波，又限制了工频续流以利灭弧。显然，阀片电阻的非线性程度愈高，其保护性能愈好。

2. 火花间隙

火花间隙是由许多个间隙串联而成。单个火花间隙及其标准组合件的结构如图 4-16（a）、（b）所示。

火花间隙的电极是由黄铜材料冲压制成，电极中间用云母垫圈隔开，其厚度一般为 0.5～1mm。由于电极间的距离很小，电极间的电场近似于均匀电场，同时，在过电压作用下，云母垫圈与电极之间的气隙中会首先发生局部放电，为间隙放电提供预游离电子，从而使火花间隙放电的分散性变小。因此，阀型避雷器易于实现绝缘配合。另外由于火花间隙分为许多个短间隙，从电弧理论可知，短弧相对长弧而言，去游离程度较高，这样更易于切断工频续流，提高了间隙绝缘强度的恢复能力。

阀型避雷器的工作原理：当系统正常时，火花间隙将阀片电阻和工作母线隔离，以免由工作电压在阀片电阻中产生的电流使阀片电阻烧坏。一旦工作母线上的电压超过其击穿电压

值时，火花间隙将被击穿并引导雷电流通过阀片电阻泄入大地。此时阀片电阻的阻值将自动变小以降低在其两端形成的压降（此压降称为残压），雷电流消逝后，作用在阀片电阻上的电压即为工频电压，此时阀片电阻的阻值将自动变大，限制了工频续流以促使电弧的快速可靠熄灭。

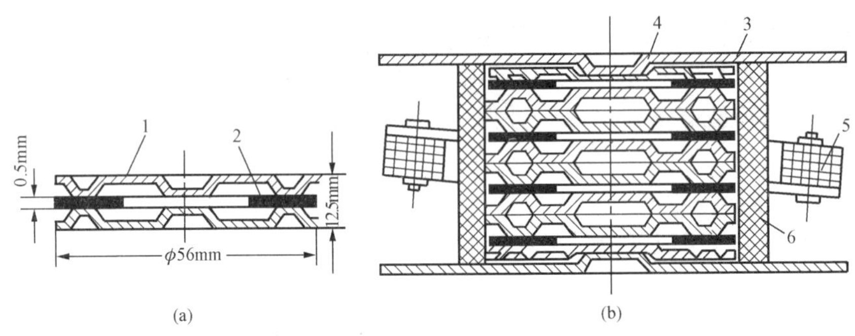

图 4-16　阀型避雷器的火花间隙

(a) 单个火花间隙；(b) 标准组合件结构

1—黄铜电极；2—云母垫圈；3—单个火花间隙；4—黄铜盖板；5—半环形分路电阻；6—瓷套筒

为了进一步提高阀型避雷器的保护能力，在普通阀型避雷器的基础上，曾经发展了一种磁吹避雷器。磁吹避雷器具有更高的灭弧性能和通流容量，其工作原理和基本结构与普通阀型避雷器相同，主要区别在于采用灭弧能力较强的磁吹火花间隙和通流能力较大的高温阀片电阻。

（三）金属氧化物避雷器

金属氧化物避雷器（英文缩写 MOA）的电阻片是以氧化锌（ZnO）为主要原料，因此又称为氧化锌避雷器，以下简称 MOA。MOA 的前身是 ZnO 压敏电阻，首先它是应用于电子器件的浪涌电流和过电压保护装置。后来，日本、欧美等国的电力公司相继把它引入高电压领域。

1. 氧化锌非线性电阻片

氧化锌非线性电阻片是在以氧化锌为主要材料的基础上，掺以微量的氧化铋、氧化钴、氧化锰、氧化锑、氧化铬等添加物，经过成型、烧结、表面处理等工艺过程而制成。所以也称为金属氧化物电阻片，以此制成的避雷器也称为金属氧化物避雷器（MOA）。

图 4-17（a）为氧化锌电阻片的伏安特性，它在 10^{-3}～10^{4}A 的整个宽广范围内呈现出平坦的优良特性。图中电阻片的全伏安特性可分为三个典型区域。区域Ⅰ为低电场区，电流密度与电场强度的 1/2 次方成比例，非线性系数 α 较高，约为 0.1～0.2 左右。区域Ⅱ为中电场区，相当于用公式 $U=CI^{\alpha}$ 表示的非线性区域，非线性系数 α 大大降低，约在 0.015～0.05 左右。区域Ⅲ为高电场区，$I\propto U$，伏安特性曲线向上翘。

2. 氧化锌避雷器

目前世界各国氧化锌避雷器的发展方向，主要是研制高性能的无间隙避雷器。由于氧化锌电阻片有极其优异的非线性特性，它在过电压下电阻很小，残压很低；而在正常工作电压下电阻很高，实际上相当于一绝缘体，因此可以不用串联火花间隙来隔离工作电压，而将氧化锌电阻片直接接到电网上运行也不至于烧坏。图 4-17（b）为两种电阻片的伏安特性曲线比较。氧化锌电阻片在 10^4 A 时的残压约为 8kV，在 10^{-3} A 时的残压为 4.05kV，两者之间比为 1.93。若选定避雷器在雷电冲击下的保护水平为 2 倍相电压，则在正常相电压作用下，流过氧化锌避雷器的电流将远低于 10^{-5} A，可以认为等于零。而在同一雷电冲击保护水平下，流过碳化硅避雷器的续流高达数百安。这就是氧化锌避雷器可以做到无间隙而又无续流的原因。

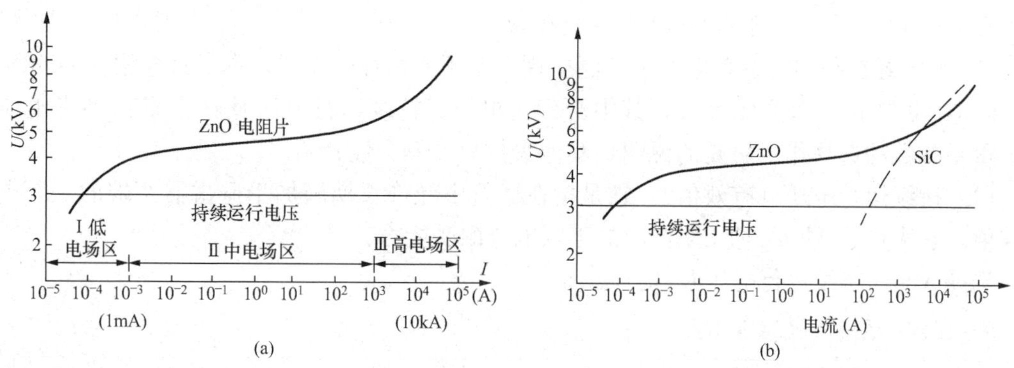

图 4-17 伏安特性

（a）氧化锌电阻片的伏安特性；（b）ZnO 和 SiC 阀片伏安特性比较

3. MOA 的优越性

氧化锌避雷器，特别是无间隙复合绝缘 MOA（一种集金属氧化物避雷器和硅橡胶材料的优异特性于一体的新产品），具有结构简单、体积小、重量轻、耐污染、防爆性好、密封性好、生产、安装和维护方便等突出优点。

氧化锌避雷器的陡波响应特性好，当雷电波侵入时，碳化硅避雷器的间隙中气体需经历统计时延、放电形成时延等才能放电，释放过电压能量。当来波陡度较大时，有间隙避雷器的伏秒特性曲线就会变陡。而氧化锌避雷器没有火花间隙，不存在放电时延问题，它的伏秒特性由氧化锌阀片材料固有性质所决定。

在同样的雷电冲击波作用下，氧化锌避雷器上所形成的残压更低。这一方面是由两种阀片的非线性特性决定的；另一方面是因为氧化锌避雷器在整个过电压作用期间均能释放能量，而有间隙的避雷器只有当间隙击穿后才开始释放过电压能量。所以氧化锌避雷器能给设备绝缘提供更大的保护裕度。

氧化锌避雷器的通流能力更大，动作负载能力更强。碳化硅避雷器从火花间隙击穿到间隙切断续流电弧这段时间内均有电流通过阀片，而氧化锌避雷器当过电压作用过后，其阀片即将续流遮断，根据氧化锌避雷器的这个特性，又称其为无续流避雷器。这样，通过阀片的能量大为减少，不仅延长其使用寿命，减少对系统的影响，而且为电力电缆、电容器组等理想的过电压保护电器。

氧化锌避雷器比较适合用于 SF_6 全封闭组合电器。一方面，氧化锌避雷器无火花间隙，结构简单紧凑，所占空间比较小；另一方面，它不存在因 SF_6 气压变化引起放电电压变动或电弧引起 SF_6 分解的问题。

氧化锌避雷器还适合用于直流系统。因为直流续流不像工频续流那样会通过自然零点，所以普通阀型避雷器难以熄灭直流电弧。而氧化锌避雷器无火花间隙，因而不存在灭弧的问题。

氧化锌避雷器没有串联间隙却又是其缺陷所在，在长期运行中阀片直接承受工作电压的作用，会逐渐老化，如密封不良会使阀片受潮，加剧阀片的劣化。泄漏电流中的阻性分量会使阀片温度升高，产生有功损耗，导致热崩溃，严重时可能造成避雷器损坏或爆炸。这些都是设计、制造和使用时应注意的问题。

4. 3～66kV 系统无间隙 MOA 的主要参数

MOA 已经在我国的各级电网中广泛应用。鉴于实用性的需要，本书只介绍 3～66kV 系统无间隙 MOA 的一些主要参数，其中对额定电压、持续运行电压及直流 U_{1mA} 参考电压等三个重要参数的选择作了简要的说明，其他参数只作概念性介绍。

（1）持续运行电压（有效值）。它是指在运行中允许长期施加于避雷器两端的工频电压有效值。它表征了 MOA 对长期作用的工频电压耐受能力。

选择 MOA 持续运行电压 U_c 时应满足：

3～10kV 系统　$U_c \geqslant 1.1U_m/\sqrt{3}$；

35～66kV 系统　$U_c \geqslant U_m/\sqrt{3}$。

其中，U_m 为系统最高运行线电压，为系统标称电压的 1.15 倍。

（2）额定电压（有效值）。它是指在避雷器动作负载试验条件所规定的一系列试验中，允许施加在 MOA 上的最大工频电压有效值。动作负载试验是模拟运行条件的试验，是考验 MOA 在吸收过电压暂态能量（操作波或雷电波过电压能量）之后，在工频过电压（如甩负荷、长线路电容效应等因素引起）和持续运行电压作用下能否达到热稳定。

该参数是考核避雷器热负荷的一个重要参数，是表征 MOA 对工频过电压的耐受能力。此值显然要比持续运行电压来得高，可按下式选择：

3～10kV 系统　$U_r \geqslant K(1.1U_m)$；

35～66kV 系统　$U_r \geqslant KU_m$。

其中，K 为切除接地短路故障时间系数，10s 以上 2h 以内切除故障时 $K=1.25 \sim 1.3$。

对于以上两式，K 值可分别取 1.27 和 1.3，则

3～10kV 系统　$U_r \geqslant 1.4U_m$；

35～66kV 系统　$U_r \geqslant 1.3U_m$。

（3）直流 1mA 参考电压（U_{1mA}）（峰值）。我国的避雷器生产厂家通常把流过 MOA 的电流为直流 1mA 时，测得的电压值称为参考电压，用 U_{1mA} 表示。它处于伏安特性曲线的拐点上，MOA 限制过电压的作用也是从该点开始，因此，U_{1mA} 又称为起始动作电压。在这个电压下既能保证 MOA 尚未处于导通状态，工频电流不会流过 MOA 而导致热崩溃，又能保证过电压袭来时使 MOA 迅速导通。参考电压是确定 MOA 的寿命、热稳定性的重要参考因素。

直流 1mA 参考电压应不低于避雷器额定电压的峰值，即 $U_{1mA} \geqslant \sqrt{2}U_r$，这是保证安全所必需的，同时，测量直流 U_{1mA} 还是发现 MOA 潜伏性故障的重要手段。所以，在选择 MOA 时，必须检查其直流 U_{1mA} 值不得低于表 4-1 所规定的数值。

表 4-1 6～35kV 系统 MOA 的 U_r、U_c 及 U_{1mA} 的推荐表

中性点接地方式	不接地及经消弧线圈接地		
	10s 以上切除接地故障		
系统标称电压（kV，有效值）	6	10	35
U_r（kV，有效值）	10	17	51
U_c（kV，有效值）	8	13.6	40.8
U_{1mA}（kV，峰值）	14.4	24（25）	73
标称放电电流（kA，峰值）	5		

注 括号内为配电型 MOA 采用值。

（4）标称放电电流。常用的避雷器标称放电电流分为 20、10、5、2.5、1.5、1kA 六个等级（3～66kV 系统取 5kA），其波形参数为 8/20μs。对于一些特殊用途的氧化锌避雷器的标称放电电流，不限于此范围。

（5）工频耐受电压时间特性。在规定条件下，对避雷器施加不同的工频电压，其不损坏或不发生热崩溃所相应的最大持续时间。

（6）最大残压。在避雷器所允许最大陡波冲击电流、雷电冲击电流及操作冲击电流下避雷器的两端电压，它是表征避雷器保护水平的重要参数。

（7）压比。它是指 MOA 在标称电流下的残压及 1mA 参考电流下的起始动作电压的比值。

（8）荷电率。它是指长期施加在 MOA 上的持续工作电压峰值与其工频参考电压的比值。它是影响 MOA 的老化性能和保护水平的一项重要参数。

三、引下线和防雷接地装置

（一）引下线

防雷装置的引下线应满足机械强度、耐腐蚀和热稳定的要求。

引下线一般采用圆钢或扁钢，其尺寸和防腐蚀要求与避雷网和避雷带相同，其截面不应小于 48mm^2，为避免很快腐蚀，最好不用绞线作为引下线。

引下线应沿建筑物和构筑物外墙敷设，并经最短途径接地，建筑艺术要求较高者，可以暗设，但截面应加大一级。建筑物和构筑物的金属构件（如消防梯等），可用作引下线，但所有金属构件之间均应连成电气通路。

采用多根引下线时，为了便于测量接地电阻和检验引下线、接地线的连接情况，宜在各引下线距地面高约 1.8m 处设置断接卡。

在易受机械损坏的地方，地面上约 1.7m 至地面下 0.3m 的一段引下线和接地线应加竹管、角钢或钢管保护。采用角钢或钢管保护时，应与引下线连接起来，以减小通过雷电流时的电抗。

互相连接的避雷针、避雷网、避雷带或金属屋面的接地引下线，一般不应小于两根，其间距离不应大于表 4-2 所列数值。

表 4-2 引下线之间的距离

建筑物和构筑物类别	工业第一类	工业第二类	工业第三类	民用第一类	民用第二类
最大距离（m）	18	24	30	24	—

（二）接地装置

接地装置是防雷装置的重要组成部分。接地装置向大地泄放雷电流，限制防雷装置对地电压不致过高。

防雷接地装置与一般接地装置的要求大体相同，但其所用材料的最小尺寸应稍大于其他接地装置的最小尺寸。

除独立避雷针外，在接地电阻满足要求的前提下，防雷接地装置可以和其他接地装置共用。

为了防止跨步电压伤人，防直击雷接地装置距建筑物和构筑物出入口和人行道的距离不应小于 3m。当小于 3m 时，应采取水平接地体局部深埋（深度大于 1m）、隔以厚度 5～8cm 沥青绝缘层或埋设金属均压带等安全措施。

防雷接地电阻一般系指冲击接地电阻。接地电阻值视防雷种类、建筑物和构筑物类别而定。防直击雷的接地电阻，对于第一类工业、第二类工业和第一类民用建筑物和构筑物，不得大于 10Ω；对于第三类工业建筑物和构筑物，不得大于 20～30Ω；对于第二类民用建筑物和构筑物，不得大于 10～30Ω。防雷电感应的接地电阻不得大于 5～10Ω。防雷电侵入波的接地电阻一般不得大于 5～30Ω。

冲击接地电阻一般不等于工频接地电阻。这是因为巨大的雷电流自接地体流入土壤时，接地体附近形成很强的电场，将土壤击穿并产生火花，这相当于增加了接地体的截面，增加了泄流面积，减少了接地电阻；在强电场的作用下，土壤电阻率也有所降低，也减少了接地电阻。另一方面，由于雷电流陡度很大，有高频特性，使接地体本身的电抗增大，如接地体较长，其后部泄放电流受到影响，接地电阻有可能增大。一般情况下，前一方面的影响较大，后一方面的影响较小，即冲击接地电阻一般都小于工频接地电阻。土壤电阻率越高、雷电流越大、接地体越短，冲击接地电阻减小越多。

冲击接地电阻与工频接地电阻的比值称为冲击系数，即

$$\alpha = \frac{R_{ch}}{R_g} \tag{4-16}$$

式中 α——冲击系数；

R_{ch}——冲击接地电阻；

R_g——工频接地电阻。

冲击系数决定于接地体的特征、雷电流的大小和土壤电阻率，一般在 0.2～1.25 范围内。冲击系数可根据有关资料查表得到。

第四节 电力设施的防雷

一、变配电所的防雷

变配电所是电力系统中重要的环节，一旦发生雷害事故，将造成大面积停电，另外变配电所内的电气设备绝缘损坏后修复的时间也较长，势必延长停电时间，严重影响国民经济和人民生活。因此，变配电所的防雷保护必须十分可靠。

变配电所可能遭受的雷害来自两个方面：一是雷电直击于变配电所，二是雷击输电线路后沿线路向变配电所入侵的雷电波（简称雷电侵入波）。

直击雷保护一般采用避雷针或避雷线。运行经验表明，凡按规程要求正确装设了避雷针（或线）的变配电所，遭受直击雷的事故率是很低的。

由于雷击线路比较频繁，因而雷电侵入波是造成变配电所雷害事故的主要原因。对侵入波过电压防护的主要措施是合理确定所内装设避雷器的参数、数量和位置，同时在进线段上采取辅助措施，以限制流进所内避雷器的雷电流幅值和降低侵入波的陡度，使所内电气设备上过电压幅值限制在电气设备的雷电冲击耐受电压以下。

下面将分别讨论这两种雷害的防护办法及应注意的问题。

1. 直击雷保护

为了使变配电所免遭直击雷袭击，可以在所内的适当位置装设适当数量和适当高度的避雷针（线）作为保护，所有被保护设备必须处于避雷针或避雷线的保护范围之内。此外，还应采取措施防止雷击避雷针时的反击事故。

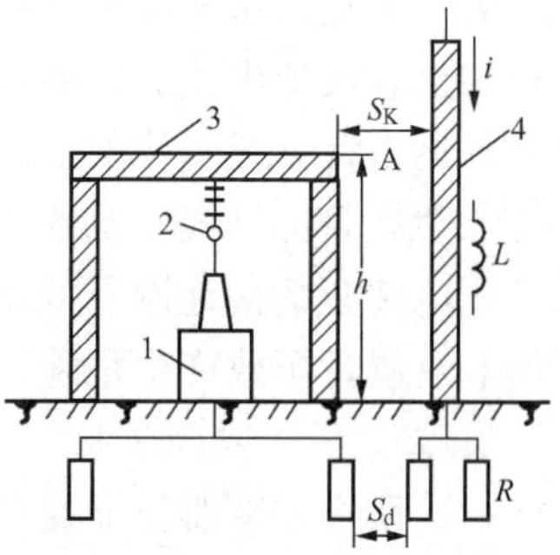

图 4-18 独立避雷针离配电构架的距离

1—变压器；2—母线；3—配电构架；4—避雷针

如图 4-18 所示，雷击避雷针时，雷电流经避雷针及其接地装置泄入大地。我们选择避雷针离配电构架最近一点 A 作计算，根据式（4-16）可得出 A 点处对地电位 U_A 为

$$U_A = IR_{ch} + hL_0\frac{di}{dt} \quad (4-17)$$

$$U_d = IR_{ch} \quad (4-18)$$

式中 U_A——独立避雷针上 A 点的电位，kV；

I——雷电流幅值，kA；

R_{ch}——避雷针接地装置上的冲击接地电阻，Ω；

L_0——避雷针的单位长度电感，mH/m；

h——避雷针 A 点到地面的距离，m；

$\frac{di}{dt}$——流经避雷针雷电流的平均上升速度，kV/μs；

U_d——在避雷针接地装置的冲击接地电阻上产生的压降，kV。

在冲击电压作用下，空气的平均耐压水平为 500kV/m，一旦外加场强超过空气的耐压水平，空气绝缘便会击穿。为了防止避雷针与被保护设备或构架之间的空气间隙 S_k 被击穿而造成反击事故，要求 S_k 必须大于一定距离。为严格起见，取雷电流幅值 I 为 150kA，雷电流的平均上升速度$\frac{di}{dt}$为 30kA/μs，L=1.7mH/m，则可得

$$S_k > 0.3R_{ch} + 0.1h \quad (4-19)$$

式中 S_k——避雷针 A 点到配电构架的最小距离，m。

同样，由式（4-18）可知，在避雷针接地装置冲击接地电阻上也会产生一个较高的电位 U_d，该电位也会作用于被保护设备接地装置与避雷针接地装置的土壤间隙 S_d 中。若该电位差超过了土壤的耐电强度，则土壤也会出现击穿。因此，地中距离 S_d 也要求必须大于一定值，以防在地中出现反击。所谓反击是指由于雷电流通过独立避雷针时，在避雷针上和其接地装置上出现的瞬时高电位而造成避雷针对被保护设备在空气和地中逆击穿的现象。若取土壤耐电强度为 500kV/m，则

$$S_d > 0.3R_{ch} \tag{4-20}$$

在一般情况下，S_k 不应小于 5m，S_d 不应小于 3m。

为了保障人身安全，独立避雷针不应设在人畜经常来往的通道上，避雷针及其接地装置与道路或出入口的距离不宜小于 3m，否则应采取均压措施或铺设砾石、沥青路面。

为了避免雷击避雷针（线）时，雷电冲击波沿导线侵入室内，严禁在装有避雷针（线）的构架上装设通讯线、广播线、电视和无线电天线及低压动力、照明线路等。安装在变配电所户外避雷针（线）构架上的照明灯，其电源线必须采用直接埋入地下的带金属外皮的电缆或穿入金属管的导线。电缆外皮或金属管埋设地下的长度须大于 10m 以上才允许与 35kV 及以下配电装置的接地网及低压配电装置相连接。雷电冲击波经过 10m 以上地中距离后会被泄漏和衰减，不致产生危险。

2. 雷电侵入波的防护

（1）所内安装避雷器保护。变配电所内装设氧化锌避雷器以限制雷电波入侵时的过电压幅值。电力变压器是变配电所电气设备中最重要的设备，同时它的绝缘水平较其他大多数配电设备都低。因此，变配电所防雷保护的重点是电力变压器。

通常，为了使变压器得到可靠保护，避雷器应尽量靠近变压器装设，这样可使作用在变压器上的电压和避雷器上的残压相同。但变配电所内不仅变压器需要保护，还有其他电力设备需要保护。因此，在装设避雷器时，还应考虑各种电气设备之间的电气距离。如图 4 - 19 所示，保护电力变压器的避雷器与变压器有一段距离，如果这段距离过大，避雷器动作后，避雷器端子上的电压等于其残压，但由于两者间连接导线上的电感和变压器入口等值电容的作用，会使雷电流在避雷器和变压器之间发生折射、反射和振荡现象，造成作用于变压器绝缘上的实际电压值大于其避雷器上的残压值，这样就有可能危及变压器的绝缘。由此可见，避雷器和变压器之间的保护距离是有一定范围的，超出这个范围，避雷器便不能可靠保护电力变压器。在变配电所设计和运行中必须考虑到这一因素。

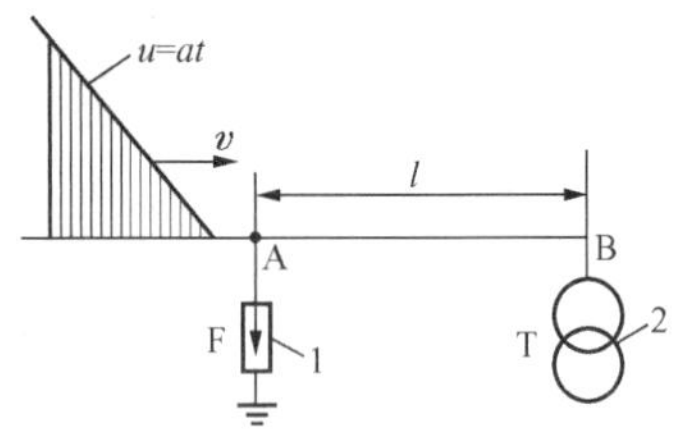

图 4 - 19　避雷器保护变压器的简单接线图

1—避雷器；2—变压器

避雷器到变压器的最大允许距离 l_{max} 可由下式确定

$$l_{max} = \frac{U_j - U_c}{2a} v \tag{4-21}$$

式中　U_j——变压器多次截波冲击耐压值，kV；

U_c——通过标称放电电流时，避雷器上的残压，kV；

a——雷电波的陡度，kV/μs；

v——雷电波速，m/μs。

式（4 - 21）只是从最简单的考虑出发而得到的一个原则性结论。实际上还应考虑冲击电晕、变压器入口电容等因素的影响以及变配电所接线和波过程的复杂性。另外，避雷器的残压也具有一定的分散性。因此，目前各变配电所避雷器和变压器的最大允许距离实际上是按典型变配电所的接线进行模拟试验后确定的。

（2）所外装设进线段保护。从式（4 - 21）还可以看出来，当雷电波侵入变配电所时，要使变配电所的电气设备能得到可靠保护，仅仅依靠所内的避雷器来限制过电压波的幅值是不够的。还要限制流进所内避雷器的雷电流不超过标称电流（通常对氧化锌避雷器，220kV、110kV 系统中标称电流为 10kA；110kV 以下系统中标称电流为 5kA），另外雷电侵入波的陡度也要限制。因此，变配电所还需要装设进线段保护。

进线段保护是指在靠近变配电所 1～2km 的一段输电线路上采取加强防雷的措施。当输电线路全线无避雷线时，此段输电线路必须架设避雷线；当输电线路全线有避雷线时，应使此段线路具有较高的耐雷水平，减小该段输电线路内由于绕击或反击造成雷电侵入波的概率。这样就可以认为侵入变配电所的雷电波主要来自进线保护段之外。雷电侵入波须经过这段距离之后才能到达变配电所。在这一过程中，由于进线段波阻抗的作用使通过该段雷电流的幅值受到限制。同时，由于导线冲击电晕的影响会削减雷电侵入波的陡度。

图 4-20 是 35～110kV 变配电所进线段保护的一种典型接线。图 4-20（a）是 35～110kV 线路在全线路无避雷线时输电线进线段保护的标准模式。其中装设在母线上的电站型 MOA 是所内设施的过电压防护设备。对于一般输电线路，不必装设排气式避雷器 FE1 或线路型 MOA。但对于冲击绝缘水平特别高的输电线路，侵入波的幅值可能会很高，由于进线段增设了避雷线，进线段内所有杆塔都被接地引下线短接，相对来说进线段内的杆塔耐压水平要低一些。为了避免在这些杆塔上出现闪络，需要装设 FE1 或线路型 MOA 以限制侵入波的幅值。变配电所进线的断路器或隔离开关在雷雨季节中可能经常处于断开状态，如果线路侧又经常带电，必须装设排气式避雷器 FE2 或电站型 MOA。否则，当沿输电线路有雷电波侵入时，在断开点会出现电压波的全反射现象，使过电压值提高一倍，可能使处于断开位置的断路器或隔离开关对地产生闪络。又由于线路侧带电，将导致工频电流短路从而烧毁断路器或隔离开关的绝缘。

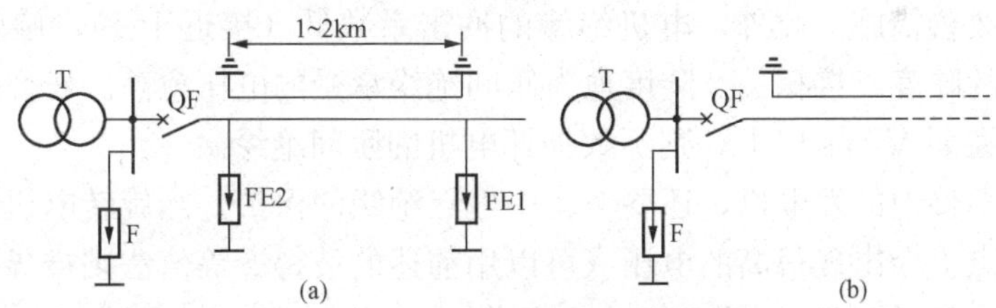

图 4-20　35～110kV 变配电所进线段保护接线
（a）未装设避雷线的变电所进线保护接线；
（b）全线有避雷线的变电所进线保护接线

35kV 小容量的变配电所，可根据供电的重要性和当地雷电活动情况等采用图 4-21 所示简化的进线段保护接线。35kV 小容量变配电所接线简单、尺寸小，避雷器距离变压器的电气距离可在 10m 以内。这样就允许有较大的雷电侵入波陡度，进线长度可以适当缩短。

35～110kV 变配电所，如进线段装设避雷线有困难或进线杆塔接地电阻难于降低以达到要求的耐电水平时，可在进线的终端杆上安装一组 1000mH 左右的电抗线圈来代替进线保护段，如图 4-22 所示。此电抗线圈既能限制流过避雷器的雷电流，又能削减雷电侵入波陡度。

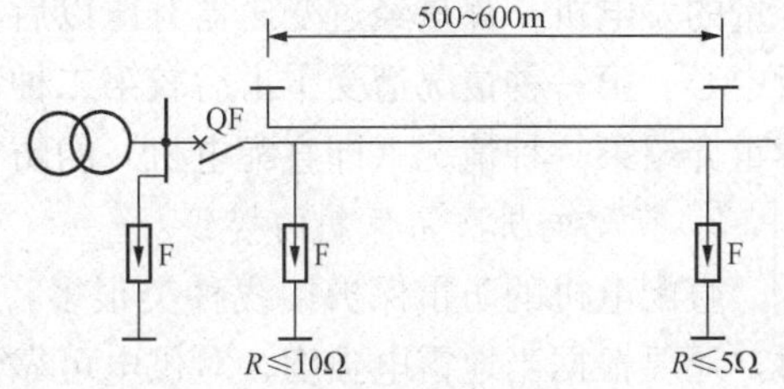

图 4-21　35kV 小容量变电所的简化进线段保护接线

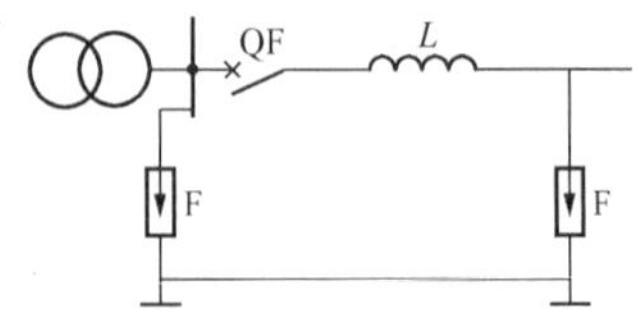

图4-22 用电抗器代替进线段的保护接线

二、旋转电机的防雷

旋转电机指的是发电机、电动机及调相机等正常工作时处于高速旋转状态的电气设备。其中又以发电机最为重要，发电机是电能供应的重要来源，是电力系统的心脏，一旦遭到雷击，影响面较广，损失也较严重。本书仅讨论发电机的防雷保护。

1. 旋转电机的绝缘特点及防雷要求

和其他同样电压等级的电气设备相比，旋转电机的绝缘水平最低，防雷保护也困难得多。这是因为：

（1）旋转电机不能像变压器等静止电气设备那样可以浸在绝缘油中，而只能靠固体介质绝缘。在电机制造过程中可能会产生气隙或受到损伤，绝缘质量不均匀，容易发生局部放电使绝缘逐渐损坏。

（2）绝缘材料易于老化。电机绝缘在运行中容易受到潮湿、脏污、机械振动、发热以及局部放电所产生的臭氧等多种因素的侵蚀，特别是在导线出槽处，由于电场极不均匀，绝缘更易损伤。随着时间的增加，绝缘将老化乃至丧失绝缘性能。

旋转电机的冲击耐压值约为变压器的1/3，与保护它的MOA的残压相差无几，也就是说绝缘配合的裕度很小。因此，仅仅依靠避雷器来保护旋转电机是不够可靠的，还必须与电容器、电抗器和电力电缆配合使用才能得到更安全可靠的防雷保护。

发电机的主绝缘、匝间绝缘和中性点绝缘等都应考虑采取防雷保护措施。这是因为绕组的结构布置造成其匝间电容较小，不能起改善冲击电压分布的作用，也不能像变压器那样可以采用电容环等改善措施。此外，电机绝缘的冲击系数低（接近于1），旋转电机匝间出现的电压与侵入波的陡度直接相关。陡度愈大匝间绝缘承受的电压愈高。研究结果表明，若将侵入波陡度限制在5kV/ms以下，则不致损坏电机的匝间绝缘。

对于中性点不接地的发电机，还要考虑中性点绝缘的保护。当旋转电机三相绕组同时遭受雷击时，中性点上会出现很高的电压（可以用前述的彼得逊等值法则推导，有兴趣的读者可参见有关资料），可能损坏中性点的对地绝缘。

发电机或其他电机大都安装在户内，所以一般可以不考虑直击雷保护，但应注意雷击时可能造成的地电位升高而引起的反击事故。

发电机与架空输电线路的连接方式主要有两种。第一种是直配线，即发电机与相同电压等级的架空线路或缆直接相连，以发电机的母线电压向用户送电。有时，为了加强防雷保护可通过电缆供电。第二种是经过变压器与线路相连。这是最常见的一种情况，尤其是大、中容量的发电机，都是经过变压器升压以后，再通过高压架空输电线路将电能输送到远处的负荷中心。第一种情况遭受雷击后较第二种情况要严重得多，防雷保护措施也困难得多。本书着重介绍第一种情况（即直配电机）的防雷措施。

2. 直配电机防雷保护的接线

直配电机的防雷保护接线种类很多，不同容量的电机应采用不同的保护接线方式。同时，还要根据当地雷电强度、对供电可靠性的要求、电机本身的绝缘状况以及保护设备的具体条件来确定，既要保证必要的安全，又要做到经济合理。

对于单机容量为25000～60000kW的直配电机，宜采用图4-23所示的保护接线。

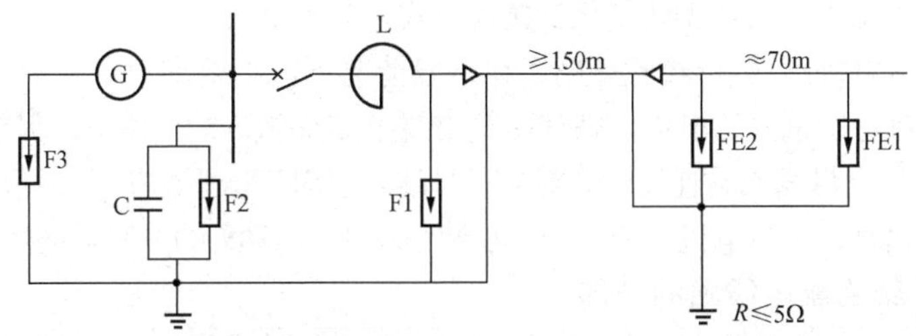

图 4-23　25000～60000kW 直配电机的保护接线
F1—配电型 MOA；F2—旋转电机型 MOA；F3—旋转电机中性点型 MOA；
FE1、FE2—排气式避雷器；G—发电机；L—限制短路
电流用电抗器；C—电容器

由于直配线路电压不高（3～10kV），线路绝缘水平低。即使输电线路架设了避雷线，其耐雷水平也很低。因此，一般不像变配电所那样用进线段的办法靠冲击电晕或波阻抗使来波陡度或幅值下降。主要防护措施有：

（1）在发电机母线上装设一组电机型 MOA，以限制侵入波过电压幅值。

（2）在发电机母线上装设一组并联电容器 C 以降低母线上侵入波陡度和感应雷过电压。其电容值一般采用每相 0.25～0.5μF。

（3）在直配线进线处加装一定长度的电缆段和排气式避雷器等，利用排气式避雷器动作后电缆外皮的分流效应减少流入站内 MOA 的雷电流幅值。

（4）发电机中性点有引出线时，在中性点加装一只电机中性点型 MOA 保护，以限制三相来波时在电机中性点出现危险的过电压。否则需加大母线并联电容以进一步限制侵入波的陡度。

上述各项过电压保护设备的接地都应连在一起，并接到总接地网上。

为了充分利用电缆外皮的分流作用，应将电缆段的全长或一段直接埋入土中。若受条件限制不能直埋时，可以将它的金属外皮多点接地，即除两端接地外，再在中间一段作 3～5 处接地。

在电缆和出线断路器之间，通常有一组限制工频短路电流之用的电抗器，如图 4-23 中的 L，它并非为防雷专设。由于它对雷电波侵入到电机母线具有良好的限制作用，所以必须加以充分利用。但应在电抗器的外侧加装一组配电型 MOA 以保护电抗器的绝缘和电缆终端的绝缘，由于 L 的存在，侵入波到达 L 处将发生反射使电压升高，MOA 动作，使流经母线 MOA 的电流得到进一步限制。

对于单机容量为 6000～12000kW 的直配电机，如出线回路中无限流电抗器，在雷电活动特别强烈地区，宜采用有电抗线圈的图 4-24 所示的保护接线。

其他容量的直配电机典型保护接线，读者可参见 DL/T620—1997《交流电气装置的过电压保护和绝缘配合》等有关规程，本书就不再一一介绍了。

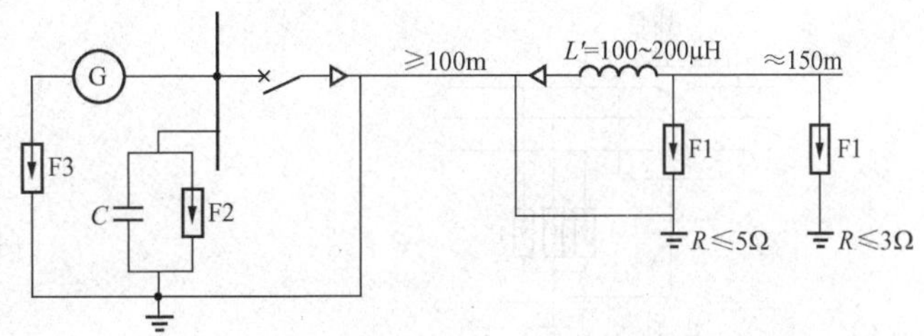

图 4-24　6000～12000kW 直配电机的保护接线

以上讨论的是直配电机的典型防雷保护接线方式，对于第二种情况（即经过变压器再与架空输电线路相连的旋转电机），运行经验证明，在一般情况下，不要求对它采取特殊的防雷保护措施，但在强雷区，对特别重要的电机，则宜在其出线上装一组 MOA 保护。另外，若电机与变压器间有长于 50m 的架空母线或软连线时，对此段母线除应对直击雷防护外，还应防止雷击附近产生的感应过电压，此时，应在电机每相出线上加装不小于 0.15μF 的电容器或加装 MOA 保护。

三、3～10kV 架空配电线路的防雷

3～10kV 配电系统的中性点通常采用不接地或经消弧线圈接地的运行方式。配电线路在发生单相接地故障时，绝大多数情况下都不会建立起稳定电弧而引起线路跳闸，因此，防止相间短路是配电线路防雷保护的一个基本原则。运行经验表明，如果 3～10kV 配电线路采用了下列措施便可以保证线路供电的质量。

（1）提高线路本身的绝缘水平。在架空线路上采用瓷横担、木横担或更高一级的绝缘子，以提高线路的耐雷水平。

（2）装设自动重合闸装置。线路上因雷击放电而产生的短路是由电弧所引起的。线路断路器跳闸后，电弧也就熄灭了。如果采用一次自动重合闸装置，使开关经 0.5s 或更长一点的时间自动合闸，电弧一般都不会重燃，从而恢复供电。

（3）采用多回线路或电缆线路供电。对重要用户可用环形供电或不同杆架设的双回线路供电，必要时采用电力电缆供电，以提高防雷效果，保证供电的可靠性。

（4）装设线路型氧化锌避雷器或保护间隙。这是用来保护线路上个别绝缘最薄弱的部分，包括个别特别高的杆塔、带拉线的杆塔、木杆线路中的个别金属杆塔或个别铁横担电杆以及线路的交叉跨越处等。

四、3～10kV 柱上配电开关的防雷

对经常处于断路状态运行而又带电的柱上断路器、负荷开关或隔离开关，应在其带电侧装设 MOA 避雷器。其接地线应与柱上断路器等的金属外壳连接，接地电阻不宜超过 10Ω，如图 4-25 所示。

五、配电变压器的防雷

3～10kV 配电变压器绝大多数为 Yyn 接线，在遭受雷电波时易损坏。配电变压器高压侧用 MOA 避雷器保护，避雷器应尽量靠近变压器安装。避雷器、变压器低压侧中性点、变压器金属外壳连在一起，形成三点共同接地，如图 4-26 所示。这样一来，避雷器动作后变压器绝缘上所承受的电压仅为避雷器上的残压，接地装置上的电压降不会作用在变压器绝缘上。这样能减少高、低压绕组间或高压绕组与变压器外壳间发生击穿的危险。但这种接法，会将变压器接地装置上由雷电流产生的压降，通过低压侧零线（中性线）传递到低压用户中去。因此，必须注意接户线的防雷。

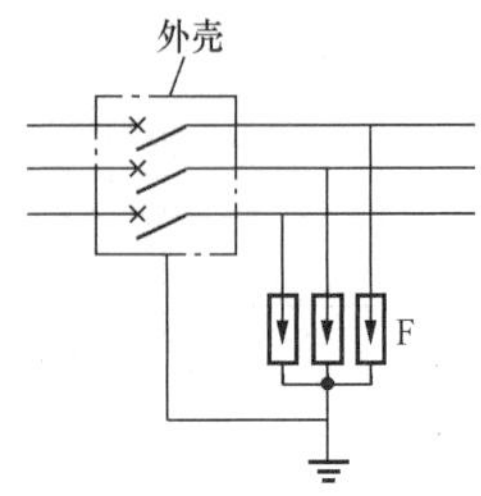

图 4-25 柱上开关的防雷接线

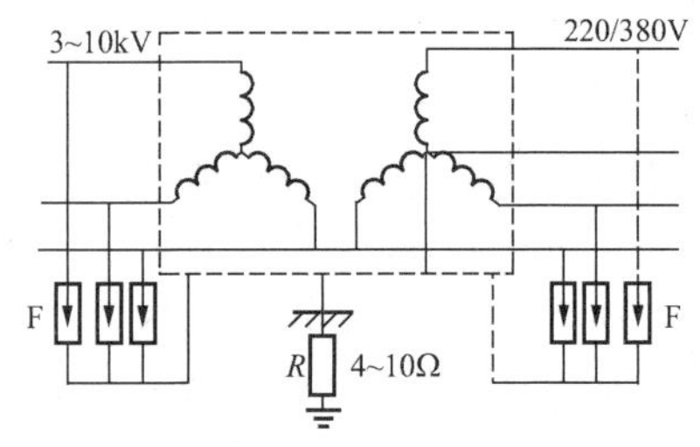

图 4-26 配电变压器的防雷接线

在低压侧加装低压 MOA 避雷器，限制低压绕组两端的过电压值，不仅能保护低压绕组，而且能保护高压绕组。尤其是在多雷区，更应如此，低压侧避雷器的连接方式与高压侧类似，如图 4-26 中的虚线所示。

变压器容量为 100kVA 及以上时，接地电阻不宜超过 4Ω。变压器容量小于 100kVA 时因变压器内电阻较大，限制了短路电流，因此允许其接地电阻不超过 10Ω。

在年雷电日超过 90 天的强雷区，如果配电变压器低压侧避雷器的残压不够低，不足以保护高压侧绝缘时，可选用 YZn11 接线的配电变压器。由于在强雷区，低压侧落雷，仍可能会直接损坏低压绕组绝缘。Z 形接线的配电变压器低压侧仍需装设低压避雷器。但是变压器绕组的 Z 形连接，浪费了变压器约 16%的容量，相应地增加了配电网的投资。

六、低压架空接户线的防雷

220～380V 低压架空接户线在遭受雷击时，其雷电侵入波可能沿线路侵入室内，使人身和设备安全受到威胁。对于采用铁横担和钢筋混凝土杆塔的配电线路，因其本身的自然接地作用，线路的绝缘水平不高，从而限制了允许雷电侵入波的幅值，危险并不大。但对于采用木杆塔或木横担的低压配电线路，则必须采取防雷保护措施。

为了降低雷电侵入波的幅值，可把引入室内的接户线上的绝缘子铁脚接地。其接地电阻不宜大于 30Ω。这样，遇有雷电波侵入时，绝缘子相当于保护间隙的作用。

通常，可沿低压配电主干线上，每隔 100～200m 的距离将线路绝缘子铁脚接地，这样可以避免接地点过多。当接户线入口距主干线的一个接地点小于 50m 时，其铁脚可不再接地。

土壤电阻率小于 200Ω·m 并采用铁横担钢筋混凝土杆塔的线路，由于连续多杆的自然接地作用，接户线路绝缘子铁脚可不另设接地装置。室内有电力设备接地装置的建筑物，在入口处宜将接户线绝缘子铁脚与该接地装置相连，不必另设接地装置。对于低压配电线路处于高大建筑物的屏蔽之下或沿墙架设，受雷击可能较小的或年平均雷电日不超过 30 的地区，如果运行经验证明很少发生雷击事故，接户线的绝缘子铁脚均可不接地。

但对于人员密集的公共场所，如机关、学校、影剧院、饭店、医院等重要用户的接户线以及由木杆塔或木横担引下的接户线，其绝缘子铁脚应接地。在低压线进入建筑物前 50m 处安装一组低压 MOA 避雷器，并设验电专用的人工接地装置。进入建筑物后，再安装一组低压 MOA 避雷器，如图 4-27 所示。

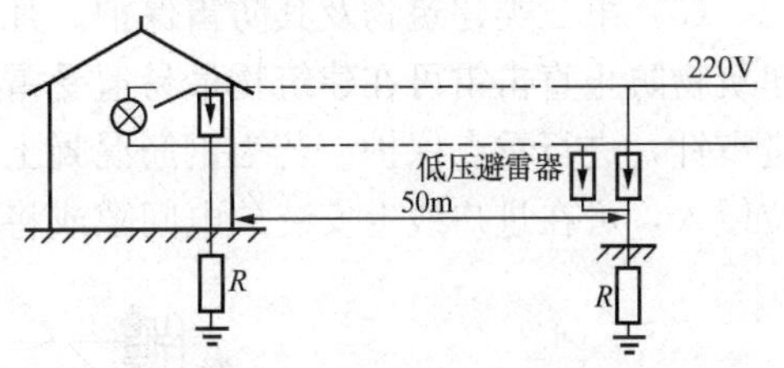

图 4-27 低压接户线的防雷接线

在多雷区或易遭雷击的地区，直接与低压配电线路相连的电能表宜装设放电间隙，间隙距离一般采用 1.5～2mm，或采用真空放电器、小型低压氧化锌避雷器保护。

*第五节 建筑物的防雷

一、建筑物的外部防雷

按各类建筑物对防雷的不同要求，可将它们分为三类：

(1) 第一类建筑物及其防雷保护。凡在建筑物中存放爆炸物品或正常情况下能形成爆炸性混合物，因电火花而会发生爆炸，致使房屋毁坏和造成人身伤亡者。这类建筑物应装设独立避雷针防止直击雷；对非金属屋面应敷设避雷网，室内一切金属设备和管道，均应良好接地并不得有开口环路，以防止感应过电压；采用低压 MOA 和电缆进线，以防雷击时高电压沿低压架空线侵入建筑物内（见图 4-28）。图中采用低压电缆与避雷器防止高电位侵入时，电缆首端装设低压 MOA，与电缆外皮及绝缘子铁脚共同接地，电缆末端外皮一般须与建筑物防感应雷接地装置相连。当高电位到达电缆首端时，避雷器击穿，电缆外皮与电缆芯连通，由于集肤效应及芯线与外皮的互感作用，便限制了芯线上的电流通过。当电缆长度在 50m 以上、接地电阻不超过 10Ω 时，绝大部分电流将经电缆外皮及首端接地电阻入地。残余电流经电缆末端电阻入地，其上压降即为侵入建筑物的电位，通常已可降低到原值的 1%～2%以下。

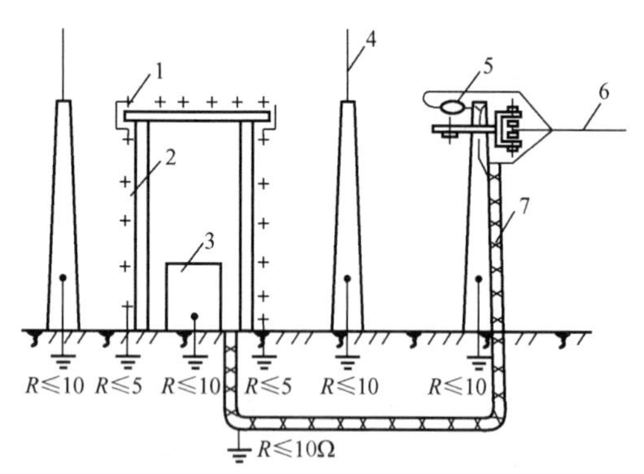

图 4-28 第一类建筑物防雷措施示意图
1—避雷网（防止感应雷）；2—引下线；3—金属设备；4—独立避雷针（防止直击雷）；5—低压避雷器；6—架空线；7—低压电缆（防止高电位引入）

（2）第二类建筑物及其防雷保护。划分条件同第一类，但在因电火花而发生爆炸时，不致引起巨大破坏或人身事故，或政治、经济及文化艺术上具有重大意义的建筑物。这类建筑物可在建筑物上装避雷针或采用避雷针和避雷带混合保护，以防直击雷。室内一切金属设备和管道，均应良好接地并不得有开口环路，以防感应雷；采用低压避雷器和架空进线，以防高电位沿低压架空线侵入建筑物内（见图 4-29）。图中采用低压避雷器与架空进线防止高电位侵入时，必须将 150m 内进线段所有电杆上的绝缘子铁脚都接地，低压避雷器装在入户墙上。当高电位沿架空线侵入时，由于绝缘子表面发生闪络及避雷器击穿，便降低了架空线上的高电位，限制了高电位的侵入。

（3）第三类建筑物及其防雷保护。凡不属第一、二类建筑物但需实施防雷保护者。这类建筑物防止直击雷可在建筑物最易遭受雷击的部位（如屋脊、屋角、山墙等）装设避雷带或避雷针，进行重点保护。若为钢筋混凝土屋面，则可利用其钢筋作为防雷装置；为防止高电位侵入，可在进户线上安装放电间隙或将其绝缘子铁脚接地（见图 4-30）。

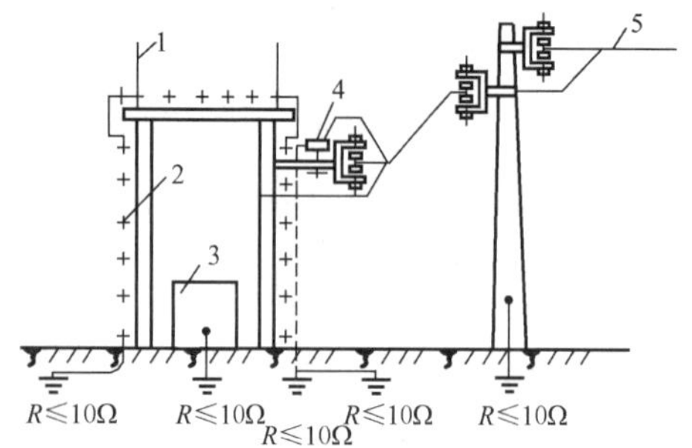

图 4-29 第二类建筑物防雷措施示意图
1—避雷针（防止直击雷）；2—引下线；3—金属设备；4—低压避雷器（防止高电位引入）；5—架空线

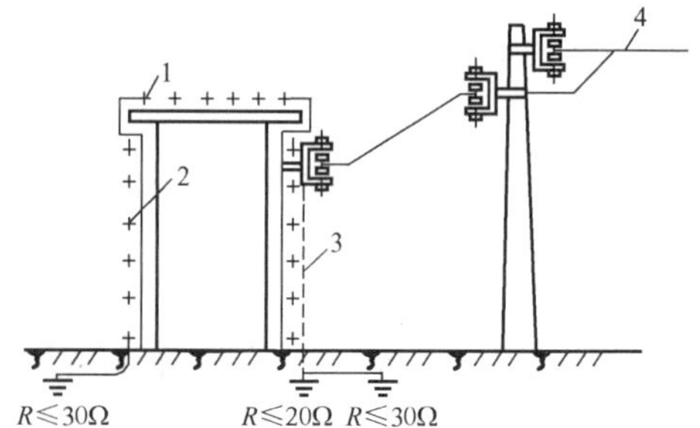

图 4-30 第三类建筑物防雷措施示意图
1—避雷带（防止直击雷）；2—引下线；3—烧瓶铁脚接地（防止高电位引入）；4—架空线

二、建筑物的内部防雷（防雷电电磁脉冲）

（一）问题的提出

自进入20世纪80年代以来，随着计算机技术、自动控制技术、信息技术的发展，各种形式的电子系统，包括计算机、通信设备、控制系统等的应用日渐增多。与此同时，智能化建筑的迅猛发展，其显著特征是采用国际上先进的4C技术将3A系统集成为整个智能建筑管理，实现建筑智能化功能。可以看出，无论是商业、工业自动控制还是智能化建筑物，其主要核心是采用了微电子系统设备。这些电子系统设备的工作电压仅为几伏，工作电流在微安至毫安数量级。而雷电流磁场放电变化瞬间产生了很强的电磁脉冲，会通过空气中辐射耦合及金属管线电路传导耦合（电阻耦合、磁场耦合、电场耦合）到灵敏的微电子设备的电路中，可能造成保护装置误动作，输出数据错误、使工业控制的步进电机出现停转或者处于停止工作状态的工业机器人启动行走。前述的外部防雷措施（即避雷针、避雷带、避雷网、避雷器和接地装置等组成的防护系统）已被证明无法有效地对这些弱电系统进行可靠的保护。

为了确保建筑物内的微电子设备正常运转，现代化建筑物内的电子设备防雷安全防护问题显得日益突出，特别是对防闪电电磁脉冲的防护极为重要。那么什么是雷电电磁脉冲呢?

雷电电磁脉冲（Lightning Eletromagnetic Impulse，缩写LEMP）是指作为干扰源的雷电电流和雷电电磁场。LEMP的干扰主要是指以下三种情况：

（1）户外空气雷电波的电磁辐射对建筑物内部电气设备的电磁干扰；

（2）当建筑物的防雷装置接闪后，强大的雷电流对内部电气设备的电磁干扰；

（3）进入建筑物内各外部引入的线路引来电磁波对内部电气设备的干扰（含公用电网有关投切引起的那部分）。

雷电作为干扰源是一种产生很高能量的现象。雷击释放出数百兆焦的能量，这一能量将可能影响电子设备约为毫焦级。只用传统的防雷方式，有时对微电子设备起不到保护作用。

我国的现代平顶建筑大多采用避雷带防雷措施，而较少使用避雷针，是因为避雷带有利于敷设多根引下线，有利于形成等电位连接，有利于建筑物的外观。避雷装置只对建筑物进行外部保护以防止直接雷击，笼式避雷网装置只有一定程度的屏蔽电场均匀作用，是作为第一道防线，对于内部敏感的电子设备应采用屏蔽、均压、过电压保护接地、等电位连接等综合措施。也就是说需要有一种合理的工程保护方法。

目前，我国在这方面尚无国家标准。

雷电磁脉冲防护是一项新技术，建筑物防雷设计应为它提供基础条件。应根据直接损失、间接损失安全和业主要求条件全面衡量，以期做出合理切合实际可行的防雷电电磁脉冲设计。

（二）防雷区

防雷区（Lightning Protection Zone，LPZ）指需要规定和控制雷击、电磁环境的那些区域。

防雷区这一概念是在1992年国际防雷会议上提出的。按由外及内雷电能量大小分布分为LPZ0、LPZ1、LPZ2、LPZn区。其中LPZ0区又分A、B两区。对某一建筑而言，$LPZ0_A$区指不在避雷保护范围以内的外部裸露区域；$LPZ0_B$区指虽然在避雷保护范围内，但裸露在建筑外没有任何屏蔽的区域（如窗户）。这个区的电气设备最易遭受雷电波侵入，之后向内每增加一屏蔽层，划分一个区域，如LPZ1、LPZ2等区。

通过将需要保护的空间划分为不同的防雷区域，可以确定各部分空间不同的电涌干扰程度，同时指明在各不同防雷区交接的界面上作等电位连接的位置。通过屏蔽、等电位连接措施来抑制电涌，同时采用防电涌设备即电涌保护器（SPD）来控制电涌干扰程度。

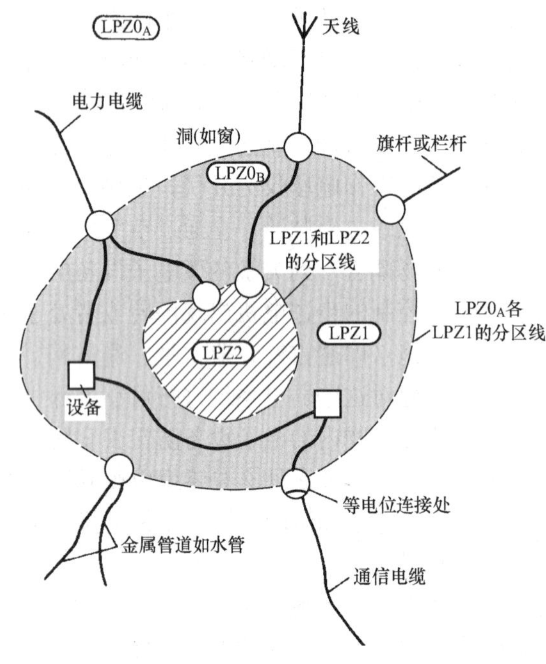

图 4-31 需要保护的空间划分为不同防雷区（LPZ）的原则

需要保护的空间划分为不同防雷区的原则如图 4-31 所示。

将一建筑物划分为若干防雷区的一个例子见图 4-32 所示。这里，电力线和信号线从两点进入被保护空间（LPZ1），并在 $LPZ0_A$、$LPZ0_B$ 与 LPZ1 区的交界处连到等电位连接带上。诸线路还连到在 LPZ1 与 LPZ2 区交界处的局部等电位连接带上。此外，该建筑物的外面屏蔽连到两等电位连接带上，而里面的房间屏蔽连到两局部等电位连接带上。所谓局部等电位连接带是指设在 LPZ0 区以后的各防雷区交界处的等电位连接带。在诸电缆从一防雷区穿到另一区之处，必须在每一交界处做等电位连接。LPZ2 区是这样构成的，使分雷电流不导入这个空间，并不会穿过它。

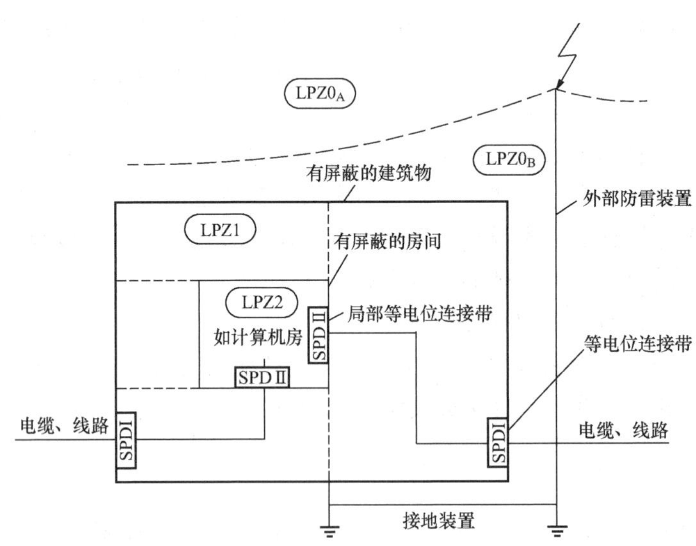

图 4-32 一个建筑物划分为若干防雷区和做等电位连接的例子

（三）电涌保护器

1. 建筑物防雷保护的基本方针

2000 年版《建筑物防雷设计规范》中指出，防雷装置不单仅为外部防雷装置，还必须考虑设有内部防雷装置，经论证需要设置防电涌保护的建筑（内置一定规范信息系统），应和外部防雷设计作为一个整体统一规范考虑。

设有信息系统的建筑物应采用内部综合保护，即分流、屏蔽、接地、等电位连接（均压）、泄流、钳压等诸措施配合运用。综合保护措施采用共用接地系统，在不同防雷区界面和信息系统所需特定位置设置电涌保护器（SPD），可实现暂态共地，再配合等电位均压，从而有效抑制雷电电磁脉冲侵扰，保护了建筑物内强弱电电气设备及人员的安全。

2. 电涌保护器及其重要的特性参数

（1）电涌保护器的作用。在建筑物的不同防雷区界面和所需的特定位置上设置电涌保护器是建筑物防电涌综合保护措施中关键的一项措施。SPD 的主要作用是当电涌来临动作后，钳压和泄流以及暂态均压。

（2）电压参数。主要有最大持续运行电压、残压、最大钳压和最大电涌电压。①最大持续运行电压：可能持续加于 SPD 两端的最大交流电压有效值和直流电电压，超过此值运行，SPD 将遭受热损坏；②残压：表示在 SPD 上泄放标称放电电流时，SPD 两端的最大电位差；③最大钳压：对压敏电阻这类限压型 SPD 来讲，是指 SPD 钳压功能恶化情况下的残压；④最大电涌电压：为 SPD 最大残压加上 SPD 两引线寄生电感上的感应电压，亦为被保护设备实际承受的最大过电压。

（3）电流参数。主要有标称放电电电流、最大放电电流、冲击电流。①标称放电电流：流过 SPD 的模拟雷电流波的波头时间/半值时间＝8/20μs 的电流波的峰值；②最大放电电流：用于 SPD 二级分类试验，8/20μs 电流波峰值电流（亦称通流容量）；③冲击电流：用于 SPD 一级分级试验。

在保护设计中，这两大类参数是选用 SPD 具体规格时必须明确的。

3. 电涌保护器的类型

主要有电压开关型 SPD、限压型 SPD 两类，均为非线性组件。

（1）电压开关型（VST）SPD 特点：无电涌时呈高阻抗，在电涌暂态过电压作用下突变为低阻抗。如放电间隙、充气放电管等组件，一般可用于 LPZ0、LPZ1 区。

（2）限压型（VLT）SPD 特点：无电涌时呈高阻抗，随着电涌增大，阻抗连续变小。典型组件为压敏电阻、抑制二极管等，一般可用于 LPZ1、LPZ2、LPZn 区等。

（四）建筑物信息系统防雷保护的一般措施

信息系统比较完善的防雷措施应该包括分流、均压、屏蔽、接地和钳位等，是一项综合防护的系统工程。

分流指的是对直击雷靠接闪器经引下线和接地装置，或通过导电连接和接地良好的金属构架，将雷电流分流入地，不流过被保护设备的部件，雷电流通道的阻抗要低，以降低电压，避免引起反击。

均压是指对于同一区域的电缆外皮、设备外壳、金属构架、管道进行电气连接，其目的在于减小需要防雷的空间内各金属与各系统之间的电位差，即均衡电位。

屏蔽指的是采用屏蔽电缆，利用各种人工的屏蔽盒、法拉第笼和各种自然屏蔽体来阻挡、衰减施加在信息系统（设备）上的电磁干扰和过电压能量。

接地是指将所有金属机壳、构架、管道、电缆金属屏蔽层、穿线铁管连在一起，与屏蔽笼及总接地网就近连接，电气、电子设备的防雷接地、工作接地、保护接地采用共地方式。

钳位指的是在过电压可能侵入的所有端口，装设必要的电涌保护器（SPD），在计算机等信息系统引出的信号线、电源线上装设多级保护，包括粗保护和细保护，将侵入的冲击过电压钳制到允许的程度。

对于上述整套防雷措施，现场可以根据实际需要选择其中部分实施。

第六节 人身的防雷

雷暴时，雷云直接对人体放电、雷电流流入地下产生的对地电压及二次放电都可能对人造成伤害。因此，应注意必要的人身防雷安全要求。

雷雨时除工作必须外，应尽量少在户外或野外逗留。在户外或野外最好穿塑胶雨衣；有条件时应躲进有宽大金属构架或有防雷设施的建筑内，尽量不要站、靠或下蹲在露天里，尤其应远离电杆、大树等凸出物 5m 以外。

雷雨时尽量不要站在高处，要离开小山、小丘及湖滨、河边、池塘；还应尽量离开铁丝网、其他金属线、晾衣铁丝、烟囱、高杆以及孤独树木等。

在室内应注意雷电侵入波的危害。雷雨时要离开电灯线、电源线、电话线、广播线、引入室内的电视机天线及与其相连的各种导体，以防止这类线路或导体对人身的二次放电。调查资料说明，户内 70%以上对人体二次放电的事故发生相距 1m 以内的场合，相距 1.5m 以上尚未发现死亡事故。应当注意，仅仅拉开开关对防止雷击是起不了多大作用的。

防止球形雷造成危害。雷雨时有时会出现球形雷。为此，雷雨时最好关好门窗，以防止可能出现的球形雷对人体、房屋及设备造成危害。

对遭受雷击伤害者的紧急处理。万一有人遭雷击后，切不可惊慌失措，应冷静而迅速地处置。除非受雷击者已有明显死亡症状外，对于一般不省人事、处于昏迷状态甚或“假死”状态的伤害者，应不失时机地就地进行正确的紧急救护。具体救护方法，与对一般触电者施行的急救方法相仿，且同样应注重“迅速、就地、准确、坚持”诸要点，尽力抢救雷击伤害者的生命。

第七节 内部过电压简介

在电力系统内部，由于断路器的操作或系统故障，使系统参数发生变化，在由此而引起的电力系统内部电网中电磁能量转化或传递的过渡过程中，将在系统中出现过电压，这种过电压称为内部过电压。其中，由于断路器操作和各类故障所引起的过渡过程，产生瞬间的电压升高，称为操作过电压，同时，在电感电容参数的适当配合下，产生多种形式的持续时间很长的谐振现象及其电压升高，称为谐振过电压。

内部过电压的能量来自电网本身，其数值及变化规律仅取决于电网的参数，过电压的数值通常与系统的额定电压成一定的比例，因此常用过电压倍数 K_0 表示其幅值大小，基值则取为最大运行相电压幅值 $U_{p,max}=\frac{\sqrt{2}}{\sqrt{3}}U_m$（$U_m$ 为系统最高工作线电压）。

过电压倍数 K_0 取决于系统的结构、设备参数、断路器性能、故障性质以及操作过程等因素，并且具有明显的随机性。通常在中性点直接接地的电网中，如果不采取限压措施，最大的过电压倍数 K_0 可达 3 倍以上，对于中性点非直接接地的电网中，则 K_0 可达 4 倍以上。

在220kV及以下电网中，根据现行绝缘配合的原则，设备的绝缘强度应能耐受住持续时间以毫秒计的3～4倍的操作过电压。因此不必采取专门的限压措施。对于330kV及以上的超高压系统，如果仍按3～4倍的操作过电压考虑，势必导致设备绝缘费用的迅速增加；此外，由于外绝缘及空气间隙的操作冲击强度对绝缘距离的“饱和”效应，会使设备的绝缘结构复杂、体积庞大，进一步影响到设备的造价、工程的投资等经济指标。因此，在超高压系统中必须采取措施将操作过电压强迫限制在一定水平以下。目前采取的有效措施主要有线路上装设并联电抗器、采用带有并联电阻的断路器，以及金属氧化物避雷器（MOA）等。随着这些限制措施的采用及其本身性能的改善，超高压系统中操作过电压倍数有所降低。

在中性点直接接地系统中，常见的操作过电压有合（切）空载线路过电压；切除空载变压器过电压等。近年来，由于断路器及其他设备性能的改善，切除空载线路及切除空载变压器过电压已变得不严重了。在超高压系统中以合空线过电压最为严重，本书不作介绍。

在中性点不接地系统中，以电弧接地过电压和铁磁谐振过电压的影响最为突出，这两类过电压出现的概率较大，对系统的危害也较大，已经引起了人们的重视与研究。

实际上，电网出现的过电压现象往往比较复杂，有时甚至多种不同类型的过电压同时或相继发生，因而头绪纷繁，难以把握，这就需要电气技术人员逐步加深领会各类过电压的主要特征及其产生条件，结合运行管理经验和现场数据，力求对每次事故的重要原因作出较正确的分析判断，并能提出相应合理的防护对策。

现将常见的几种内部过电压产生的原因、主要特征及限制措施简要分述如下：

一、操作过电压

常见的操作过电压有以下几种类型：切断空载线路或空载变压器而引起的过电压、中性点不接地系统的电弧接地过电压等。

（一）切除空载线路（或并联电容器）过电压

切除空载线路是电网中最常见的操作之一。一条线路两端的分合闸时间总是存在着一定的差异，所以无论是正常操作或事故操作，都有可能出现切除空载线路的情况。大量的统计表明，切空线过电压不仅幅值高（可达$3U_{p,max}$以上），而且线路侧过电压持续时间可长达0.5～1个工频周期以上，且作用在全部线路上。

对于空载线路来说，通过开关的电流是线路的电容电流，此电容电流比短路电流要小得多。但是能够切断巨大短路电流的开关却不一定能够切断空载线路（切空线等值电路见图4-33），这是因为电容电流与电源电压在相位上差90°，开关断开后，电弧要到电流过零时刻才会熄灭，此时电源电压正处在最大值，线路电容C上的电荷无处泄放，便保持了这个残余电压，而开关电源侧触头上的电压仍按余弦变化，使得开关触头间的恢复电压越来越高，如果触头间的抗电强度耐受不住高幅值恢复电压的作用就将使电弧重燃。而电弧重燃将使电源电压突然作用在由线路电感L和线路对地电容C构成的振荡回路中，产生高频振荡，于是就在线路上出现了过电压。所以，开关灭弧性能不好，断口电弧重燃是造成这种过电

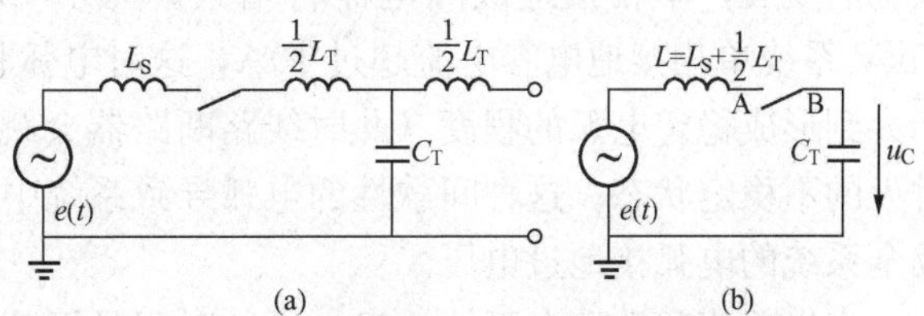

图4-33 切除空载线路时的等值电路

(a) 等值电路；(b) 简化后的等值电路，$L_S=L+L_T/2$

压的直接原因。

切投并联电容器组，与切空载长线路类似，也会出现过电压。一般采用并联电容器组用的 MOA 来限制。

随着高压开关（如 SF_6 断路器）制造水平的不断提高，断路器断口并联电阻、线路并联电抗及 MOA 的采用，断路器在切断小电流时基本达到不重燃，所以这种过电压已经变得不严重了。

（二）切除空载变压器（或并联电抗器、感应电动机）过电压

切除空载变压器是一种正常操作方式，在这种操作过程中，有可能产生很高的过电压。产生这种过电压的原因是开关中电感电流被突然切断所致。运行经验表明，断路器的灭弧能力越强，则切除空载变压器产生过电压的事故就越多。

断路器切断电弧的能力是按短路电流来考虑的，去游离作用很强。而变压器的空载电流（励磁电流）一般只有额定电流的 1%～4%，所以在切断变压器的励磁电流时，电弧有可能不是在电流经过工频零点时自然熄灭，而是在电流具有一定值 I_0 时，电弧在断路器的强烈去游离作用下而熄灭。这样在变压器励磁电感储存的磁场能量 $\frac{1}{2}L_T I_0^2$ 就将全部转换为电场能量，它将对电容 C_T 充电，而 $L_T\frac{di_0}{dt}$ 可达很高的数值，从而产生很高的过电压，其等值电路如图 4－34 所示。

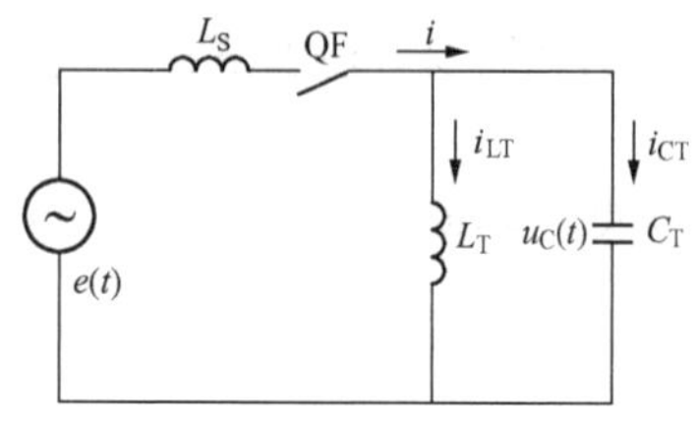

图 4－34 切除空载变压器等值电路

由于切除空载变压器等电感性负荷时的过电压多为持续时间很短的高频振荡，对绝缘的作用与雷电冲击波很相似，且其能量又不大，随着现代高压变压器制造水平的提高，此过电压倍数已不大于 2。另外操作变压器之前，要把变压器的中性点临时接地（这样可以进一步降低操作过电压），所以这种过电压现在也变得不严重了，只要用 MOA 就可加以限制。

（三）电弧接地过电压

在中性点绝缘的电网中发生单相接地故障时，常出现电弧或间歇性电弧接地（由于接地故障电流为健全相对地电容电流的三倍，但其值很小，不会引起保护动作）。由于电网中存在有电容和电感，所以电弧不断地熄灭和重燃，可能引起线路某一部分发生振荡，将在电网的健全相和故障相上都会产生很高的过电压，把这种过电压称为电弧接地过电压。

运行经验证明，若系统较小、线路较短、线路对地电容电流小，流经故障点的电流不大，许多暂时性的单相电弧接地故障，故障后电弧可以自行熄灭，系统很快恢复正常。随着系统的发展，单相接地故障电流将增大。对于 10kV 系统，单相接地电容电流超过 30A；35kV 系统单相接地电容电流超过 10A，这时电弧将难以自动熄灭。然而，这个电流又不至于大到形成稳定电弧的程度（此时线路断路器会跳闸而切断故障），因此可能出现电弧时燃时灭的不稳定状态。这种间歇性的电弧导致系统中电感—电容回路的电磁振荡过程，产生遍及全系统的电弧接地过电压。

产生单相间歇性电弧接地过电压的过程是极其复杂的，理论分析只不过是对这种极其复杂但具有强烈统计性的接地电弧进行理想化后的解释。长期以来，多数研究者认为电弧的熄

灭与重燃时间是决定最大过电压的重要理论。分析电弧接地过电压的理论有两种，即工频熄弧理论和高频熄弧理论。一般来说，高频熄弧理论分析所得的过电压值偏高，而工频熄弧理论分析所得的数值比较接近实际情况。本书不作定量的分析，有兴趣的读者可参考有关专业资料。

研究表明，这种过电压的倍数具有强烈的随机性。一般而言，故障相的过电压倍数较低，均值不超过 2 倍；非故障相的过电压倍数较高，均值最大可大 3.5 倍，最大值一般不超过 5 倍，个别可达 5.15 倍。

这种过电压产生的机会多，波及范围广，持续时间长（因为在中性点绝缘电网中允许单相接地运行的时间为 0.5～2h），若不采取措施，可能使那些绝缘薄弱环节（如电动机、电缆和电缆头等）相继发生击穿，造成相间短路，使事故扩大。

在中性点有效接地（即中性点直接接地或经过电阻接地）的电网中，由于给积聚的电荷提供了一条人为泄放的通路，大大减少了电弧接地过电压和电弧重燃的可能性。而且在这种电网中，各种形式的操作过电压均低于中性点非有效接地电网的操作过电压。所以为了降低过电压对绝缘投资的要求，我国 110kV 及以上电网均采用中性点接地的运行方式。

但是，如果较低电压等级的电网中采用中性点接地的运行方式时，势必引起事故跳闸频繁，供电可靠性过低，操作次数增多，且因此而增加许多设备。所以在我国，对 35kV 及以下电网，一般采用中性点不接地的运行方式，这种电弧接地过电压的出现就随之而来了。研究表明，中性点改造为经消弧线圈接地后，消弧线圈中的感性电流用来补偿电网单相接地电容电流（一般采用过补偿），促使电弧无法维持而自行熄灭，使电弧重燃次数大为减少，过电压持续时间大为缩短，有效地防止了高幅值过电压出现的概率。但是该措施还是不能有效地限制电弧接地过电压，而在消弧线圈两端并联阻尼电阻后，能使故障相恢复电压幅值和上升速度下降，可使电弧接地过电压值明显降低，克服了单纯经消弧线圈接地的弱点。因此，对电容电流较大，尤其是绝缘薄弱的供配电网络，宜改造为中性点经消弧线圈并（串）电阻的接地方式。

二、谐振过电压

常见的谐振过电压有传递过电压、断线引起的谐振过电压、电磁式电压互感器饱和引起的过电压等。

（一）传递过电压

在正常运行条件下，中性点绝缘或经消弧线圈接地的电网中，中性点位移电压很小。但是，当电网中发生不对称接地故障、断路器非全相或不同期操作时，中性点位移电压将显著增大，通过静电耦合和电磁耦合，在变压器的不同绕组之间或相邻的输电线路之间会发生电压传递的现象，在不利的参数配合下，耦合回路将产生谐振传递过电压，危及低压侧电气设备绝缘。

为了限制传递过电压，可以采取一些针对性的措施。在高压侧避免采用熔断器，尽量避免高压断路器不同期操作等。对中性点直接接地系统中的中性点不接地的变压器进行操作时，可将变压器的中性点临时接地，并借助三角形连接的低压绕组的作用，可以避免由于非全相动作而在高压侧出现的零序电压。

（二）断线引起的谐振过电压

断线过电压泛指由于导线断落、断路器拒动及断路器和熔断器的不同期切合所引起的谐振过电压。电网中出现断线谐振过电压时，将造成在绕组两端和导线对地间出现过电压，负载变压器的相序反倾，中性点位移和虚幻接地，绕组的铁芯发出响声和导线电晕声，在严重情况下，甚至绝缘子闪络、避雷器爆炸和击毁电气设备。在某些条件下，这种过电压也会传递到绕组的另一侧，造成危害。在 6～35kV 电网中，断线引起的过电压事故是较频繁的。通常，最大的过电压发生在断线相上负载侧，使得该处的绝缘受到威胁、避雷器发生爆炸。

为防止产生断线过电压，应考虑采取如下措施：

（1）保证断路器的三相同期动作，避免发生拒动，不采用熔断器设备；

（2）加强线路的巡视和检修，避免发生断线；

（3）如断路器操作后发现异常现象，应立即复原和进行检查；

（4）在中性点直接接地的电网中，操作时应将负载变压器的中性点临时接地；

（5）必要时可在负载变压器的中性点或端部装设放电间隙。

（三）电磁式电压互感器饱和引起的过电压

在中性点不接地电网中，为了监视三相对地电压及绝缘状况，常在发电机或变电所母线上接有 Y0 接线的电压互感器。于是网络对地参数除了电力设备和导线对地电容 C_0。之外，还有电压互感器的励磁电感 L，如图 4 - 35 所示。正常运行时，电压互感器的励磁阻抗是很大的，$X_L>X_C$，所以网络对地阻抗呈容性，三相基本平衡，电网中性点的位移电压很小。但当电网中出现某些扰动，使电压互感器电感饱和时，可能有 $X_L<X_C$，而使电网对地阻抗呈感性。由于电压互感器三相饱和程度不等，将导致电网中性点有较高的位移电压，可能激发起谐振过电压。

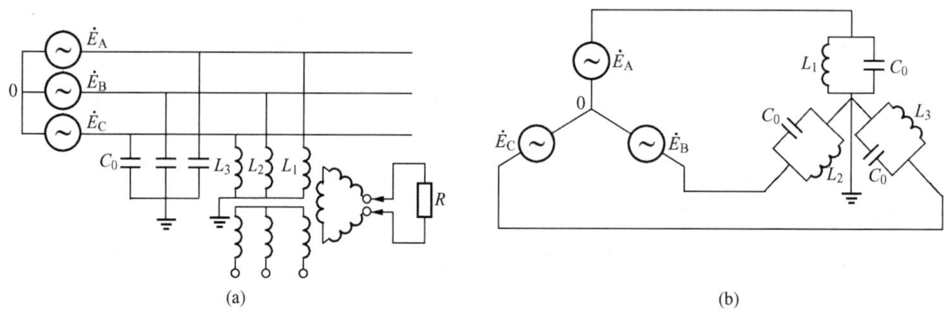

图 4 - 35 带有 Y0 接线电压互感器的三相回路

（a）原理接线；（b）等值接线

常见的使电压互感器产生严重饱和的情况有：①电压互感器突然合闸，使其某一相或两相绕组内出现巨大的涌流和磁饱和现象；②由于雷击或其他原因，线路瞬间单相弧光接地，使健全相电压突然升至线电压，而故障相在接地消失后瞬间恢复至相电压，以致造成暂态励磁电流的急剧增大和铁芯的磁饱和；③传递过电压，如高压绕组侧发生瞬间的单相接地或不同期切合，低压侧将有传递过电压使电压互感器铁芯饱和等。

电压互感器饱和引起的过电压，有一相或两相电压升高，也可能三相电压同时升高，或引起“虚幻接地”现象。虽然过电压的形式是多样的，过电压的产生却都是由于在电源中性点出现了位移现象。因为电源变压器绕组电动势 E_A、E_B 和 E_C 维持不变（它们是由发电机正序电势所决定的），所以整个电网对地电压的变动表现为电源中性点“N”的位移。所以，这种过电压现象又称为电网中性点的位移现象。

由于铁芯的磁饱和会引起电流、电压波形畸变，即产生了谐波，故也可能产生谐波谐振过电压。当线路很长，C_0 很大，或者互感器的励磁电感很大时，可导致回路的自振频率很低，有可能发生分次谐波（通常为 1/2 次）谐振过电压；反之，当线路较短，C_0 很小，或者互感器的励磁电感很小（如互感器铁芯质量差或电网中多台电压互感器）时，其自振频率很高，就有可能产生高次谐波谐振过电压。两者的表现形式都是三相对地电压同时升高。

实测表明，在 35kV 电网中，基波和高次谐波谐振过电压可达 $3.5U_{p,max}$；对于分次谐波谐振来说，由于受到电压互感器铁芯严重饱和的限制，过电压一般不超过 $2U_{p,max}$，但励磁电流急剧增大，可高达额定励磁电流的几十倍以上，所以这种谐振过电压多次使绝缘损坏、避雷器爆炸、高压熔丝熔断，或者造成电压互感器本身损坏。

统计表明，电磁式电压互感器引起的铁磁谐振过电压是中性点不接地系统中最常见、且造成事故最多的一种内部过电压，严重地影响供电安全，必须给予足够的重视。

为了限制和消除这种铁磁谐振过电压，可采用以下措施：

（1）选用励磁特性较好的电压互感器。

（2）在零序回路中接入阻尼电阻。在电压互感器开口三角绕组中短时接入电阻。如图 4-35所示，正常运行时，因为没有零序电压，电阻 R 不会消耗能量，有零序电压时，电阻消耗能量，相当于在一次绕组上并联了电阻。电阻越小，阻尼越大。但是考虑到中性点不接地系统通常允许带有单相接地故障运行两小时，因此长时间接入较小的电阻可能会使电压互感器过热而烧毁。为了防止电压互感器过热，可经过电压继电器接入小电阻 R 或采用微机型消谐器。在电压互感器的一次侧中性点接入电阻 R_0 或对地加装消谐阻尼器。此时电阻 R_0 是串入励磁电感回路的，显然 R_0 数值越大，效果越好。但是 R_0 值也不能太大，否则当系统发生单相接地故障后，会使开口三角绕组的零序电压太低，影响继电保护的正常动作。

（3）增大对地电容，在个别情况下，可在 10kV 及以下的母线上装设一组三相对地电容器，或利用电缆段代替架空线路，以增大对地电容，有利于避免谐振。

（4）用户侧电压互感器的一次侧中性点尽可能不接地。

（5）采取临时的措施。如特殊情况下，可将系统中性点临时经小电阻接地或直接接地，或投入消弧线圈，也可以按事先规定投入某些线路或设备以改变电路参数，消除谐振过电压。

小　　结

1. 波过程是分析过电压及其防护问题的理论基础，波过程的实质就是电磁波沿线路传播的过程。波阻抗是表征同一方向运动的电压波和伴随而行的电流波之间的数量关系，波阻抗与线路的长度无关。波速是表征行波的传播速度，与周围的传播介质有关。

2. 反映单根无损导线波过程基本规律可用以下四个基本方程表示，即

$$\begin{cases} u = u_q(x, t) + u_f(x, t) \\ i = i_q(x, t) + i_f(x, t) \\ Z = \dfrac{u_q}{i_q} \\ Z = -\dfrac{u_f}{i_f} \end{cases}$$

从这四个方程出发，加上初始条件和边界条件，就可以算出导线上的电压和电流。

3. 波的折、反射规律可用以下关系式表示，即

$$\begin{cases} u_{2q} = \dfrac{2Z_1}{Z_1 + Z_2} u_{1q} = \alpha u_{1q} \\ u_{1f} = \dfrac{Z_2 - Z_1}{Z_1 + Z_2} u_{1q} = \beta u_{1q} \end{cases}$$

其中，α 和 β 分别称为行波的折射系数和反射系数，$\alpha = 1 + \beta$。

4. 利用彼得逊等值法则可以很方便地解决一些较复杂的波过程问题，如多条出线、线路上有电感或电容时。波穿过电感或旁过电容时，陡度被降低。

5. 雷电放电实质上是一种大气放电现象。雷电的破坏力极大，可分有电、热、机械性质三方面的破坏作用。雷电通常可分为直击雷、感应雷、雷电侵入波和球形雷等。雷电放电的基本过程可分为先导放电、主放电和余辉放电三个阶段。雷电过电压的产生可分为直击雷过电压、感应雷过电压和雷电侵入波。雷电的主要参数有幅值、波头时间、波尾时间、雷电日等。

6. 雷电放电作为一种强大的自然力的爆发，是难以制止的。目前人们主要是设法去躲避和限制它的破坏性，其基本措施是安装防雷装置。防雷装置主要有接闪器（如避雷针、线、带、网、笼）、避雷器及防雷接地等。避雷针（线、带、网、笼）可以防止雷电直接击中被保护设备（也称作直击雷保护）；避雷器可以防止沿输电线路侵入变电所的雷电冲击波（也称为侵入波保护）；接地装置的作用是减小避雷针或避雷器与大地（零电位）之间的电阻值，以达到降低雷电冲击电压幅值的目的。

7. 氧化锌避雷器（MOA）是最优越的避雷器，其主要电气参数有额定电压、持续运行电压、直流 1mA 参考电压（U_{1mA}）、标称放电电流、工频耐受电压时间特性、最大残压、压比、荷电率等。

8. 电力设施的防雷包括变配电所、旋转电机、3～10kV 架空配电线路、柱上开关、配电变压器、低压架空接户线的防雷。

9. 完整的建筑物防雷措施包括外部防雷与内部防雷两部分。根据各类建筑物对防雷的不同要求，可分为第一类、第二类和第三类建筑物防雷。为了防止雷电磁脉冲对建筑物内部信息系统的破坏，应采用内部综合保护，如分流、屏蔽、接地、均压、泄流与钳压等诸措施配合运用。

10. 雷暴时，应注意防止雷云直接对人体放电、雷电流入地产生的对地电压及二次放电、球雷对人造成的伤害。为此，人们要了解一些必要的人身防雷知识。

11. 常见的操作过电压有切断空载线路过电压、切断空载变压器过电压、电弧接地过电压等。随着断路器性能的改善，切除空载线路及切除空载变压器过电压已变得不严重了。在中性点不接地系统中，以电弧接地过电压的影响最为突出，对系统的危害也较大，应给予重视。

12. 常见的谐振过电压有传递过电压、断线引起的谐振过电压、电磁式电压互感器饱和引起的过电压等。其中以电磁式电压互感器饱和引起的过电压最为常见，影响也较大，应重点给予研究，采取措施限制这种过电压。

习　　题

4-1　为什么说雷电的危害性极大？通常可分为哪四种类型？
4-2　何谓雷电日和雷电小时？
4-3　波阻抗与电阻一样吗？
4-4　波穿过电感或旁过电容后，波形怎么变化？
4-5　防雷装置有哪些？接闪器是指什么？
4-6　对于直击雷应采取怎样的防护措施？
4-7　各种防雷保护装置分别有哪些作用？
4-8　利用独立避雷针构架装设照明灯时有何要求？
4-9　雷电过电压是怎样产生的？
4-10　系统中常用的避雷器一般有哪些种类？
4-11　阀型避雷器的工作原理是怎样的？
4-12　保护电缆的阀型避雷器接地线为何要与电缆的金属外皮相连？
4-13　10kV避雷器能否用在6kV设备上？
4-14　对防雷装置的引下线有哪些要求？
4-15　避雷针引下线为何不宜在地下敷设过长？
4-16　独立避雷针接地与电气设备接地可否相连？何谓“反击”？
4-17　独立避雷针与配电装置间的距离应符合哪些要求？
4-18　35kV变电所防止雷电侵入波的危害应采取哪些措施？
4-19　10kV杆上变压器怎样防止雷电侵入波的危害？
4-20　雷雨时变配电所值班人员可否进行露天巡视？
4-21　工业建筑物按防雷要求可分哪三类？
4-22　过电压一般可分为哪些种类？
4-23　雷雨时为什么必须迅速关好门窗？
4-24　冲击接地电阻为什么一般不等于工频接地电阻？
4-25　什么是LEMP？LPZ是怎么定义的？
4-26　SPD的作用是什么？
4-27　建筑物信息系统的一般防雷措施有哪些？
4-28　常见的内部过电压有哪些？怎么限制？

第五章　电气设备绝缘

电气设备是由导体和绝缘两部分组成的，在供用电系统中常常由于某一部分或某一电气设备的绝缘损坏而引发电气事故，破坏了系统工作的安全性和可靠性，给国民经济造成重大损失。因此，为保证电气设备的安全运行和电气工作人员的安全，必须对绝缘材料（即电介质）和绝缘结构的电气性能进行研究。

绝缘就是不导电的意思，绝缘的作用是把电位不相同的导体分隔开来，以保持它们之间不同的电位。

绝缘材料的种类有很多。按其形态，可分为气体、液体和固体绝缘。按其在设备中的位置，可分为内绝缘和外绝缘。内绝缘指电力设备不暴露于空气中的绝缘，包括密封在电力设备箱体内部的固体、液体和气体绝缘，它受电压的作用，但不受大气及其他外界条件的影响。例如变压器绕组的绝缘和变压器油、变压器套管内的绝缘纸和绝缘油等。外绝缘指空气间隙和电力设备的固体绝缘（绝缘子、套管）的表面，它暴露在空气中，与大气直接相接触，承受着电压和大自然环境中各种外界条件的影响。

固体绝缘按其化学性质可分为：①无机绝缘材料，常用的有云母、石棉、大理石、电瓷、玻璃、硫磺等，主要用作电机、电器的绕组绝缘、开关的底板和绝缘子等；②有机绝缘材料，常用的有虫胶、树脂、橡胶、棉纱、纸、麻、人造丝等，大多用以制造绝缘漆，绕组导线的被覆绝缘物等；③混合绝缘材料，由以上两种材料经过加工制成的各种形式绝缘材料，用作电器的底座、外壳等。

绝缘材料都有一定的电气强度，即各种电气设备、各种安全用具（电工钳、验电笔、绝缘手套、绝缘棒等）、各种电工材料，制造厂都规定允许使用电压，称额定电压。设备使用时承受的电压若超过其额定电压，就可能造成绝缘击穿，引发电气事故。

导致绝缘击穿的最小电压称为击穿电压，用 U_B 表示。在均匀电场中，用击穿电压 U_B 除以绝缘厚度 d 的值，称为击穿场强，用 E_B 表示，即

$$E_B = \frac{U_B}{d} \tag{5-1}$$

E_B 反映绝缘材料的抗电强度，也称电气强度或绝缘强度。不均匀电场中，E_B 称为平均击穿场强。相同条件下不均匀电场的击穿场强总是低于均匀电场的击穿场强。

绝缘材料的电气强度，常用 1mm 厚度材料的击穿电压来表示。对于电气设备，我们希望 E_B 越大越好，E_B 越大电气设备运行越不容易击穿，就越安全，但是 E_B 越大设备成本越高。所以电气设备绝缘设计，正如其他设计一样，要综合考虑技术和经济两方面的因素。

第一节　介质的极化、电导和损耗

本节主要讲述液体和固体介质在电场作用下的各种现象，从而了解介质的电气性能，了解判断绝缘老化或损坏程度的各项指标，以及如何合理地选择和使用绝缘材料。研究绝缘材

料在电场作用下的物理现象是高压电气设备绝缘预防性试验的基础知识。

电介质在电场作用下的物理现象有极化、电导、损耗和击穿。对于气体来说，极化、电导和损耗现象都很微弱，一般不考虑。极化、电导、损耗和击穿现象分别用相对介电系数、电导率、介损角正切值和击穿场强反应。

一、电介质的极化

1. 极化的概念

如图 5-1 所示，先将平行板电容器放在密封容器内并抽真空，极板上施加直流电压U，如图5-1（a）所示，极板上电荷量为Q_0。然后在两电极间放入一厚度与极间距离相等的极性固体介质，如图5-1（b）所示，施加同样电压U，这时发现极板上的电荷量增加到Q_0+Q'，这是因为电极间介质在电场作用下，原来彼此中和的正、负电荷发生位移，形成电矩，在极板上另外吸引了一部分电荷Q'，导致极板上电荷的增加。这种现象称为极化。极化后在介质表面出现相反电荷，故介质会对外呈现极性。

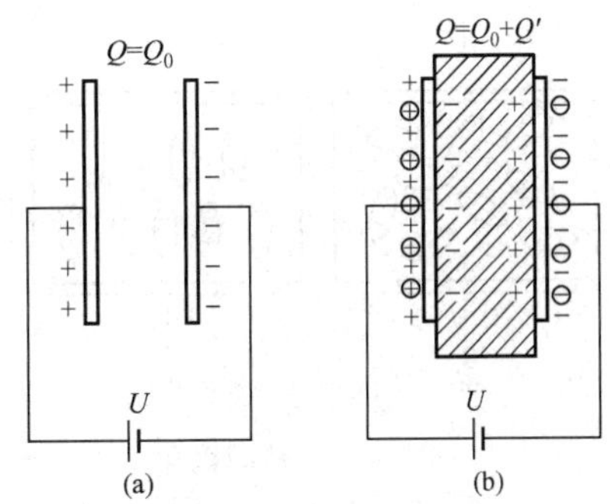

图 5-1 介质极化现象

（a）电极间为真空；（b）电极间有介质

极间真空时的电容可用下式表示，即

$$C_0=\frac{Q_0}{U}=\varepsilon_0\frac{A}{d} \tag{5-2}$$

式中 A——极板面积，m^2；

d——极间距离，m；

ε_0——真空介电系数，为$\frac{1}{36\pi}\times10^{-9}$F/m。

极间引入介质后，得

$$C=\frac{Q_0+Q'}{U}=\varepsilon\frac{A}{d} \tag{5-3}$$

$$\varepsilon_r=\frac{C}{C_0}=\frac{Q_0+Q'}{Q_0}=\frac{\varepsilon}{\varepsilon_0} \tag{5-4}$$

式中 C、ε和C_0、ε_0——分别表示有介质和真空时的电容和介电系数；

ε_r——介质的相对介电系数，是介质介电系数和真空介电系数之比。

气体介质的相对介电系数ε_r接近于1，其他常用的液体、固体绝缘的ε_r则各不相同，一般为2～6。各种介质的ε_r与温度、电源频率的关系也不一致，且与极化形式有关。

2. 极化的基本形式及特点

（1）电子位移极化。任何电介质都是由分子或离子构成。构成分子的原子则由带正电的原子核和带负电的电子组成，它们的作用中心重合，对外部呈中性。介质的这些带电质点内部结合力很强，不像导体那样容易互相脱离而形成自由电子和正离子，但它们在外电场作用下却会发生相对位移，使电子与原子核作用中心不重合，从而使分子呈现极性。这种极化存在于一切气体、液体和固体介质中。

电子位移极化的主要特点：

1）不消耗能量，也称无损极化。这种电子位移的极化是弹性的，在外电场去掉后，正、负电荷依靠之间的吸引力而自动回复到原来的中性状态，因而这种极化不消耗能量。

2）过程极快，约为10^{-15}s。

（2）离子位移极化。固体无机化合物多属离子式结构，如云母、陶瓷、玻璃等。无外电场作用时，正、负离子作用中心互相重合，对外部呈中性。在外电场作用下，正、负离子发生位移，于是正、负电荷作用中心不再重合，离子对外部呈现电的极性。

离子位移极化的主要特点：①离子位移极化也是弹性位移，极化过程几乎不损耗能量，也是无损极化；②极化过程也很快，不超过10^{-13}s。

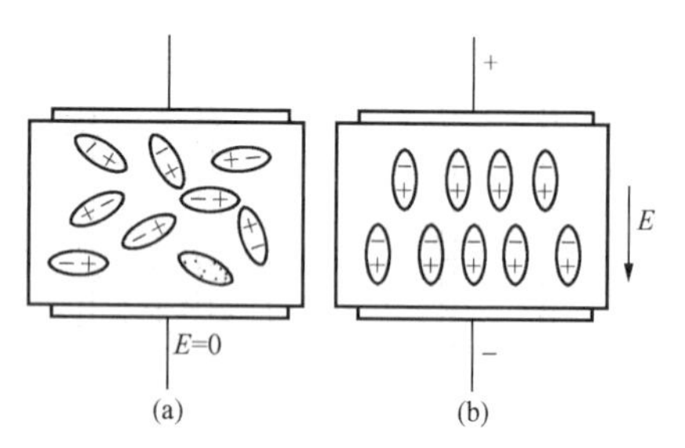

图 5-2 转向极化
（a）无外电场作用的偶极子；
（b）有外电场作用的偶极子

（3）转向极化。有些介质是由偶极分子组成的，称为极性电介质，如蓖麻油、氯化联苯、橡胶、胶木和纤维素等。偶极分子的电子作用中心与原子核不相重合，好像分子的一端带正电荷，而另一端带负电荷，因而分子形成一个永久的偶极矩，单个分子虽具有极性，但整体排列杂乱无章，极性互相抵消，对外呈中性。在外电场作用下，偶极子沿电场方向有规律地排列，因而显示出电的极性来，如图5-2所示。

转向极化的主要特点：①转向极化是非弹性的，因极性分子旋转时要克服分子间的吸引力（可想象为分子在一种黏性媒质中旋转时阻力很大一样），极化时消耗的能量在电场撤离时不能回收，所以转向极化为有损极化；②过程较长，约为10^{-10}～10^{-2}s，因此极性物质在频率较高的外加电压作用下，偶极子来不及沿电场方向排列，极化减弱，ε_r减小。

（4）夹层介质界面极化。高压电气设备的绝缘往往由几种不同材料组成，如电缆、电容器、电机和变压器绕组等，两层介质之间常夹有油层、胶层等，这时绝缘中就出现了不同介质的分界面。对于不均匀介质或含杂质的介质，受潮的介质，都可以认为是夹层式的介质。这种绝缘结构在电场下的极化称夹层介质界面极化。

夹层介质界面极化过程其实就是多种介质界面上电荷重新分布的过程，在极化过程中，有的介质两面上的电荷通过自身电导中和，材料压降降低，有的介质则从电源再吸收一部分电荷——称吸收电荷，材料压降增加。所以夹层的存在使整个介质的等值电容增大，因而称夹层介质界面极化。

这种极化的特点：①过程很慢，所需时间由几秒钟到几十分钟甚至更长；②极化过程消耗能量，属有损极化。

从电源中吸收电荷的过程缓慢，去掉电源后吸收电荷要释放出来也同样缓慢，因此对于使用过的大电容设备，应将两极短接彻底放电后，才能接触，以防止吸收电荷释放出来危及人身安全。

3. 相对介电系数的工程意义

（1）在绝缘预防性试验中，利用测量绝缘的吸收比值来判断绝缘状况，如果绝缘受潮，极化过程短暂不明显，吸收比小；如果绝缘良好，极化过程较长且明显，吸收比大。另外，在使用电容器等电容量很大的设备时，断电后必须特别注意吸收电荷对人身安全的威胁。

（2）材料的介质损耗与介质的极化形式有关，而介质的损耗是影响介质老化和热击穿的重要因素。

（3）当数种绝缘材料合用时，不同成分材料的介电系数的比值关系，常影响整个绝缘系统中的电压分布，使外加电压的大部分可能为介电系数小的材料所负担。如图5-3所示，设有厚度为d_1、d_2的两种材料1、2，用它们来承担两电极间的电压。这两种材料的介电系数分别ε_1、ε_2，电容量分别为C_1、C_2。当施以交流电压U后，若略去材料电导不计，则有

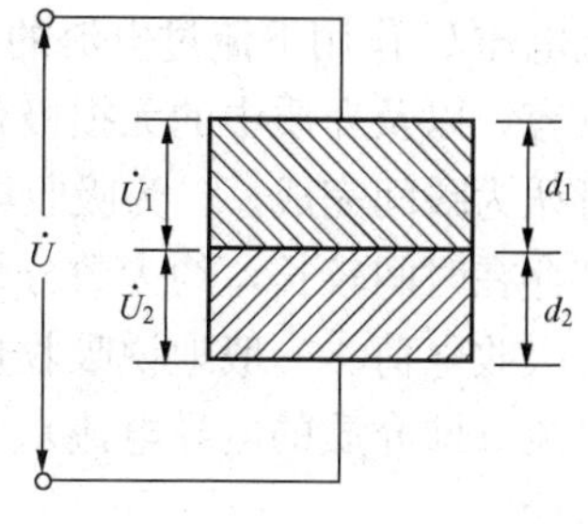

图5-3 双层介质的电压分布

$$\frac{U_1}{U_2}=\frac{C_2}{C_1}=\frac{\varepsilon_2 d_1}{\varepsilon_1 d_2}$$

$$U_1+U_2=U$$

由此可得

$$U_1=\frac{\varepsilon_2 d_1 U}{\varepsilon_1 d_2+\varepsilon_2 d_1} \qquad U_2=\frac{\varepsilon_1 d_2 U}{\varepsilon_1 d_2+\varepsilon_2 d_1}$$

因为

$$E_1 d_1=U_1 \qquad E_2 d_2=U_2$$

所以

$$E_1=\frac{\varepsilon_2 U}{\varepsilon_1 d_2+\varepsilon_2 d_1} \qquad E_2=\frac{\varepsilon_1 U}{\varepsilon_1 d_2+\varepsilon_2 d_1}$$

$$\frac{E_1}{E_2}=\frac{\varepsilon_2}{\varepsilon_1} \tag{5-5}$$

假设$\varepsilon_1<\varepsilon_2$，则$E_1>E_2$，即在组合绝缘中，介电系数小的材料承受较大的电场强度；反之，介电系数大的材料承受较小的电场强度。如果固体介质中含有气泡，气体的介电系数小，承担压降大，会先游离，游离后使固体介质逐渐劣化，导致整体材料的绝缘能力降低。所以常采用“浸油”、“充胶”等措施来消除气泡。对于固体介质和金属电极接触处的空气隙，则经常采用“短路”的办法，使气隙内的电场强度降为零。例如，35kV瓷套内壁上半导体釉，通过弹性铜片与导杆相连，高压电机定子线圈槽内绝缘外包半导体层后，再嵌入槽内等。

二、介质的电导（或绝缘电阻）

任何绝缘材料都不可能是理想的绝缘体，它们内部总是或多或少地具有一些带电粒子（载流子），例如可迁移的正、负离子及电子、空穴和带电的分子团。在外电场的作用下，某些联系较弱的载流子会产生定向漂移而形成传导电流（电导电流或泄漏电流）。换言之，任何电介质都不同程度地具有一定的电导。电导可以视为衡量材料导电能力的参数，用字母“G”表示，单位为S（西门子）。相反，电介质在电流通过时也同样会产生阻碍电流通过的电阻，我们称之为绝缘电阻，用字母“R_∞”表示，单位为Ω（欧姆）。介质的绝缘电阻可以认为是绝缘材料对流过电流的阻碍能力，绝缘电阻和电导互为倒数。介质绝缘良好时，电导很小（电阻率ρ在$10^9\sim10^{22}\Omega\cdot$cm范围），介质电导为离子电导。金属的电导大（电阻率ρ在$10^{-6}\sim10^{-2}\Omega\cdot$cm范围），且为电子电导。

对于固体绝缘，绝缘电阻包括了体积绝缘电阻和表面绝缘电阻，两部分为并联关系。体积绝缘电阻反映了绝缘的品质。表面绝缘电阻受外界条件的影响大，绝缘表面脏污、潮湿时，表面绝缘电阻下降，但用干净柔软的布擦干净后就会大大提高。测量中若要把表面绝缘电阻分开，应在测量回路中加辅助电极，使表面泄漏电流不通过表计，如兆欧表中的屏蔽电极G。

图5-4（a）给出了介质在直流电压U作用下的等值电路，图5-4（b）给出了介质在直

流电压 U 作用下流过电流的变化情况。i_0 为电容电流分量，它是由加压初瞬电极间的几何电容，以及介质中的无损极化（电子位移极化、离子位移极化）决定的，i_0 存在时间极短，可认为瞬间完成。i_a 为吸收电流分量，由有损极化（转向极化、夹层介质界面极化）决定，其存在时间较长，约为数分钟至数十分钟（由介质电容决定）。i_a 与时间轴所夹的面积，即为吸收电荷。一般地说吸收现象主要由不均匀介质的夹层介质界面极化引起的。I_∞ 是泄漏电流（即介质的电导电流），它与绝缘电阻值相对应，是个恒定值。于是介质中流过的总电流为

$$i = i_0 + i_a + I_\infty \tag{5-6}$$

泄漏电流大将引起介质发热，加速绝缘老化。泄漏电流与绝缘电阻的关系为

$$R_\infty = \frac{U}{I_\infty} \tag{5-7}$$

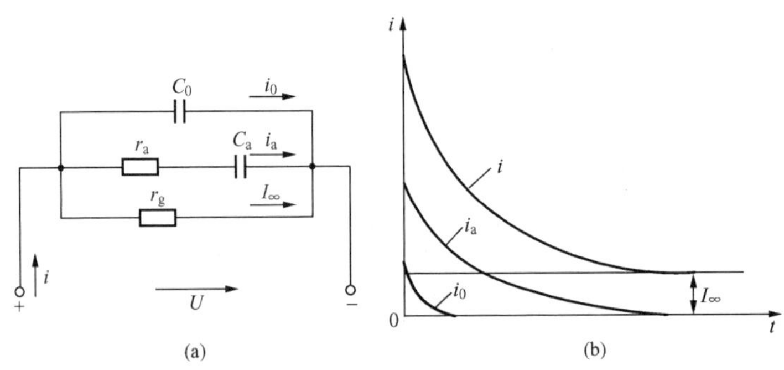

图 5-4　绝缘介质内电流的变化

(a) 等值电路；(b) 干燥介质的电流

测量介质绝缘电阻，应在电容电流分量、吸收电流分量衰减完毕后进行。泄漏电流是由于介质中的离子或电子（离子为主）在电场作用下定向移动构成的。它的大小与带电粒子的密度、速度、电荷量、外施电场等有关。温度愈高，参与移动的（介质本身的或杂质的）离子数量越多，从而泄漏电流也就越大。所以介质电导具有正温度系数（金属电导为负温度系数）。介质电导还与电压有关，当外加电压使介质接近击穿时，会出现显著的、快速增加的自由电子导电现象，这时的绝缘电阻值将急剧下降。

讨论绝缘电阻的意义在于在绝缘预防性试验中，通过测量绝缘电阻以判断绝缘优劣和是否受潮。另外应考虑绝缘的使用环境，注意环境湿度对绝缘电阻的影响。

表 5-1 列出了几种介质的介电系数和电导率。

表 5-1　　几种介质的介电系数和电导率

材料类别		名称	介电系数 ε_r（工频，20℃）	电导率（20℃，$\Omega^{-1}\cdot cm^{-1}$）
气体介质（标准大气条件）		空气	1.00059	
液体介质	弱极性	变压器油	2.2	$10^{-12}\sim10^{-15}$
		硅有机油类	2.2～2.8	$10^{-14}\sim10^{-15}$
	极性	蓖麻油	4.5	$10^{-10}\sim10^{-12}$
		苏伏油	4.6～5.2	$10^{-13}\sim10^{-14}$

续表

材料类别		名称	介电系数 ε_r（工频，20℃）	电导率（20℃，$\Omega^{-1}\cdot cm^{-1}$）
固体介质	中性	石蜡	1.9~2.2	10^{-16}
		聚苯乙烯	2.4~2.6	$10^{-17}\sim10^{-18}$
		聚四氟乙烯	2	$10^{-17}\sim10^{-18}$
	极性	松香	1.5~2.6	$10^{-15}\sim10^{-16}$
		纤维素	6.5	10^{-14}
		胶木	2.5	$10^{-13}\sim10^{-14}$
		聚氯乙烯	3.3	$10^{-15}\sim10^{-16}$
		沥青	1.6~2.7	$10^{-15}\sim10^{-16}$
	离子性	云母	5~7	$10^{-15}\sim10^{-16}$
		电瓷	6~7	$10^{-14}\sim10^{-15}$

三、电介质的损耗

在外加电压作用下，介质把一部分电能转化为热能，这种现象称介质损耗。介质损耗包括有损极化产生的损耗和电导引起的损耗。介质损耗越大，发热越多，温升越高，绝缘使用寿命越短。

介质在直流电压作用下，仅有电导损耗和电离损耗，如果电压不是太高，不会发生气体游离，只有电导损耗，其大小用电导率这个物理量反映就行了。在交流电压作用下，介质除电导损耗外，还产生周期性极化引起的极化损耗，此时损耗仅用电导率表示是不够的，为此引入一个新的物理量——$\tan\delta$（介质损失角正切值）。

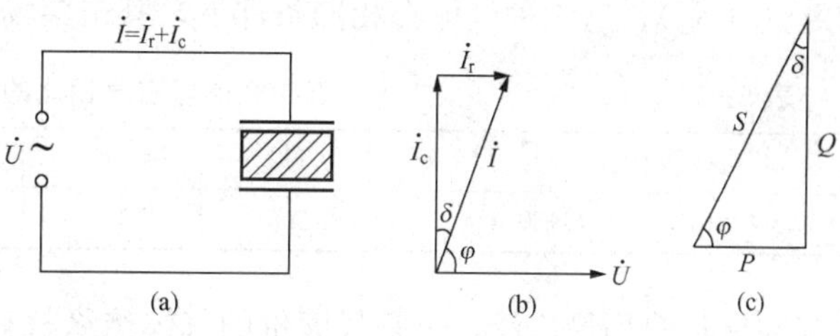

图5-5 介质在交流下的接线与相量图

(a) 接线图；(b) 向量图；(c) 功率三角形

介质在交流电压作用下，如图5-5所示，电路中流过的电流 $\dot{I}$ 由两个分量组成，即

$$\dot{I}=\dot{I}_r+\dot{I}_c$$

式中 $\dot{I}_r$——有功电流分量，由绝缘电阻和有损极化产生；

$\dot{I}_c$——纯电容电流分量，由几何电容和无损极化产生。

由图5-5（c）所示的功率三角形可知，介质有功损耗为

$$P=Q\cdot\tan\delta=U^2\omega C_p\tan\delta \tag{5-8}$$

用介质有功损耗 P 表示介质品质好坏是不方便的，因为 P 与试验电压 U、试验条件、试品尺寸等因素有关，不同的试品难以互相比较，故以介质损失角正切 $\tan\delta$ 来判断介质的品质。有损耗的介质可用一个理想电容器和一个有效电阻的并联或串联等值电路来表示。图5-6（a）是用电阻、电容并联的等值电路表示，从相量图5-6（b）上可以得到

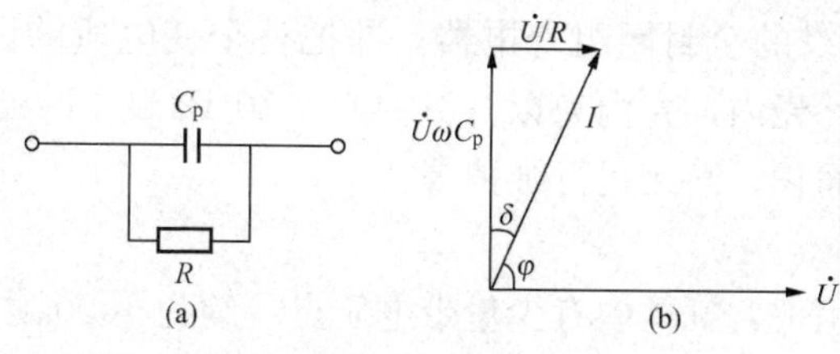

图5-6 用 R、C_p 并联等值电路及向量图

(a) 等值电路；(b) 向量图

$$\tan\delta=\frac{I_r}{I_c}=\frac{\frac{U}{R}}{U\omega C_p}=\frac{1}{\omega C_p R} \tag{5-9}$$

由此可见，$\tan\delta$ 为有功电流 I_r 与无功电流 I_c 的比值，它表征了有功损耗的大小，通常以百分数表示。$\tan\delta$ 与材料尺寸无关，仅取决于材料的特性，因此可以反映介质的品质。

如果绝缘材料中含有大量气泡、杂质和水分，绝缘材料中的夹层介质界面极化会加剧，极化损耗增加。另外，介质损耗引起绝缘内部发热，温度升高，绝缘电阻减小，泄漏电流增加，电导损耗进一步增加。介质损耗的不断增加会造成绝缘内部的严重发热。如此恶性循环，最后可能在绝缘薄弱的环节引起击穿。

介质损失角正切值既反映绝缘本身的工作状态，又反映了绝缘材料由良好向劣化状态的转变过程。介质损耗本身就是导致绝缘老化和损坏的一个重要因素。

讨论介质损失角正切值的意义在于，绝缘预防性试验中，测量设备绝缘的 $\tan\delta$，根据 $\tan\delta$ 的变化可以判断电气设备的绝缘品质。设备绝缘正常时 $\tan\delta$ 值很小，例如，35kV 及以下电力变压器连同套管一起，20℃下要求 $\tan\delta\leqslant 2\%$，当绝缘受潮和有缺陷时，$\tan\delta$ 值随之增加。

第二节　气　体　放　电

常用的气体绝缘有空气、氢气（H_2）、氧气（O_2）、二氧化碳（CO_2）、六氟化硫（SF_6）和氮气（N_2），这六种气体在相同条件下，其击穿场强见表 5 - 2。

表 5 - 2　五种气体与空气相比的击穿强度

气体种类	H_2	O_2	CO_2	N_2	空气	SF_6
与空气相比的击穿场强（倍）	0.6	0.9	0.9	1	1	2.3～2.5

空气是应用最广泛，也是最廉价的气体绝缘材料，如隔离开关触头间、架空输电线路相与相以及相与大地之间，就是以空气作为绝缘的。

SF_6 气体电气强度高，灭弧性能好。其电气强度高的原因主要为：

（1）SF_6 气体具有很强的电负性，容易俘获电子而成为负离子，使电子失去产生碰撞游离的能力，因而产生碰撞游离的电子数减少了，且形成负离子后就容易与正离子复合。

（2）SF_6 气体分子的尺寸大，电子在这些气体中运动时容易碰撞，自由行程很短，电子不易聚集足够的能量产生碰撞游离。

SF_6 气体应用广泛，在高压断路器、高压电压互感器、高压电流互感器等电气设备中利用 SF_6 气体作为绝缘。还有用 SF_6 气体作为绝缘的全封闭组合电器，即把整个变电所的设备（除变压器外）全部封闭在一个接地的金属外壳内，壳内充以（3～4）$\times10^5$Pa 的 SF_6 以保证相间和相对地的绝缘。其优点是节省占地面积、简化运行维护等。

一、气体的放电过程

通常情况下，在宇宙射线及地层辐射线作用下，气体中有少量带电质点（约为 1000 对/cm^3）。它们在强电场作用下，沿电场方向移动，在间隙中就会有电导电流。因此，气体通常不是理想的绝缘材料，但当电场较弱时，气体电导极小，可视为绝缘体。气体的放电过程可以通过以下实验分析。

实验是在均匀电场、短间隙、低气压的条件下进行的，电路如图 5-7（a）所示，在外部光源（天然辐射或人工紫外线）的照射下，对两平行平板电极间施加电压后，回路中出现了电流，电压与电流关系如图 5-7（b）所示。oa 段电流随电压升高而升高，ab 段电流趋于稳定，此时由外游离因素产生的带电质点全部落入电极，由于外游离因素产生的带电质点数很少，因此饱和电流极小，气体间隙仍处于良好绝缘状态。bc 段电流又随电压升高而增加，说明介质中出现了新的游离因素，这就是电子的碰撞游离。即当外加电压 $U>U_b$ 时，起始电子积累的动能达到了气体分子的游离能，与分子碰撞后可使气体分子游离为一个正离子和一个自由电子，这种游离叫碰撞游离。游离后的自由电子与起始电子一起又会在电场作用下加速运动，产生新的碰撞游离。如此下来，电子数会像雪崩一样增加，这现象叫电子崩。c 点以后电流急剧上升，气体间隙被击穿。

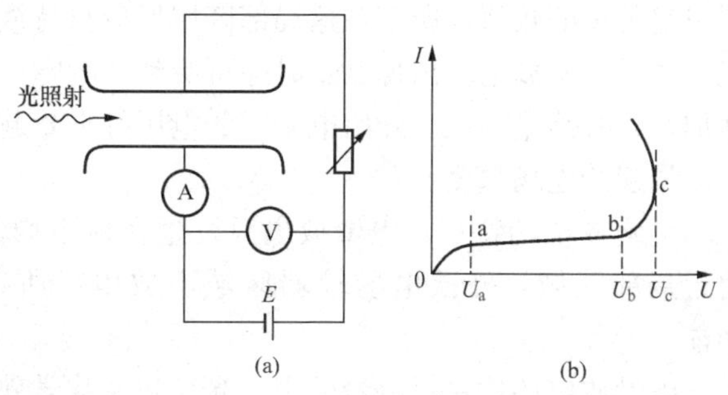

图 5-7 气体间隙的伏安特性

（a）实验装置原理图；（b）均匀电场中气体伏安特性

外施电压小于 U_c 时，间隙电流极小，取消外游离因素，电流将消失，这类放电称非自持放电。电压达 U_c 后，气体发生了强烈游离，且气体中的游离过程可只靠电场的作用自行维持而不再需要光照射等外游离因素，因此 U_c 以后的放电称自持放电。U_c 叫起始放电电压，用 U_0 表示。平板间隙属均匀电场，击穿电压 U_b 等于起始放电电压 U_0，空气间隙在均匀电场中的击穿场强为 30kV/cm。极不均匀电场的击穿电压 U_b 高于起始放电电压 U_0。

气体间隙自持放电后，依电源功率、气体压力及电场情况有如下放电形式：

（1）辉光放电。间隙击穿后，由于气压低，电源功率小，放电表现为充满间隙的辉光放电形式。如日光灯，就是将玻璃管抽成真空，然后充入少量氖气，在玻璃管两端设置电极，施加电压到一定数值，回路电流增加，玻璃管中便出现均匀发光现象，这就叫辉光放电。此外，如验电笔中的显示器，也属辉光放电。

（2）火花放电。间隙击穿后，如果是在大气压下，放电时表现出贯通两极、间歇性的明亮细通道，并伴有“叭叭”声，就叫做火花放电，如雷电现象。火花放电主要发生在气体或液体介质中。

（3）电弧放电。若电源容量足够大，短路电流足够大，放电通道明亮、耀眼、电导极大，弧道和电极温度很高，电流密度极大，并伴随有“嗡嗡”声。如交流电焊及母线弧光接地。

（4）电晕放电。如果电极曲率半径较小，当间隙电压还明显低于击穿电压时，在紧贴电极附近，电场强度较大区域首先发生局部放电，放电区域出现了蓝色的晕光，同时伴随有“咝咝”声，闻到臭氧味，这种现象称作电晕放电。离尖电极越远，场强越小，故放电只局限在尖电极附近空间而不能扩展出去，整个气体间隙仍然处于绝缘状态。电气设备带电的尖角和输电线路在运行中均可能出现电晕放电。

各种放电如图 5-8 所示。

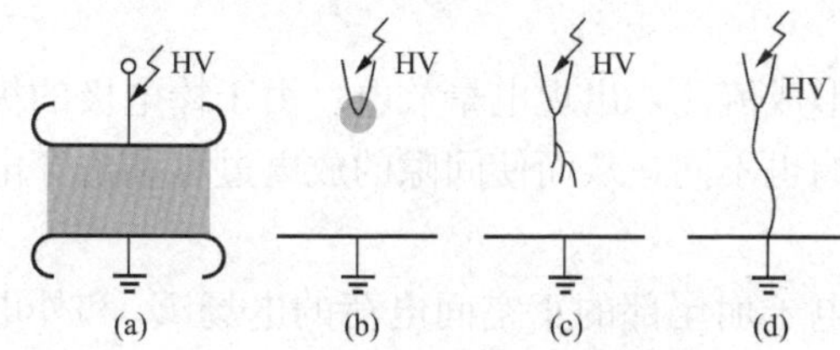

图 5-8 放电外形示意图

（a）辉光放电；（b）电晕放电；（c）刷状放电；（d）火花放电及电弧放电

二、极不均匀电场中的放电过程

工程中遇到的绝缘结构多数是不均匀的，而且通常气体绝缘距离较大，如母线与地之间的电场即为典型的极不均匀电场。极不均匀电场有以下放电特性。

（一）电晕放电

当电场极不均匀时，随着间隙上所加电压的提高，在大曲率电极附近，空气电场首先达到引起游离的数值，所以在这局部区域形成自持放电，由于放电时发出的亮光犹如日月的晕光，故称电晕放电。出现电晕时除可听到“咝咝”声外，还可闻到臭氧味，测量时回路电流增加，且有能量损耗。开始电晕时的电压称电晕起始电压，发生电晕时电极表面临界场强称为电晕起始电场强度。

电晕放电的特点：电晕放电只发生在极不均匀电场中，且只局限于曲率半径小的电极附近局部区域，外层电场较弱区域不放电，所以整个气体间隙没被击穿，仍保持绝缘功能。

电晕放电的危害：电晕的声、光、热及化学效应要消耗能量；放电的生成物对电极和绝缘有腐蚀作用；放电电流为脉冲性质，所以形成的电磁干扰波对附近的电视、通信产生干扰。因此要力求避免或限制电晕放电。

运行中的高压设备内部不允许出现电晕放电，超高压输电线路利用分裂导线和均压环改善电场分布，防止电晕。

（二）极不均匀电场放电过程极性效应

由以上分析可知，极不均匀电场击穿前会发生电晕。而事实上，极不均匀电场在电晕前，棒电极表面游离已相当严重，游离产生的大量空间电荷使电场发生畸变，对整个气隙放电发展和击穿电压产生很大影响。这种影响依大曲率电极的极性不同而不同。此现象叫极性效应。现以棒（尖）—板电场为例分析极不均匀电场的放电过程。

1. 非自持放电阶段电子崩的产生

（1）正棒—负板。如图 5-9（a）所示，极不均匀电场中，棒极附近电场强度最高，所以气体首先游离。游离后，电子迅速向棒极运动，并在强电场下形成电子崩。电子崩到达棒极后，游离出来的电子进入棒电极，间隙中留下正离子。它们缓慢地向板极运动，结果在棒极附近积累起正空间电荷区，正空间电荷削弱了正棒电极表面电场与游离过程。电子崩难以形成流注，电晕起始电压较高，如图 5-9（b）所示。

（2）负棒—正板。如图 5-10（a），棒极附近游离后，电子离开强电场区以越来越慢的速度向板运动，最终消失于板电极。滞留在棒极附近的正空间电荷使负棒表面电场加强，电子崩容易形成流注而产生电晕放电，电晕起始电压较低，如图 5-10（b）。

2. 自持放电阶段流注的产生

随着外加电压的升高，棒电极表面电场增强形成流注，出现电晕放电。由于棒电极的极性不同，空间电荷对棒电极表面和整个间隙的影响也不同，从而使间隙的放电过程和击穿电压也不相同，即有极性效应。

（1）正棒—负板。正棒电极表面形成流注，电子崩尾部的正空间电荷的电场 E_{sp} 和外电场 E_{ex} 作用方向相同［见图 5-9（a）］，畸变的电场加强了朝向负板间电场［见图 5-9（b）曲线 2］。畸变后的电场得到增强，使流注更容易向负板发展，流注头部与负板间电场将进一步增强，流注迅速发展并贯穿到负极，气隙很快被击穿，所以它的击穿电压较低。

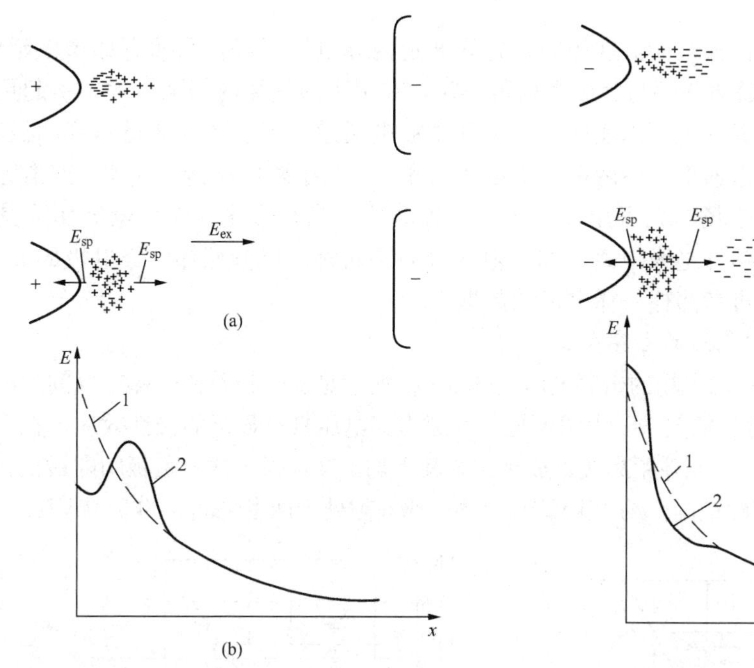

图 5-9 正棒—负板间隙中非自持放电阶段空间电荷对外电场的畸变作用
1—外电场；2—畸变的电场

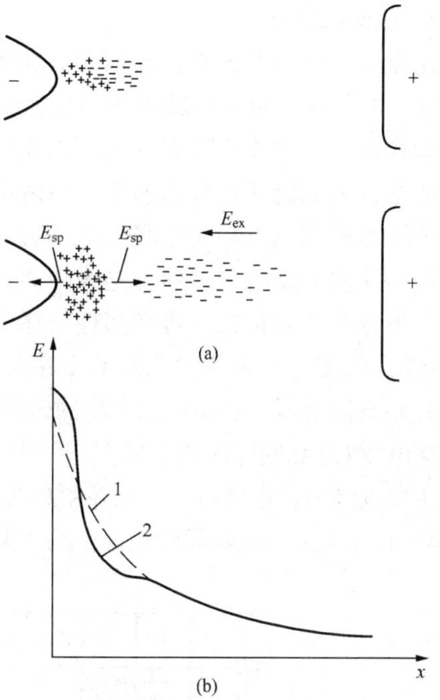

图 5-10 负棒—正板间隙中非自持放电阶段空间电荷对外电场的畸变作用
1—外电场；2—畸变电场

(2) 负棒—正板。负棒电极表面正空间电荷的电场 E_{sp} 和外电场 E_{ex} 作用方向相反，如图 5-10 (a) 所示。畸变后的电场削弱了朝向负板间电场，如图 5-10 (b) 曲线 2 所示。外加电压升高时，负棒表面的流注形成较容易但向正板发展却很困难，造成流注发展缓慢，故它的击穿电压较高。

3. 先导放电阶段

当棒—板间气隙在 1m 以上时，工程上可认为是长间隙。极不均匀长间隙在流注发展到一定长度后，强烈的游离过程使流注温度升高，特别在流注通道根部温度可达数千摄氏度，产生热游离。新的流注使游离通道伸长，这种热游离通道的伸长称为先导放电。图 5-11 所示为正棒—负板先导放电的发展过程。正流注通道 mk 中的电子被阳极吸引，当电子的浓度足够高时，即有足够的电流时，流注通道中就开始热游离。热游离引起了通道中带电质点浓度的进一步增大，即引起了电导的增加和电流的继续加大。于是，流注通道变成了有高电导的等离子体通道——先导 mk。这时在先导通道 mk 的头部又产生了新的流注 nm，于是先导不断向前推进。由于极性效应的缘故，负棒—正板的击穿电压比正棒—负板高。

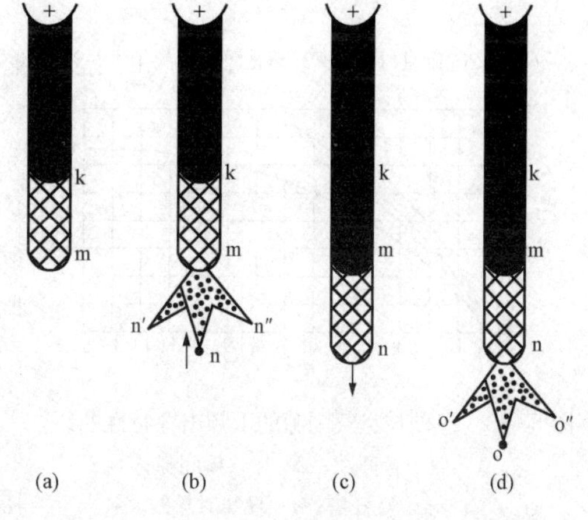

图 5-11 正棒—负板间隙中先导的发展

4. 主放电阶段

先导通道头部电荷与棒极电荷极性相同，先导通道内导电性很好，因而有如棒极延伸。如图 5 - 11 所示，当先导通道头部与负极距离很小时，在很小的气隙内场强极大，引起更强烈的游离过程，使该小气隙内电导迅速增大，出现主放电通道。当主放电通道贯穿两极时，强大的主放电电流流过放电通道，使两极电荷迅速中和，相当于两极短路，气隙全部击穿。

工程上遇到极不均匀电场时，可用棒（尖）—板和棒（尖）—棒（尖）电极作为其典型，根据这些典型电极来估计绝缘距离。如果电场分布不对称，可参照棒—板电极的数据；如果电场分布是对称的，可参照棒—棒电极的数据。

（三）极不均匀电场中气隙的击穿电压

（1）直流电压下极不均匀电场的击穿电压。图 5 - 12 所示是棒—板及棒—棒空气间隙的直流击穿电压 U_B 和间隙距离 d 的关系。由图可见，气隙击穿电压具有显著的极性效应；在图中所示距离范围内，击穿电压与间隙距离接近成正比，其平均击穿场强正棒—负板间隙最低，约 4.5kV/cm，负棒—正板间隙最高，约 10kV/cm，棒—棒间隙处于两者之间，约 5.4kV/cm。

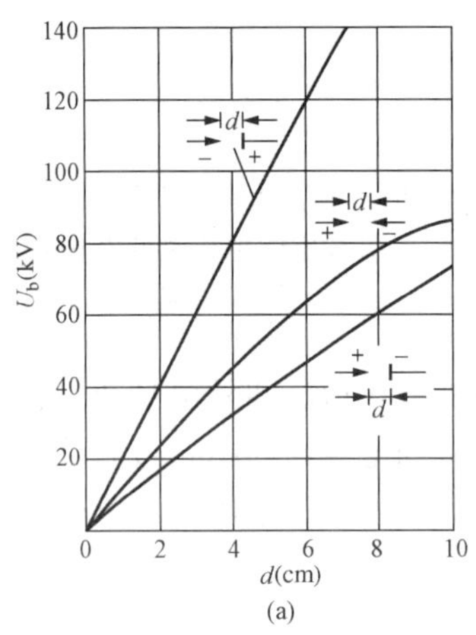

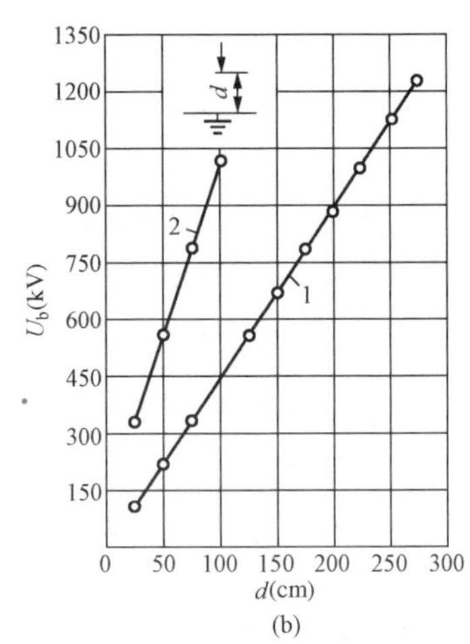

图 5 - 12　棒—板、棒—棒间隙的直流击穿电压 U_b 与气隙距离 d 的关系

（a）短间隙 U_b 与 d 间关系；（b）长间隙 U_b 与 d 间关系

1—正极性；2—负极性

（2）工频电压下极不均匀电场的击穿。图 5 - 13 表示空气间隙工频击穿电压和间隙距离的关系曲线。棒—板气隙在工频电压作用下，击穿总是在棒的极性为正时发生。在距离小于 1m 的范围内，击穿电压和间隙距离近似成直线关系，棒—棒间隙的平均击穿场强约为 6kV/cm（幅值），棒—板间隙稍低一些，约为 5kV/cm（幅值）。棒—板间隙的击穿电压比相应的棒—棒间隙的击穿电压低得不多，但是，当间隙距离超过 2m，击穿电压和间隙距离的关系出现明显的饱和倾向，特别是棒—板间隙，其饱和倾向尤甚，这就使得棒—板间隙和棒—

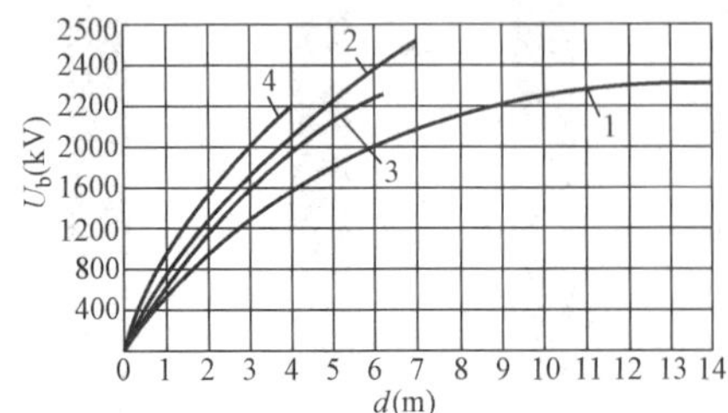

图 5 - 13　各种长空气间隙的工频击穿特性曲线

1—棒—板间隙；2—棒—棒间隙；

3—导线对杆塔；4—导线对导线

棒间隙击穿电压的差距拉大了。所以高压电气设备应尽量避免棒—板型间隙。

三、大气状态对空气间隙击穿电压的影响

空气间隙的击穿电压及电气设备外绝缘的闪络电压，与大气的压力、温度、湿度有关。因此，击穿电压应以标准状态下的为准，各种试验条件下的击穿电压可与标态下的击穿电压互换，换算方法是从实验和物理学中的气体状态方程总结出来的。我国国家标准GB/T16927.1—1997《高电压试验技术》和GB775.2—1987《绝缘子试验方法》规定了标准大气状态为：气压 $p_0=760$mmHg(1mmHg=133.332Pa)，温度 $t_0=20$℃，绝对湿度 $h_0=11$g/m^3，并规定了各种大气状态与标准状态击穿电压的换算关系如下。

（一）压力和温度的影响

压力和温度的变化，表现为气体密度的变化，空气的相对密度 δ 为试验条件下的密度 δ_s 与标准状态下的密度 δ_0 之比，又因为空气密度与压力成正比，与温度成反比，故有

$$\delta=\frac{\delta_s}{\delta_0}=\frac{\frac{p}{T}}{\frac{p_0}{T_0}}=\frac{p}{p_0}\frac{T_0}{T}=\frac{273+20}{760}\times\frac{p}{273+t}=\frac{0.386p}{273+t} \tag{5-10}$$

式中 p——试验条件下空气的压力，mmHg；

t——试验条件下空气的温度，℃。

T_0、T——热力学温度。

实验表明，当空气相对密度 δ 在0.95～1.05之间时，空气间隙击穿电压与其密度成正比。因此，空气相对密度为 δ 时的击穿电压与它在标准状态下的击穿电压有如下换算关系，即

$$U=\delta U_0 \tag{5-11}$$

式中 U_0——标准状态下空气间隙的击穿电压及绝缘子的干闪络电压；

U——实际状态下空气间隙的击穿电压及绝缘子的干闪络电压。

式（5-11）对于均匀电场、不均匀电场，直流、工频、冲击电压均适用。

海拔高的高原地区（如我国的云南、贵州、西藏等），空气稀薄，气压低，空气间隙击穿电压低，所以同样电压等级的电气设备所需的绝缘应加强。高原地区所用电气设备，使用时可选择相应带有“高原”字样的设备。

（二）湿度的影响

大气状态的另一重要因素是湿度，实验表明，湿度增加时，均匀电场击穿电压略有上升，但不明显，可忽略不计。但在极不均匀电场中，击穿电压有明显的提高，原因可能是水分子吸附自由电子成为负离子，游离能力减弱，所以击穿电压增大；均匀电场中，平均击穿场强大，电场强度越高，电子运动速度越快，电子越不容易形成负离子，所以湿度影响小。极不均匀电场中，平均击穿场强低，湿度的影响较明显。

四、沿面放电

在电气设备中，带电体总是要用固体介质来支撑、悬挂和固定，而固体介质通常处于空气中，发生在两种介质分界面处的气体放电称沿面放电。如果放电贯穿两电极，称沿面闪络，闪络时的电压称为闪络电压。

沿面放电是气体放电现象。由于固体介质表面电压分布不均匀，使沿面闪络电压比等长的纯空气间隙击穿电压低（更比等长固体介质击穿电压低），所以固体绝缘与空气的交界面是绝缘的薄弱环节。另外，沿面闪络电压还受表面状态、空气污秽情况和气候条件等因素的影响。电

力系统中常见的雷击线路造成绝缘子闪络跳闸，大气污秽的工业区及沿海地区的线路或变配电所在雨雾天气时的绝缘子闪络引起跳闸，都是沿面放电所致。下面就几种沿面放电现象进行介绍。

（一）沿固体介质表面的气体放电

沿面放电现象与固体介质表面的电场分布有很大关系，依电瓷绝缘结构来分析，固体介质表面的电场分布，有三种典型情况，如图 5-14 所示，现分述如下。

1. 固体介质处于均匀电场中

这种情况如图 5-14（a）所示，在平行板均匀电场中放一瓷柱，瓷柱表面与电力线平行。瓷柱的存在不影响电场分布，可是放电总是发生在瓷柱表面，且比等长的纯空气间隙击穿电压低得多，这是因为固体介质表面吸收空气中的潮气形成水膜，水具有离子电导，离子在电场中沿介质表面移动，电极附近逐渐积聚起电荷，使介质表面电压分布不均匀，电极附近场强增加，因此沿面闪络电压比等长的纯空气间隙击穿电压低得多。由图 5-15 可见，瓷的闪络电压曲线比石蜡的低，这是因为瓷比石蜡更容易吸附水分的缘故。

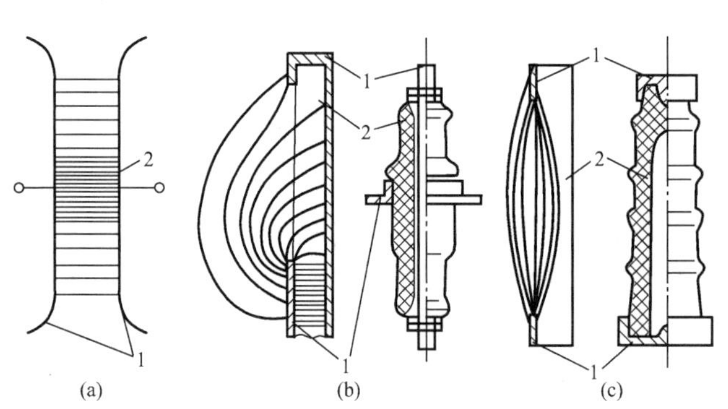

图 5-14　介质表面电场的典型分布

（a）均匀电场；（b）有强垂直分量的极不均匀电场；

（c）有弱垂直分量的极不均匀电场

1—电极；2—固体介质

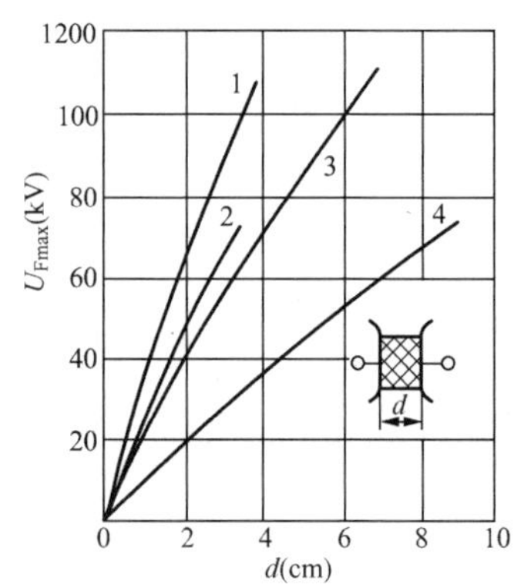

图 5-15　均匀电场中沿不同介质表面的工频闪络电压

1—纯空气间隙；2—石蜡；3—瓷；4—与电极接触不紧密的瓷

除此，固体介质表面电阻分布不均，表面有伤痕，或者与电极接触不紧密，在气隙中先发生放电等情况，也都可能成为均匀电场中沿面闪络电压降低的原因。

2. 固体介质处于极不均匀电场中，表面具有强垂直分量电场

工程上属于这类放电的绝缘结构很多，图 5-14（b）的套管即属此类，它的闪络电压比较低，放电时对绝缘的危害也大。我们以最简单的套管为例来分析其法兰处沿面放电情况，如图 5-16 所示。

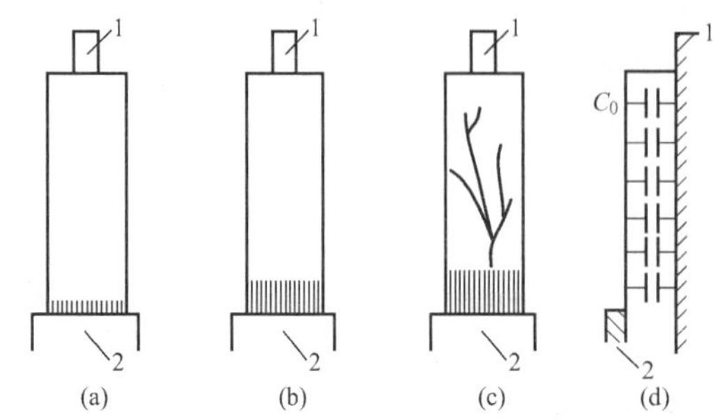

图 5-16　沿套管表面放电示意图

1—导杆；2—法兰

这类绝缘结构的设备，总是首先从局部电场强度较大的地方开始电晕放电，如套管的法兰处，如图 5-16（a）所示。电压再升高，放电形状转变为细线状的火花放电，如图 5-16（b）所示，由于火花途径中电阻值较高，电压降也大，线状火花终止于表面上

同一距离处，其长度随外加电压的增加而成比例地增加。

线状火花被电场法线分量紧压在介质表面，形成局部过热，当电压增加而使放电电流增加时，在火花通道中个别地方的温度可能升得较高，在一定电压下，可能高到足以引起气体热游离的数值。因此，通道中带电质点剧增，通道电阻剧降，这使得头部场强剧增，导致通道迅速增长，放电便转入滑闪放电阶段，如图 5-16（c）所示。因此，滑闪放电是以介质表面放电通道中发生了热游离作为基本特征的。

滑闪放电的火花长度，是随外加电压的增加而迅速增长，当树枝状火花到达另一电极时形成了完全的击穿，称为闪络，电源即被短路。此后依电源容量大小，放电可转入火花或电弧放电。电动力与放电通道发热的上浮力作用，可能使火花或电弧离开介质表面，拉长熄灭。

这种情况下用增大介质表面距离的办法可以提高闪络电压，但效果不大，最有效的办法是改进电极形状以改善电极附近的电场分布。

3. 固体介质处于极不均匀电场中，表面具有弱垂直分量电场

如图 5-14（c）所示，支持绝缘子属这类情况。这种情况下电极本身的形状和布置使电场很不均匀，所以如图 5-14（a）的表面电荷积聚使电场畸变、闪络电压降低的影响已不显著。而这种情况介质表面垂直电场分量较小，沿表面亦无较大的电容电流流过，因此放电过程亦无明显的滑闪放电。

这种情况下沿面闪络电压和纯空气间隙击穿电压的差别，比前两种情况小得多。这种情况下要提高沿面闪络电压，一般从改进电极形状，以改善电极附近的电场着手。例如对于154kV 及以上电压等级的支柱绝缘子，常用几个单个的叠装而成，由于高度大，所以沿面电压分布不均。为提高闪络电压，一般装设均压环。

（二）雨淋或污秽时绝缘子的沿面放电

1. 雨淋时的沿面放电

绝缘子或其他电气设备在户外工作时，其被雨淋的瓷面上会形成一层导电性的水膜，放电电压下降很大，所以实际上在这样工作条件下的绝缘子总是具有一些凸出的裙边，下雨时仅裙边的外面被淋湿，水流到裙边的边缘上，而不会在绝缘子金具之间形成连续的水膜，这样，绝缘子总是能有一部分比较干燥的表面，以提高沿面闪络电压。

被雨淋的绝缘子，其表面放电电压称湿闪电压。以单片悬式绝缘子（X-4.5C）为例，湿闪电压为 45kV，比其干闪电压 75kV 几乎降低一半，如图 5-17 所示。

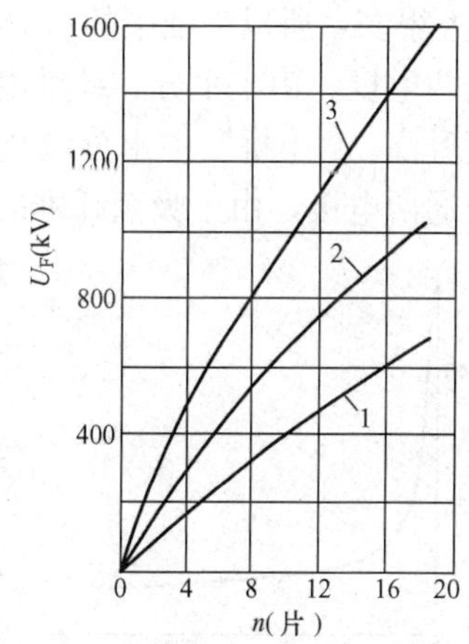

图 5-17 悬式绝缘子串（X-4.5C）的放电特性

1—工频湿闪（有效值）；2—工频干闪（有效值）；3—正极性 1.5/40μS 冲击波（干和湿）

2. 绝缘子的污闪

运行中的绝缘子经常遭受工业污秽或自然界盐、碱、飞尘等的污染，形成污秽层，干燥时电导较小，在不利的气候下（如雾、露、毛毛雨、融雪等），污秽层被浸湿，电导增大，在外加电压作用下，表面泄漏电流增大，从而可能导致绝缘子在工作电压下沿面闪络。这种现象叫污闪。

污闪的特点：闪络电压低，污闪事故多发生于工作电压下，与雷击闪络不同，污闪重合闸成功率低，往往造成大面积、长时间停电，因为污染一般是地区性的，修复时间长，危害极大。

防污闪措施：增加绝缘距离；采用防污型绝缘子；保证合理的清扫周期；绝缘子表面涂憎水性涂料（如RTV涂料等）；采用污闪电压较高的硅橡胶复合绝缘子。

第三节　液体、固体介质的击穿

一、液体介质的击穿

由于液体电介质的密度远比气体介质的密度大，所以液体电介质的耐电强度一般比气体高，目前作为电气设备绝缘用的液体介质主要是从石油中提炼出来的矿物油，广泛用于变压器、互感器、油断路器、套管，称为变压器油。其他如蓖麻油、人工合成氯化联苯、合成十二烷基苯等都不如变压器油应用广泛。液体介质在设备中起着绝缘、冷却、灭弧、浸渍、填充等作用。下面以变压器油为例分析液体介质的击穿特性及影响击穿电压的因素。

（一）变压器油击穿过程

从击穿机理的角度，可将液体介质分为两类：纯净油和工程用油。两者击穿机理有很大不同，下面分别讨论。

纯净油击穿过程：纯净油击穿过程可用碰撞游离理论解释。从阴极出发的自由电子在向阳极运动的过程中产生碰撞游离。外加电场越强，碰撞游离程度越高，产生的带电质点数越多。当外加电场达一定值，介质被击穿。液体介质如此，气体、固体介质也一样。

纯净油提炼很困难，且即使为纯净油，设备在运行中也会有固体绝缘材料脱落的纤维和从空气中吸收的潮气，所以工程用变压器油总是含有杂质。

杂质油击穿过程：含杂质的变压器油，其击穿过程可用“小桥”理论来解释。“小桥”理论指的是由于水和纤维的相对介电系数分别为81和6～7，比油的相对介电系数的1.8～2.8大得多，所以当油中的水分被纤维吸收后，易沿电场排列，形成杂质“小桥”。当小桥架通两电极，由于水分和纤维电导较大，所以流过“小桥”的泄漏电流增加，发热增加，使温度升高，“小桥”中水分汽化，气泡扩大，也会使油受热分解，形成气泡。即使“小桥”不架通两电极，由于吸潮纤维的存在，使没被“小桥”架通部分油场强增加而导致其游离分解出气体，也会产生气泡，最后可能在气体通道中击穿。

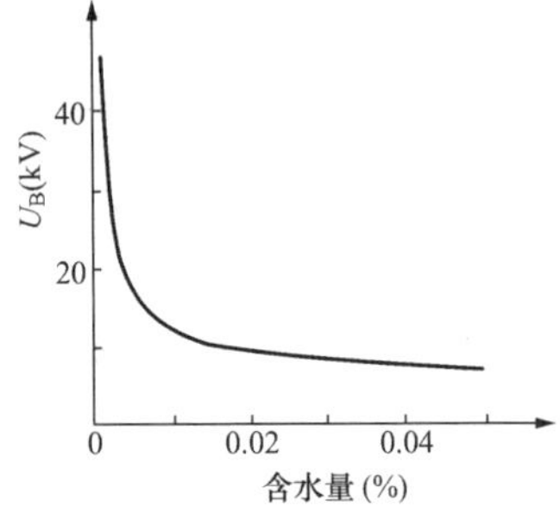

图5-18　变压器油的工频击穿电压U_B和含水量的关系（在标准油杯中）

（二）影响变压器油击穿电压的因素

（1）水分。影响变压器油绝缘强度的因素很多，但最主要的是水分，特别是纤维吸收了水分之后最为严重。在油中水分处于溶解状对油的绝缘强度影响不大，但当水分处于悬浮状时，则使绝缘强度大为降低。图5-18为标准油杯试验电极间隙（2.5mm）的工频击穿电压与含水量的关系曲线。当含水量仅为0.02%时耐压已比纯油降低约10倍，当含水量大于0.02%～0.03%时，只是增加几条并联的击穿通道，绝缘强度已不会再下降。

（2）电压作用时间。油抗电强度与外加电压作用时间有关。电压作用时间越长，油中杂质有足够的时间搭成小桥，抗电强度就低；作用时间越短，如在冲击电压作用下，油中杂质来不及在两电极间搭起小桥，击穿电压就高。对于不太脏的油，工频电压加压 1min 时的抗电强度与电压作用更长时的抗电强度相差不多，故工程上变压器油工频耐压时间就取 1min。

（3）油温。油击穿电压与油温有关。受潮的油击穿电压与油温的关系如图 5-19 曲线 2 所示，由图可知，当 0℃＜t＜60～80℃时，温度上升，击穿电压上升；t＞60～80℃时，温度上升，水分汽化，击穿电压下降；油温在 0℃以下进一步降低时，水分凝结呈悬浮状，另外油变黏稠，击穿电压上升。由图 5-19 可见，油温在 60～80℃时，击穿电压最高。变压器在运行过程中，应巡视油温，油温超过 60～80℃时，应减负荷或加强散热。

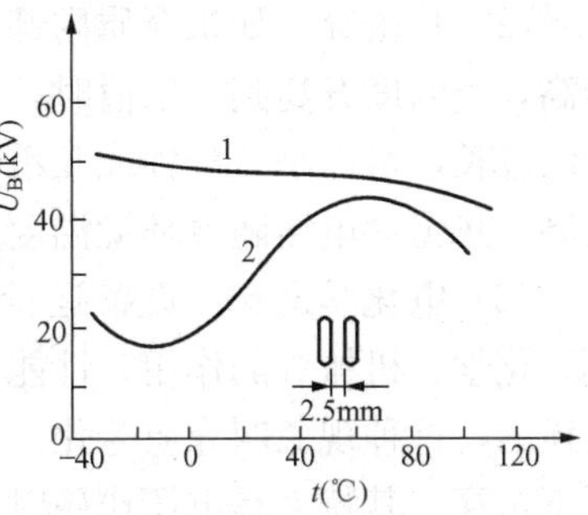

图 5-19 标准油杯中变压器油工频击穿电压 U_B 与温度 t 的关系

1—干燥的油；2—潮湿的油

未受潮的油击穿电压受温度影响很小，如图 5-19 曲线 1 所示。

（4）电场均匀程度。如果电场均匀，则油的品质对击穿电压影响很大；如果电场极不均匀，则油的品质对击穿电压影响很小。也就是说，在极不均匀电场中，通过提高油的品质来提高击穿电压好处不显著，因为极尖处电场极强，易游离造成油品质的下降；相反，如果油的品质很差，改善电场均匀程度的好处不显著，因为杂质的影响能使电场畸变。

（5）压力。压力上升，气体在油中的溶解度增加，另外，气泡的局部放电电压也上升，所以整体油的击穿电压上升。

（三）提高变压器油击穿电压的措施

（1）提高油的品质。方法有过滤、祛气、干燥。

（2）在曲率半径较小的电极上，覆盖以薄电缆纸、黄蜡布或涂以漆膜。

（3）在曲率半径小的电极上包缠较厚的电缆纸等固体绝缘层覆盖，这样可减小油中电场强度的最大值，从而显著地提高工频及冲击击穿电压。

（4）在油隙中放置尺寸较大（与电极尺寸相适应）厚度在 1～3mm 的层压纸板或层压布板屏障，从而使油间隙的击穿电压提高。

二、固体介质的击穿

在气体、液体、固体绝缘材料中，固体材料密度最大，耐电强度也最高。通常，空气耐电强度在 3～4kV/mm 左右，液体的耐电强度在 10～20kV/mm，而固体的耐电强度在十几至几百 kV/mm。但固体电介质的击穿过程最复杂。

（一）固体介质的击穿过程

随着施加于介质电压的增加，当其达某一数值时，通过介质的电流剧增，固体介质中形成了良好的导电通道，此时固体介质由绝缘状态转变为导电状态，这就是固体介质的击穿。固体介质击穿后会出现烧痕、裂缝或熔化的放电通道，即使去掉加在固体绝缘上的外加电压，它也不能像气体、液体介质那样恢复原有的绝缘性能。所以固体介质是唯一的不可恢复绝缘。固体介质的击穿形式有：

（1）电击穿。主要是介质内部场强太高引起的，与气体击穿过程相类似。当外加电压较高，介质内部电场强度较高，介质内部固有的少数自由电子产生碰撞游离，使带电质点数剧增，导致击穿。其特点是电压作用时间极短，约为 10^{-6}～10^{-8}s；击穿电压高，击穿场强与电场均匀程度有密切关系，但与环境温度无关。

（2）热击穿。如果介质内部存在缺陷时，缺陷处损耗增多，当发热量大于散热量，温度升高，当温度升高到一定值时，介质分解炭化，绝缘性能丧失，叫热击穿。主要特点是作用时间较长，可以是几分钟或几小时；热击穿电压值较低，绝缘内部（主要是局部）温度上升较高；热击穿电压随着环境温度的上升而下降，但与电场均匀程度关系不大。

（3）电化学击穿。设备运行很长时间后（数千小时乃至数年），运行中绝缘受到电场、热、化学、机械等的作用，性能逐渐变坏，这一过程如果是可逆的，称介质疲劳。如果是不可逆的，这种现象叫介质老化。介质老化后，绝缘能力下降，最后导致绝缘在较低的工作电压下击穿。其特点是电压作用时间长，击穿电压低。

（二）影响固体绝缘击穿电压的主要因素

影响固体绝缘的因素很多，下面仅就几个主要因素作介绍。

（1）电压作用时间。外施电压作用时间对击穿电压影响很大，当外加电压作用时间短暂（0.1s 内），热、化学等因素来不及起作用，对绝缘造成的击穿通常属电击穿，击穿电压高。随外施电压作用时间的增长（从几小时到数年），击穿电压显著降低，属于热击穿或电化学击穿，如图 5-20 所示。图 5-21 为油浸电工纸板击穿电压与电压作用时间关系的试验结果。

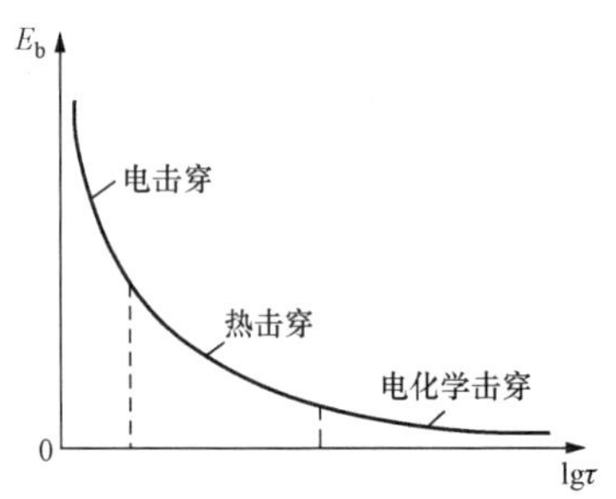

图 5-20 固体电介质击穿场强与电压作用时间的关系

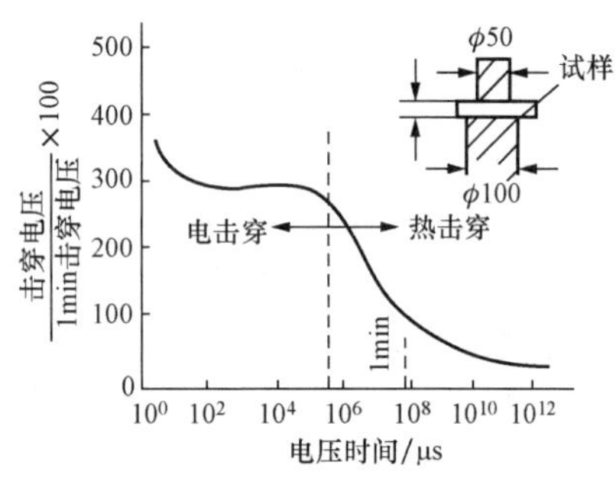

图 5-21 油浸电工纸板击穿电压与电压作用时间的关系（25℃）

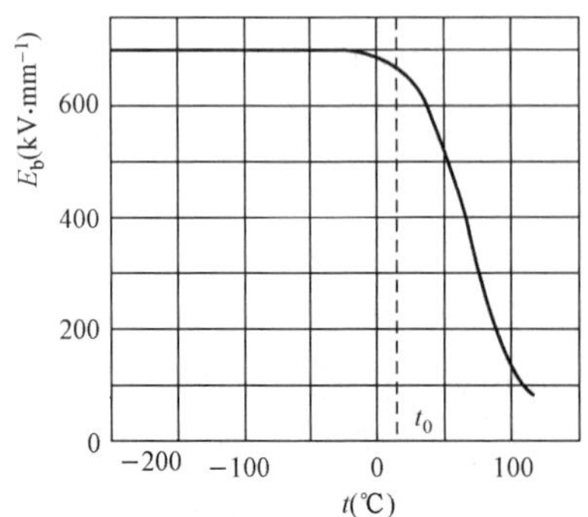

图 5-22 聚乙烯的短时电气强度与周围温度的关系

（2）环境温度。当环境温度较低时，介质击穿场强很高，且与环境温度几乎无关，属电击穿；当环境温度在一定值以上，这时周围温度越高，散热条件越差，热击穿电压就越低。对不同材料，此转折温度是不同的，即使同一材料，如材料愈厚，散热越困难，此转折温度可能更低，即在更低温度时便出现热击穿。如图 5-22 所示，t_0 为转折温度。

（3）电场均匀程度。在均匀电场中，击穿电压随绝缘厚度增加成线性上升；不均匀电场中，介质厚度增加时，散热困难，容易出现热击穿。所以击穿电压随介质厚度增加上升不明显，此时继续增加绝缘厚度意义不大。

(4) 电压种类。相同绝缘材料，在交、直流及冲击电压作用下，其击穿电压往往是不同的。介质的冲击系数（冲击击穿电压与工频击穿电压幅值之比）常大于1，这是因为冲击电压作用时间短暂的缘故。直流下击穿电压也常比工频时高得多，因为直流下固体介质中损耗小，局部放电弱之故。同样，触电时工频交流对人体的伤害也比直流严重。高频下局部放电严重，损耗也大，击穿电压最低。

(5) 累积效应。电气设备的绝缘在制造或运行中，内部不可避免地存在某些缺陷，在冲击电压或工频试验电压下，介质内部会发生局部放电并留下损伤的痕迹，但未形成完全击穿。但随着冲击电压或耐压试验次数的增多，这些缺陷或局部损伤逐步发展，从而使击穿电压降低，最终导致介质的完全击穿，这种现象叫“累积效应”。

(6) 受潮。固体介质受潮后，电导增加，泄漏电流增加，所以发热增多，易产生热击穿。所以固体介质受潮后，击穿电压下降，下降的程度与介质的性能有关，对于不易吸潮的中性介质，如聚乙烯、聚四氟乙烯等，吸潮后击穿电压将下降50%左右；对于易吸潮的极性介质，如纤维、纸等，吸潮后击穿电压迅速下降，最低可降至干燥时的数百分之一。

(7) 机械负荷。固体材料在使用中有时会遇到较大的机械负荷作用，使材料发生裂缝、松散，其击穿电压显著降低。

此外，有机固体材料在运行中受热、化学的作用，可能变脆，裂开失去弹性，不能再作为绝缘材料使用。所以电气设备的散热问题应予以重视。

（三）提高固体绝缘抗电强度的措施

提高固体绝缘抗电强度，通常有下面几个措施：改进制造工艺，尽可能清除介质中的杂质、气泡和水分，如采用精选材料，真空干燥，浸渍绝缘油或胶等方法；改善电场分布，使绝缘各组成部分做到尽可能合理承担电压；改进电极形状，减少电极边缘处的局部放电；改善绝缘工作条件，如防止潮气侵入，加强散热冷却，防止臭氧及有害气体与绝缘材料接触。

第四节　电介质的其他性能

绝缘材料除电气性能外，在实际使用中，还有其他性能很重要，现简述如下。

一、绝缘材料的热性能

每种绝缘材料都有一个最高允许持续工作温度，在此温度下，设备可以长期安全地工作，超过这个温度就会迅速老化，降低其绝缘性能。

按照耐热等级，把电气设备绝缘材料分为Y、A、E、B、F、H、C等级别，见表5-3。绝缘材料在运行中，一般情况下最高持续工作温度不允许超过表5-3所规定的数值，否则绝缘材料将迅速老化、寿命缩短。例如A级绝缘材料的最高允许持续工作温度为105℃，A级绝缘若温度超过最高允许工作温度8℃，则寿命缩短一半，通常称为热老化8℃规则。实际上由于耐热等级不同，规则并不都是8℃，如B级绝缘为10℃，H级绝缘为12℃。

表 5 - 3　　几种常用绝缘材料的耐热等级

级　别	最高持续工作温度（℃）	材　料　举　例
Y（0）	90	未浸渍过的木材、棉纱、天然丝和纸等材料或其组合物；聚乙烯、聚氯乙烯、天然橡胶
A	105	矿物油及浸入其中的 Y 级材料；油性漆，油性树脂漆及其漆包线
E	120	由酚醛树脂、糠醛树脂、三聚氰胺甲醛树脂制成的塑料、胶纸板、胶布板、聚酯薄膜及聚酯纤维；环氧树脂；聚胺酯及其漆包线；油改性三聚氰胺漆
B	130	以合适的树脂或沥青浸渍、黏合或涂复过的或用有机补强材料加工过的云母、玻璃纤维、石棉等的制品；聚酯漆及其漆包线；使用无机填充料的塑料
F	155	用耐热有机树脂或漆所黏合或浸渍的无机物（云母、石棉、玻璃纤维及其制品）
H	180	硅有机树脂、硅有机漆，或用它们黏合或浸渍过的无机材料；硅有机橡胶
C	＞180	不采用任何有机黏合剂或浸渍剂的无机物，如云母、石英、石板、陶瓷、玻璃或玻璃纤维、石棉水泥制品、玻璃云母模压品等；聚四氟乙烯塑料

对于绝缘寿命主要由热老化决定的设备，设备的寿命和负荷情况有极密切的关系。同一设备，如果允许负荷大，则运行期间投资效益高，但该设备必然升温较高，绝缘热老化快，寿命短；反之欲使设备寿命长，应将使用温度规定较低，允许负荷较小，这样运行期间投资效益会降低。综合考虑上述因素，为能获得最佳综合经济效益，应规定电气设备经济合理的正常使用期限，对大多数电力设备（发电机、变压器、电动机等），认为使用期限定为 20～25 年较为合适。根据这个预期寿命，就可以定出该设备的标准使用温度。在此温度下，该设备的绝缘性能保证在上述正常使用期限内安全工作。

一些材料在低温下使用时，会发生固化、变脆、开裂，所以对运行于低温下的设备，也要注意到它的耐寒性。如选择变压器油时，要注意其凝固点应低于环境的最低温度（油的牌号 10 号、25 号、40 号，分别表示其凝固温度为－10℃、－25℃、－40℃等）。

脆性材料（玻璃、陶瓷、硬塑料等）在剧烈变化的温度（热冲击）作用下，由于材料内外层间温差和不均匀的膨胀（或收缩）可能形成裂缝。这种性质称为耐热冲击稳定性，对户外装置是很重要的。因为户外装置工作时会遇到骤冷骤热的情况，故在电瓷工厂试验中，有冷热试验项目。

其他还有固体的软化温度，液体的黏度等也都属于热性能参数。

二、电介质的机械性能与吸潮、生化性能

（1）机械性能。固体绝缘材料可分脆性、塑性和弹性材料三种。必须注意，各种材料的抗拉、抗压和抗弯强度可能相差很大。如瓷的抗压强度比抗拉、抗弯强度高得多。所以在进行结构设计时，应注意充分发挥材料强度的特点。

（2）吸潮性。介质吸收水分后，能影响其电气性能，在运行于湿度大的环境，选用材料时应注意选用吸潮性小的，或对材料进行表面防潮处理。

（3）生化性能。材料的化学稳定性，如固体介质的抗腐蚀性（抗氧、臭氧、酸、碱、盐等的腐蚀）和抗溶剂的稳定性（如耐油性等），又如液体介质的抗氧化性（油的酸价）等，应根据工作条件予以重视。工作在湿热地区的绝缘还应注意其抗生物性（霉菌、昆虫的危害）。

第五节 组合绝缘的电气性能

高压电气设备常采用组合绝缘，组合绝缘中用得很多的是纸。单一的纸电气强度为10～13kV/mm，单一油电气强度也仅为10～20kV/mm，但纸浸油后，电气强度可达50～120kV/mm。这是因为油填充了纸的空隙，而纸又可以作为油的屏障。近年来在组合绝缘中越来越多地使用塑料绝缘。

组合绝缘中，最理想的效果是电气强度高的材料承担大的压降，电气强度差的材料承担小的压降，这样，整体绝缘可得到充分的利用。但实际往往不是这样，组合绝缘在直流电压作用下，各材料压降与绝缘电阻成正比；在交流电压作用下，各材料压降与其电容成反比，也就是各材料压降与其相对介电系数ε_r成反比。以油纸组合绝缘为例，油的相对介电系数约为2，纸的相对介电系数约为6，所以油中电场强度高于纸，而油的电气强度比纸低。类似这样的情况就容易在油中产生局部放电，降低整体材料的绝缘强度。

一、组合绝缘中的局部放电

组合绝缘的绝缘强度很大程度上取决于是否产生局部放电以及局部放电的程度。局部放电发生后，产生的电子和离子撞击绝缘材料起破坏和化学腐蚀作用。另外，局部放电产生的化合物也会腐蚀绝缘材料和金属电极。局部放电分为三种情况：一是组合绝缘与电极接触不紧密留下的气隙放电；二是组合绝缘内部含气泡；三是电极边缘电场强处沿固体绝缘表面发生的局部放电。

前两种情况放电机理相似，都可以看成组合绝缘内部夹入气体绝缘层。由于气体介质相对介电系数小，在交流电压作用下，其中电场强度约为固体绝缘的4～8倍，而其电气强度又比固体绝缘弱，所以首先放电。除此还应看到，如果固体绝缘性能下降，绝缘电阻下降，电压降减小，气体压降就会增加，进一步加剧了局部放电。

绝缘材料在交流电压作用下，局部放电产生的离子来回周期性地撞击绝缘，损坏绝缘使故障扩大。例如电机线棒的云母带绝缘与铁芯槽壁间的气隙电晕放电时，云母带在离子的撞击和放电的高温破坏下变成粉末，导致事故的发生。为防止这种现象，在线棒绝缘表面涂敷含炭黑和石墨的半导体漆，这样，线棒绝缘表面与铁芯等电位，防止了电晕的产生。在直流电压作用下，局部放电产生的离子在电场力作用下向两极运动，其形成的离子电场与外加电场反向，削弱了外加电场，放电受到抑制，所以直流电压下的绝缘强度比交流电压下高。

另一种情况是由于电极边缘电场强度过高引起的固体绝缘表面局部放电，这是因为表面电容的分流作用引起的电场分布不均匀，如电机线棒出槽口处电晕就是这种情况。所以在电机线棒出槽口附近涂一段半导体漆，这样，尽管出槽口处电流密度大，但由于绝缘电阻小，压降便会降低，从而避免了电晕。

二、影响组合绝缘击穿电压的因素

（1）组合绝缘的短时耐电强度一般来说很高，但耐游离性能却很差，因此长时间电压作用下的击穿场强远低于短时电压作用下的击穿场强。例如浸渍纸绝缘，在短时电压作用下油填充了纸中的空隙，击穿场强很高，可达100kV/mm以上。在时间长时，浸渍纸绝缘由于耐游离性能差而大大下降。

（2）油纸绝缘击穿场强随电压频率提高而下降。直流击穿电压为工频交流的两倍以上，这是因为直流电压作用下绝缘的局部放电和介质损耗都较小的缘故。

（3）油纸绝缘的层数对击穿场强有影响。纸的厚度一样，层数增加，则纸中的弱点（导电点、孔隙等）重合的几率减少，击穿场强提高。另外，纸的厚度增加，极间距离增大，边缘效应加剧，散热困难，将使击穿场强下降。极板间距离在 70～90μm 时，击穿场强最高。电容器的纸绝缘就为这个厚度，电压高时就采用多个元件串联。

（4）油纸绝缘中，油层和气隙是绝缘的薄弱环节，由此可通过提高油压来提高油纸绝缘在工频长时间电压作用下的电气强度。例如高压充油电缆，即通过提高油压来提高油浸电缆纸的绝缘强度。

小　　结

1. 绝缘是电气设备的重要组成部分，其作用就是把不同电位的导体隔离开来，保证电气设备正常工作。绝缘事故是设备事故的主要原因之一，所以研究安全用电就必须讨论绝缘及绝缘结构的电气性能。

2. 介质在电场作用下有下列现象：极化、电导、损耗、老化、击穿。

反映极化程度的参数是 ε_r，ε_r 越大，极化程度越高，ε_r 太大的极性介质如水不能作为绝缘材料。

电导反映绝缘材料的导电能力，任何绝缘材料的绝缘能力都不是绝对的。绝缘的电导越大，电导电流越大，容易发热导致热击穿。

介质损耗角正切 $\tan\delta$，对于均匀介质而言，它反映介质单位体积的有功损耗，$\tan\delta$ 越大，设备运行时有功损耗太大，发热太多，易导致热击穿。

老化是指绝缘材料在电场、热、化学和机械应力联合作用下绝缘性能逐渐劣化的不可逆过程。

反映绝缘材料绝缘能力的是材料的击穿场强 E_B，它等于击穿电压和材料厚度的比值。

3. 最常用的气体绝缘材料是空气和 SF_6 气体。空气价廉，但其放电电压会受大气状态的影响。SF_6 气体电气强度高，灭弧性能好，是设备内绝缘的常用材料，但价格贵。

气体的放电，主要是由于各种强烈的游离导致绝缘内部带电质点剧增引起的。气体放电依电极形状、电源功率、气体压力及电压大小有不同的形式。

工程上遇到的绝缘结构多数是不均匀的，极不均匀电场的气体间隙放电过程会有电晕放电和极性效应现象。本书还给出了典型电场下直流、交流电压的击穿场强，以估计绝缘距离。

沿面放电是气体放电现象，由于受表面状态、不利气候的影响，沿面闪络电压总是低于等长纯空气间隙的击穿电压。所以固体介质与空气的分界面是绝缘的薄弱环节。

4. 液体介质除了绝缘作用外，还有冷却、灭弧的作用；固体绝缘除了绝缘作用外，还有支撑、极间障的作用。

液体绝缘主要采用变压器油，杂质油击穿过程可用“小桥”理论来解释。影响变压器油电气强度的主要因素是水分和杂质。

固体绝缘的击穿形式有电击穿、热击穿和电化学击穿。冲击电压下常发生电击穿，受潮后常发生热击穿，运行长时间后常发生电化学击穿。

5. 电介质除了电气性能外，还有其他一些很重要的性能，如热性能。工作时温度若超过该材料等级允许的持续工作温度，容易造成绝缘的击穿或减小使用寿命。

6. 组合绝缘是工程上常用的绝缘结构，组合绝缘短时击穿场强很高，但耐游离性能很差。所以应注意消除组合绝缘中的气泡，防止局部放电。

习　　题

5-1　绝缘的作用是什么？

5-2　什么是极化？ε_r 有何物理意义？常用绝缘材料的 ε_r 值为多少？

5-3　为什么固体、液体介质中气泡易先放电？

5-4　什么为吸收电荷？为什么对一些电容量较大的电气设备（如变压器、电容器、电缆、大容量电机等）高压试验后其接地放电时间要长？

5-5　介质的电导是怎么构成的？

5-6　为什么 $\tan\delta$ 可反映绝缘材料的品质？常用介质的 $\tan\delta$ 通常为多大？

5-7　电介质在电场作用下损耗的形式有几种？电介质在直流电压作用下与交流电压作用下哪种损耗大？为什么？

5-8　电介质在电场作用下会发生哪些物理现象？各用什么参数反映？

5-9　常用的气体介质有哪几类？应用最广泛的是什么？电气强度最高的是什么？

5-10　以空气作为绝缘的优缺点如何？

5-11　气体放电有哪些主要形式？各有什么特点？各举一实例。

5-12　什么是电晕？有何危害？什么情况下发生电晕？工程上常采用哪些防晕措施？

5-13　卤族元素化合物（如 SF_6）具有高电气强度的原因是什么？

5-14　什么叫沿面闪络？导致沿面闪络电压低于等长纯空气间隙击穿电压的原因是什么？

5-15　空气压力、温度、湿度、不同海拔高度对空气击穿电压有何影响？

5-16　什么是污闪？防止污闪有何措施？

5-17　液体介质在电气设备中有哪些作用？

5-18　简述工程用绝缘油的击穿过程。

5-19　绝缘材料在冲击电压下常常是电击穿而不是热击穿，在高频电压下常常是热击穿而不是电击穿，为什么？

5-20　固体介质的击穿形式有哪些？各有何特点？

5-21　影响固体介质击穿电压的因素有哪些？

5-22　为什么设备承受的电压不能超过其额定电压？

5-23　什么叫绝缘的电气强度？如何表示？

5-24　影响绝缘电气强度的因素有哪些？为什么？

5-25　绝缘各耐热等级允许的最高工作温度分别是多少？

5-26　为什么油纸组合绝缘的绝缘强度比单一的纸或单一的油绝缘强度都高？

5-27　组合绝缘中的局部放电有几种情况？

5-28　影响组合绝缘击穿电压的因素有哪些？

第六章　绝缘预防性试验

一、试验目的

电气设备绝缘预防性试验的目的是发现设备绝缘中隐藏的缺陷，给设备检修提供依据，防止设备在运行中损坏，造成更大的损失。

绝缘缺陷一种是制造或大修过程潜伏的，另一种是运行中在工作电压、过电压、过电流、机械力、潮湿、脏污等作用下逐渐发展起来的。设备绝缘缺陷分两类：集中性缺陷和分布性缺陷。集中性缺陷，指制造及运行过程中绝缘局部遭受的损伤，如瓷质开裂、发电机线棒磨损等。分布性缺陷，指绝缘整体老化、劣化和受潮等。

二、试验分类

绝缘试验的方法很多，大致可分为两大类：非破坏性试验和破坏性试验。

非破坏性试验所加试验电压 U_s 低于设备额定电压，测定电气设备绝缘的某些电气参数（如绝缘电阻 R_∞、吸收比 K、泄漏电流 I_∞、介质损失角正切值 $\tan\delta$、绝缘油中溶解气体的色谱分析）及其变化情况，从而判断设备绝缘健康状况。由于试验过程不会对设备造成破坏，故称非破坏性试验。各种试验反映绝缘的性质不同，对不同绝缘材料、绝缘结构的有效性也不一样，所以往往需要采用多种非破坏性试验，并对结果综合分析，才能对绝缘状况作出正确判断。

破坏性试验是根据设备运行过程中可能出现的过电压对绝缘进行试验，由于所加试验电压 U_s 高于设备额定电压，所以试验过程可能造成设备的损坏，故称破坏性试验。破坏性试验对绝缘的考验严格，揭露绝缘隐藏的缺陷最有效。

由于预防性试验必须在设备停电状态下进行，对于发现缺陷不及时，目前正在研究和发展带电测试，带电测试更符合实际，而且可以实现连续带电测量，并实现微机控制和数据处理。

第一节　绝缘电阻和吸收比测量

绝缘电阻是反映电气设备绝缘性能的基本指标之一，利用兆欧表测量绝缘电阻和吸收比，是最简单而常用的非破坏性试验。

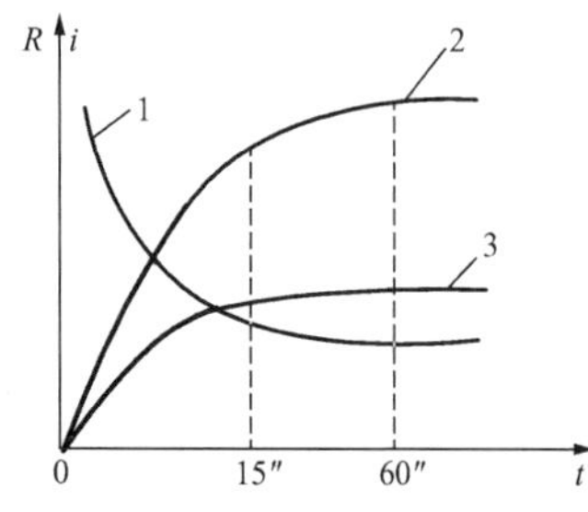

图 6-1　泄漏电流、绝缘电阻测量值与时间的关系

一、绝缘电阻和吸收比

前面一章已介绍过，对设备的绝缘施加直流电压 U，初瞬由于极化过程的存在，电流随时间变化，逐渐减小，最后趋于稳定值 I_∞，I_∞ 就是泄漏电流。而其对应的就是要测量的绝缘电阻 R_∞（$R_\infty=U/I_\infty$）。

当被试品干燥良好，介质内参与导电的离子较少，相应的绝缘电阻大，且吸收过程（即极化过程）缓慢，吸收现象明显，电流随时间变化的关系如图 6-1 曲线 1，由于外加电压恒定不变，因此可以推出 R 随时间变化的曲线 2。绝缘受潮或其中有集中性导电通道，相应绝缘电阻减小，且吸收过程快，吸收现象不明显，R 随时间变化的关系如曲线 3。

对于一般设备，加压一分钟极化过程基本结束，因此我国规程规定加压 60s 后的电阻数值或稳定值，作为工程上的绝缘电阻值。除此，还可以通过测量吸收过程的快慢，即测量吸收比或极化指数来判断绝缘状况。

吸收比 K：60s 时的绝缘电阻与 15s 时绝缘电阻之比，即

$$K=\frac{R_{60''}}{R_{15''}} \tag{6-1}$$

极化指数 P：对大容量和吸收过程较长的变压器、发电机、电缆等，有时用 K 值尚不足以反映吸收全过程，因此用极化指数 P 表示，即

$$P=\frac{R_{10\min}}{R_{1\min}} \tag{6-2}$$

二、试验结果分析

测量结果不论是绝缘电阻或吸收比都只是参考性的，如果不满足允许值，则绝缘中肯定存在缺陷，如绝缘内部有集中性导电通道，或绝缘受潮、脏污，特别是受潮，最易出现。如果满足了允许值，也还不能肯定绝缘是良好的，还要与历次测量结果比较，与处于同一运行条件下的不同相测量结果比，不应有太大的差别，否则应查明原因。例如，表 6-1 列出了真空断路器断口和有机绝缘拉杆的绝缘电阻允许值。

表 6-1　真空断路器断口和有机绝缘拉杆的绝缘电阻允许值（MΩ）

试验类别	额定电压（kV）	
	<24	20～40.5
交接、大修后	1200	3000
运行中	300	1000

低压配电装置和电力线路绝缘电阻不小于 0.5MΩ。

对于吸收比，我国电力行业标准 DL/T596—1996《电力设备预防性试验规程》规定，电力变压器及大型发电机凡采用沥青浸胶及烘卷云母绝缘者，K 值不应小于 1.3，P 值应不小于 1.5；大型发电机当采用环氧粉云母者，K 不应小于 1.6，P 值应不小于 2.0。发电机容量在 200MW 及以上者推荐测量 P 值。

例如，有一台 35kV、5000kVA 的电力变压器绝缘受潮，测得 $R_{15''}=115\text{M}\Omega$，$R_{60''}=130\text{M}\Omega$，计算吸收比 $K=1.13<1.3$。变压器进行干燥处理后，重做绝缘电阻试验，测量结果 $R_{15''}=580\text{M}\Omega$，$R_{60''}=950\text{M}\Omega$，计算吸收比 $K=1.64>1.3$，绝缘电阻值由 130MΩ 提高到 950MΩ，说明绝缘受潮情况已经消除。

三、适用范围

测量各设备的绝缘电阻能发现贯通性缺陷，如表面普遍脏污、绝缘整体受潮或贯通的受潮带，对于非贯通的局部缺陷，有时缺陷可能相当严重，但测出的 R_∞ 仍很大，这是因为兆欧表电压较低的缘故。

吸收比试验只适合大容量、多层绝缘介质的设备，如大容量电机的定子绕组、电力变压器绕组、电缆等。对单一介质如纯瓷绝缘或绝缘油，或小容量设备，因无夹层式极化过程，

或自身充放电时间很小，即使绝缘良好，K 值也近似等于 1，所以不能以 K 值大小判断绝缘状况。

此外，在测量高压大容量设备时，应选用容量大的兆欧表，否则输出较大电流时，兆欧表输出端电压急剧下降，此时测得的绝缘电阻和吸收比，不能反映绝缘的真实情况。

四、试验方法

兆欧表上有三个接线端子，其中“E”接被试品的接地端，“L”接被试品导体部分，“G”是用于消除表面电流影响的屏蔽端，接在靠近导体的绝缘上。

兆欧表以其内部的手摇直流发电机（常用交流电机通过半导体整流）作为电源，兆欧表额定电压有 500、1000、2500V 和 5000V 等，也有可连续改变输出电压的。测量时按照规程要求，选用不同电压等级的兆欧表。一般被试品额定电压为 1kV 以下选用 500、1000V 的兆欧表，额定电压在 1kV 及以上选用 2500V 的兆欧表。兆欧表量程的选择应使被测绝缘电阻在兆欧表上能清晰地反映出来。

兆欧表内部的测量机构为流比计。如图 6－2 所示，兆欧表有两个互相垂直、绕向相反并固定在一起的线圈：电压线圈 1 和电流线圈 2，它们处在同一个永久磁铁的磁场中。当 E 和 L 接入被试品绝缘时，两个线圈就与直流电机并联。摇动手柄，在电压 U 作用下电流流过电压线圈 1 和电流线圈 2。于是在线圈磁场与永久磁场相互作用下将产生两个方向相反的力矩，线圈在两力矩差的作用下，带动指针旋转，直至两个力矩平衡为止。指针偏转角度 α 只和两并联电路中电流的比值有关，即

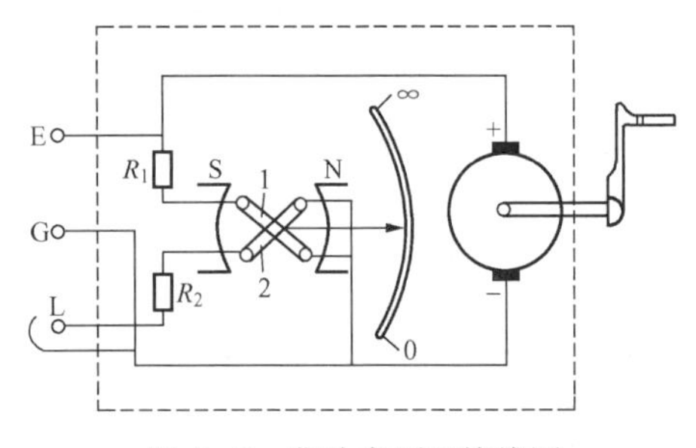

图 6－2　兆欧表原理接线图

$$\alpha = f\left(\frac{i_1}{i_2}\right)$$

因为并联支路中电流与电阻成反比，所以偏转角 α 当然反映被试品绝缘电阻大小。

当 L 和 E 之间开路（不接被试品）时，摇动兆欧表，就会有直流电流流过电压线圈 1，由于线圈 1 没有其他力矩与之平衡，因而带动指针反时针偏转，指针指向“∞”；当 L 和 E 之间短路，摇动手柄，电压线圈和电流线圈同时有电流流过，由于电流线圈力矩大，此时线圈将带动指针指向“0”；兆欧表不摇动时，指针能在任何位置。这样说明兆欧表良好。

兆欧表携带方便，不需其他电源，但摇动手柄比较费劲，特别是求极化指数，要求持续摇动 10min，人力难以忍受。晶体管兆欧表是新一代测量介质绝缘电阻的仪器，有专门的外接电源，如图 6－3 所示，外接电源在仪器内升压，额定测试电压分为两档，分别为 2500V 和 5000V，误差为 ±5%。仪器正面有两个液晶显示屏，分别显示绝缘电阻值和测试时间。与普通兆欧表相同，它也有三个外接端子，即线路端子 L、接地端子 E 和屏蔽端子 G。测量时的接线与普通兆欧表相同。不同厂家生产的兆欧表结构可能略有不同，但原理基本相同。

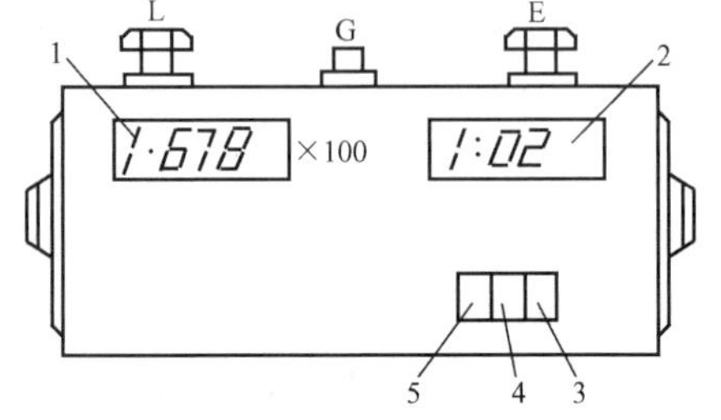

图 6－3　晶体管兆欧表

1—测试结果显示屏；2—测试时间显示屏；3—“连续”按钮；4—“保持”按钮；5—“中断”按钮

用晶体管兆欧表测量绝缘电阻、吸收比或极化指数比较简单，合上电源开关，再按“测试”按钮（可选择“连续”或“保持”方式）就可进行测试。测试完毕，先将仪表与试品断开，再按“中断”按钮即可。晶体管兆欧表通常有自动保护功能。

五、试验时注意事项

试验时应注意以下事项：

(1) 试验前被试品对外连线应拆除，并充分放电，然后用清洁柔软的布将试品擦拭干净。设备退出运行或上次试验后，接地放电的时间若不充分，绝缘内吸收电荷未放完，由于介质内参与导电的电子增加，会使绝缘电阻偏低。规程建议，一次试验完毕，至少接地放电5min，才能进行下一次测量。

(2) 用约120r/min的速度摇动兆欧表手柄，待转速稳定，接入被试品，开始测量。

(3) 对大容量被试品，如电力电缆、大型变压器等，在测量结束前，应先撤离被试品，后停止摇动（防止被试品中的吸收电荷对摇表放电）。

(4) 测量时，“E”端引出线与“L”端引出线不能靠在一起，“L”端不能放在地上。

(5) 测量完毕对被试品放电。试验后要记录湿度、温度、气象情况。

第二节 泄漏电流测量

一、测量原理

泄漏电流测量原理与测绝缘电阻相同，都是对被试品施加直流电压，测量绝缘的电导特性。当泄漏电流试验所加电压尚低时，由泄漏电流换算的绝缘电阻与兆欧表测量结果基本相符。泄漏电流试验过程对被试品所加的电压较高，因此，更易于发现尚未完全贯通的集中性缺陷或其他弱点，所以测试灵敏度比兆欧表更高。

二、测量接线及设备

如何取得较高的直流试验电压是直流试验中的主要问题之一。目前取得直流高压常有两种方法：一种是采用交流升压后经硅堆整流后取得；另一种是直接采用直流高压发生器（或称直流试验器）。前一种情况测量泄漏电流的接线如图6-4所示。

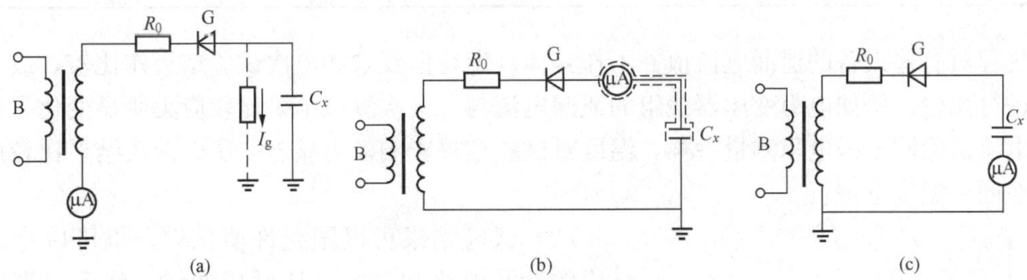

图6-4 测量泄漏电流原理图

(a)、(b) 被试品一极接地；(c) 被试品对地绝缘微安表接在高压侧

R_0—水阻；G—整流元件；B—试验变压器；C_x—被试品电容

图6-4中各元件的作用，B为工频试验变压器，通过它把工频低压升为高压试验电压；G为硅堆，通过它工频电源得到整流（半波整流、倍压整流等），取得直流高压；R_0是保护电阻，通常用水阻，当被试品击穿时通过它限制回路电流不超过硅堆和变压器允许的电流

值；微安表用来测量流过绝缘的泄漏电流。

进行泄漏电流测量的接线因被试品是否一极接地而不同，下面介绍试品接地和试品对地绝缘两种情况的接线方式。

图 6-4（a）接线用于被试品一极接地，由于微安表在接地端，测量过程安全、方便，缺点是高压引线的杂散电流 I_g 通过微安表，影响测量结果。解决的办法是接入被试品和不接入被试品各测量一次，然后相减。被试品一极接地的另一种接线如图 6-4（b）所示，微安表接在高压侧，为了避免高压引线的电晕电流经过微安表，可采用屏蔽的方法，使微安表处于屏蔽罩内，并把微安表至被试品间的高压引线也屏蔽起来，如图中虚线所示。但微安表接在高压侧，为读数方便，需采取安全措施，如把微安表置于绝缘台上，或人站在绝缘垫上读数等。也可采用可远距离操作的光控数字微安表。

若试品尺寸不大，则可以对地绝缘起来，这时可采用如图 6-4（c）的接线，微安表接在试品的地端。其优点是微安表在接地端，测量过程安全、方便，且杂散电流 I_g 不经过微安表，测量结果准确。

三、试验方法

根据我国电力行业标准 DL/T596—1996 的规定，对多种电力设备及油浸纸电缆常要进行直流耐压试验，泄漏电流测量是结合这项试验要求同时进行的，统称直流高电压试验。试验前先根据规定确定设备试验电压 U_s，升压过程是分段进行的，如升高至 $0.25U_s$、$0.5U_s$、$0.75U_s$、U_s 下，分别停留 1min，读取泄漏电流值，它不应随时间延长而增大。

四、试验结果判断方法

根据测量结果，一般可从以下几方面判断被试品绝缘状况：

（1）在规程中，对有些设备的泄漏电流允许值作了规定，表 6-2 列出了少油断路器的泄漏电流允许值，只要测得的泄漏电流值不大于规程规定的允许值即为合格。

表 6-2　　少油断路器泄漏电流允许值

额定电压（kV）	试验电压（kV）	泄漏电流（μA）
35	20	10
35 以上	40	10

规程对有些设备的泄漏电流值并不作具体规定，但要求和上次试验结果作比较，或三相之间进行比较。例如电力变压器绕组的泄漏电流与上一次测试结果比较应无明显变化。直流泄漏电流试验同绝缘电阻测量一样，温度对试验结果影响极为显著。所以两次结果比较应经换算在同一温度下进行。

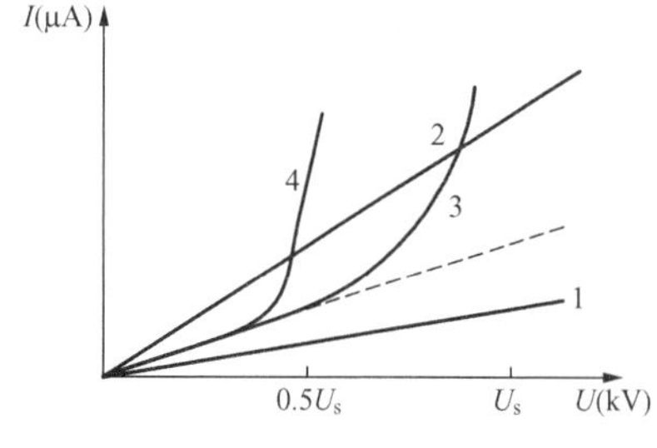

图 6-5　发电机绝缘泄漏曲线

（2）试验结果可以跟允许值比较，也可以把试验结果的泄漏电流和试验电压画成曲线，然后根据所画曲线判断绝缘状况，如图 6-5 所示。

曲线 1：呈直线，但泄漏电流较小，绝缘良好。

曲线 2：呈直线，但泄漏电流较大，绝缘可能受潮。这种情况，随着试验的进行，绝缘内的潮气会因介质发热而散发，泄漏电流会有减少的趋势。

曲线 3：试验电压超过某值，泄漏电流急剧增加，说明绝缘内部有集中性缺陷。

曲线4：在试验电压较小时，泄漏电流便剧增，说明有较严重的集中性缺陷。

五、注意事项

(1) 对微安表应进行保护，如在微安表上并联一开关，升压时微安表短接，读数时断开开关，以免电流过大时烧坏微安表。

(2) 试验时，被试品上施加的应是直流负高压。

(3) 试验过程中若微安表摆动幅度大，且读数不断增大，说明绝缘缺陷严重，应立即降压，查找缺陷。

(4) 当被试品电容 C_x 较小时，应并接入滤波电容（0.1μF 左右）以减小电压的脉动。

(5) 试验完毕，必须对试品进行充分的接地放电，泄放其吸收电荷，以免危害工作人员。

第三节　介质损失角正切值测量

介质在交流电压作用下，有电导电流和极化电流通过，即介质在交流电压作用下存在有功损耗，这一有功损耗使绝缘内部产生热量，引起介质温升。介质的有功损耗越大，发热量越多，介质温升越高，这使有功损耗进一步增大，如此恶性循环，会加速绝缘热老化，加快介质的劣化过程，情况严重时，会在绝缘薄弱处直接形成热击穿。所以，介质损耗大小是衡量绝缘状况的一项重要指标。

介质的有功损耗用 P 表示，但 P 与试品尺寸、外加电压大小有关。介质在交流电压作用下，流过的电流包含有功分量和无功分量，$\tan\delta$ 为有功电流分量和无功电流分量的比值，在一定的电压和频率下，介质中的交流电流有功分量越大，$\tan\delta$ 越大，表明介质的有功损耗越大。对于均匀介质或单一介质，$\tan\delta$ 反映单位体积的有功损耗，它与绝缘的尺寸大小无关。由于有功电流分量通常很小，所以 $\tan\delta$ 很小，$\tan\delta\approx\delta\approx\sin\delta$。预防性试验中测量 $\tan\delta$，可反映出绝缘的普遍受潮和老化现象。

一、有效性

对于体积较大，由多种绝缘材料组成的被试品，测量 $\tan\delta$ 值不易检测出绝缘的局部缺陷。因为绝缘出现局部缺陷时，虽然这部分的 $\tan\delta$ 值上升很高，但因为体积太小，局部的变化在整体的数值内反映不明显。电机、电缆这类设备，其绝缘体积大，且多为组合绝缘，内部存在的缺陷又多为集中性的，用测 $\tan\delta$ 的项目效果不好。因此，预防性试验中，电机、电缆等设备规定不作这项试验。

如果是分布性缺陷，如油的劣化变质、绕组受潮等普遍性缺陷，较为灵敏。以变压器油为例，纯净的好油耐压强度约为 250kV/cm，坏油是 25kV/cm，相差 10 倍，但测量介质损失时，$\tan\delta$(好油)＝0.0001，$\tan\delta$（坏油）＝0.1，相差 1000 倍，可见介质损耗试验比耐压试验灵敏得多。

对于那些体积小、电容量小的设备，如电压互感器、套管等，则无论是集中性缺陷或是分布性缺陷，测量 $\tan\delta$ 都能反映出来，效果较好。例如介质老化、变质、有裂纹或其内有气泡、水分、杂质混入，$\tan\delta$ 都会增大。

以前我国测量 $\tan\delta$ 的仪器主要是西林电桥和 M 型介质试验器，现在光导微机介损测试仪的采用相当普遍，它们都是便携式仪器，适于现场测试。下面首先介绍西林电桥的测试原理。

二、西林电桥试验原理

1. 西林电桥试验原理

图 6-6 为西林电桥原理接线图，在四个桥臂中，C_N 为标准无损空气电容器，是电桥的外接设备；Z_x 为被试品；在电桥本体内只有 R_3 和 Z_4 这两个桥臂。R_3 为无感十进制可调电阻，Z_4 由 C_4 和 R_4 并联组成，其中 C_4 为十进制可调电容箱；R_4 为固定电阻。

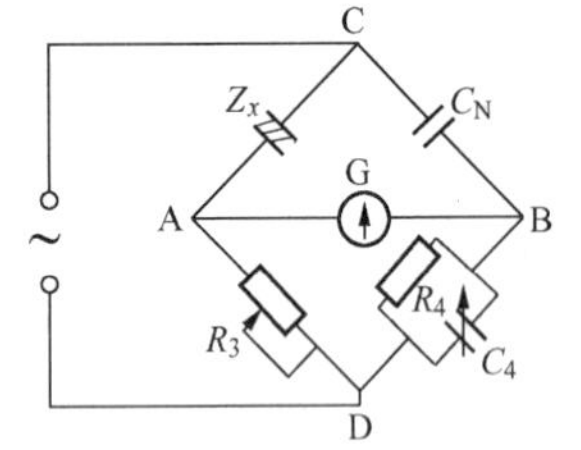

图 6-6 西林电桥原理接线图

在 C、D 两端施加试验电压，对于额定电压在 10kV 及以上的设备，施加 10kV 交流试验电压，额定电压在 10kV 以下的设备，施加其额定电压。反复调节 R_3、C_4 使电桥平衡，则桥臂阻抗满足下列关系，即

$$\frac{Z_x}{Z_3}=\frac{Z_N}{Z_4}$$

其中 Z_x、Z_3、Z_N、Z_4 为各桥臂复阻抗。把被试品用 R_x 与 C_x 并联的等值电路代替，则

$$\frac{1}{\frac{1}{R_x}+j\omega C_x}\frac{1}{R_3}=\left(\frac{1}{R_4}+j\omega C_4\right)\frac{1}{j\omega C_N}$$

化简上式，并使等式两边实部与虚部分别相等，即可求得

$$\tan\delta=\frac{1}{\omega C_x R_x}=\omega C_4 R_4 \tag{6-3}$$

$$C_x=C_N\frac{R_4}{R_3}\frac{1}{1+\tan^2\delta}$$

因 $\tan^2\delta\ll1$，可略去，则

$$C_x\approx C_N\frac{R_4}{R_3} \tag{6-4}$$

在使用频率 $f=50$Hz 时，$\omega=2\pi f=100\pi$，为便于计算，制造时 R_4 固定为 $\frac{10000}{\pi}\Omega$，那么 $\tan\delta=C_4$，C_4 的单位为 μF。

C_x 的测量对判断绝缘状况也是有价值的，如电容式套管，C_x 明显增加，说明内部电容层间有短路或水分侵入。

2. 试验接线

试验中常用的接线有两种，即正接线和反接线。

（1）正接线。正接线适用于被试品对地绝缘，如图 6-7（a）所示。高压施加于被试品和标准电容一端，R_3 与 C_4 均处于低压侧，操作比较安全，测量结果准确。

（2）反接线。反接线适用于一极接地的电气设备，如图 6-7（b）所示。为满足现场需要，常采用反接线。高压加在电桥可调元件 R_3、C_4 上，要保证操作安全。国产 QS_1 西林电桥 R_3、C_4 的调节手柄是绝缘的，操作时能保证人身安全。

试验时为消除杂散电流对试验结果的影响，电桥与被试品 C_x、标准电容器 C_N 间的拉线采用屏蔽电缆。

图 6-8 为西林电桥反接线的实际接线图。

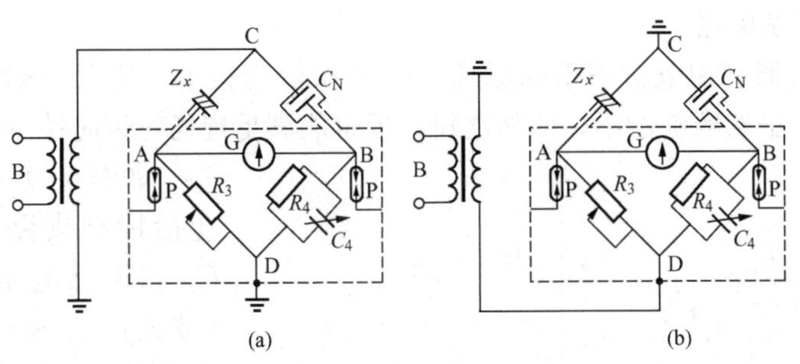

图 6-7　西林电桥接线

(a) 正接线；(b) 反接线

电桥在使用中如发生被试品击穿或标准电容器击穿的情况，R_3 及 Z_4 桥臂将承受全部试验电压，可能损坏电桥，危及人身安全。因此，在 R_3 及 Z_4 桥臂上分别并联一只启动电压为 300V 的放电管 P 作为过电压保护装置。

3. 结果分析

结果判断方法与前面几个试验相同，试验结果应不大于规程标准值。除了与规定值比较外，还需要与同类产品比及与历次测量结果比较，不应有明显的增大，否则就必须进行处理，以免运行时发生事故。例如，35kV 以上电力变压器绕组 30℃时的 $\tan\delta$ 不得超过过去试验值的 2%；运行中的 35kV 以上电压互感器在 30℃时的 $\tan\delta$ 值不应超过过去试验值的 5%。

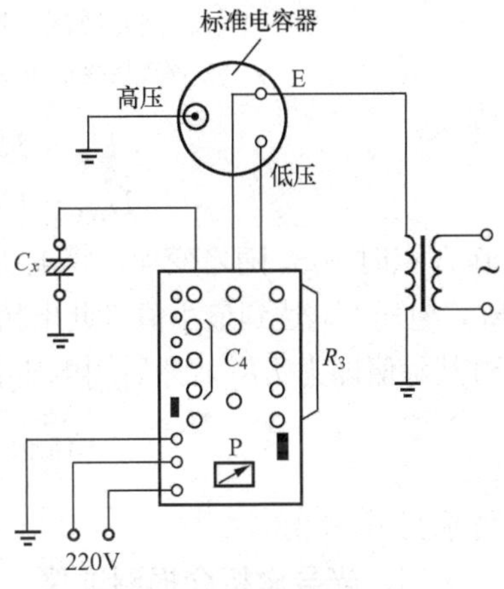

图 6-8　西林电桥反接线的实际接线图

当试验电压和频率一定时，$\tan\delta$ 值受温度影响较大。为了便于比较，两次试验最好在同温度下进行。当温度在 10～30℃间变化时，$\tan\delta$ 与温度的换算公式为

$$\tan\delta_2 = \tan\delta_1 \times 1.3^{\frac{t_2 - t_1}{10}}$$

式中　$\tan\delta_1$、$\tan\delta_2$——对应于温度 t_1、t_2 时的 $\tan\delta$ 值。

表 6-3 列出了部分设备的试验标准值。

表 6-3　部分设备 tanδ (%) 的试验标准 (20℃)

电　压 (kV)			20～35	60～110
耦合电容器		交接时	按制造厂规定	
		运行中	油纸电容≤0.8% (>0.5%时应注意)	
电容型电流互感器	胶纸	大修后	2.5	2.0
		运行中	3.0	2.5
	油纸	大修后	—	1.0
		运行中	—	1.0
串级式 (分级绝缘) 电压互感器		大修后	3.0	2.0
		运行中	3.5	2.5

三、M型介质试验器

M型介质试验器利用电桥不平衡原理，由于 $\tan\delta$ 值很小，所以 $\tan\delta\approx\sin\delta$，测量介质的 $\sin\delta$ 代替 $\tan\delta$，虽然准确性不如西林电桥，但也能满足现场对预防性试验的要求。

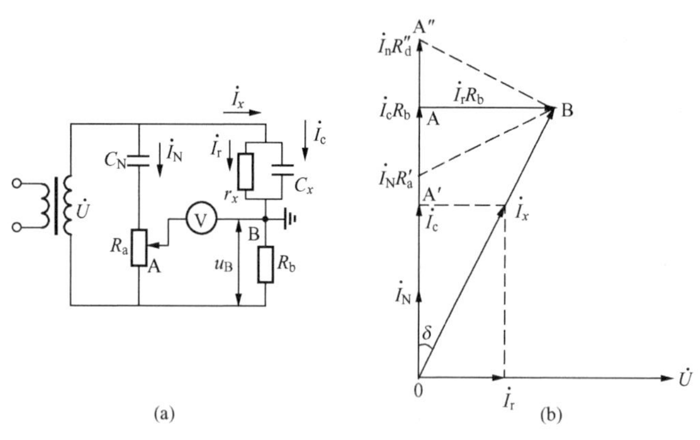

图 6-9　M型介质试验器原理接线图

（a）原理接线；（b）相量图

如图 6-9（a）所示，试验器包括标准支路（标准无损电容 C_N 和无感电阻 R_a）、被试支路（被试品 C_x 和 r_x 并联支路和无感电阻 R_b）、测量支路和电源四部分。R_a 和 R_b 的电阻值都很小，它们的接入不会影响两个支路电流的大小和相位，R_a 是可调电阻。如果以试验回路所加电压为参考量，电路各量相量关系如图 6-9（b）所示。

由图 6-9 可知

$$\dot{U}_B=\dot{I}_xR_b=I_rR_b+jI_cR_b$$

$$\dot{U}_{AB}=\dot{U}_B-\dot{U}_{OA}=I_rR_b+jI_cR_b-jI_NR_a$$

调节A点时 I_NR_a 随之变动，将电压表跨接于A、B两点，调节 R_a 使 $I_NR_a=I_cR_b$，此时 $U_{AB}=I_rR_b$，电压 U_{AB} 达到最小值（此电桥中不可能调节 U_{AB} 到零，故称不平衡电桥），电压表读数最小时其示值即为 I_rR_b。然后用电压表读取 U_B，则

$$\tan\delta\approx\sin\delta=\frac{U_{AB}}{U_B}=\frac{I_rR_b}{I_xR_b}=\frac{I_r}{I_x}$$

即可求得 $\tan\delta$ 值。

*四、光导微机介损测试仪

国内普遍采用高压平衡电桥测量 $\tan\delta$ 值，但平衡电桥测量 $\tan\delta$ 操作繁琐，抗干扰能力差，试验及要求停电时间长，经实践证明，光导微机介质损耗测试仪测量 $\tan\delta$ 是一种快捷、精确、简便且抗干扰能力又强的测试方法。

光导微机介质损耗测试仪，完全摆脱了通常的高压电桥平衡原理，而是直接测量被试品的电气角。如图 6-10 所示，对于容性设备来说，在交流电场作用下，电流超前电压的角度为 φ，介质损失角正切值 $\tan\delta=\tan(90^\circ-\varphi)$。实际工作很难直接测出 φ，故也无法直接求出 $\tan\delta$ 值。采用图 6-11 所示的原理框图，则可直接求出 $\tan\delta$ 值。其原理为：在高压下，由 R_L 标准取样，经过 C_N 和 R_N 标准移相采集到标准信号 V_N；由 R_x 取样，信号经过光纤发射装置到光纤接收装置进行高压隔离传递，采集到被试品的相对信号 V_x。信号 V_N 和 V_x 分别经过 n 通道和 x 通道进行滤波、放大和整形后把模拟信号转换成单片机系统可处理的数字信号。单片机系统对这两个信号进行自动处理和计算后，求出相位差 $\Delta\delta$。如图 6-12 所示，如果 V_x 信号超前 V_N，即 $\delta_n>\delta_x$ 时，则 $\delta_x=\delta_n-\Delta\delta$。如果 V_x 信号滞后 V_N，即 $\delta_n<\delta_x$ 时，则 $\delta_x=\delta_n+\Delta\delta$。$\delta=\delta_x+$

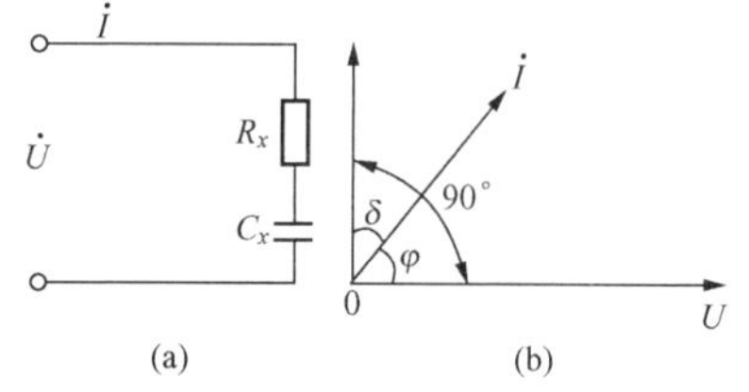

图 6-10　容性设备等值图

（a）等值电路；（b）向量图

δ_k，δ_k 为光纤及其他因素引起的偏差角，最后求出 $\tan\delta$ 值。

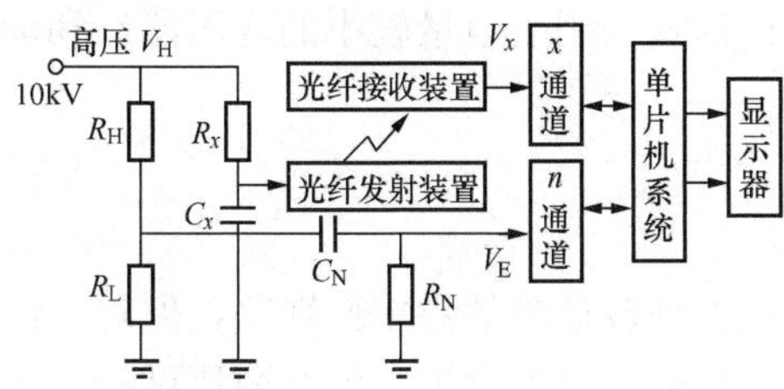

图 6-11　测 $\tan\delta$ 的原理框图

C_x—被试品；R_x—取样电阻；R_H—高压标准电阻；R_L—低压分压标准电阻；C_N—低压标准电容；R_N—标准移相电阻

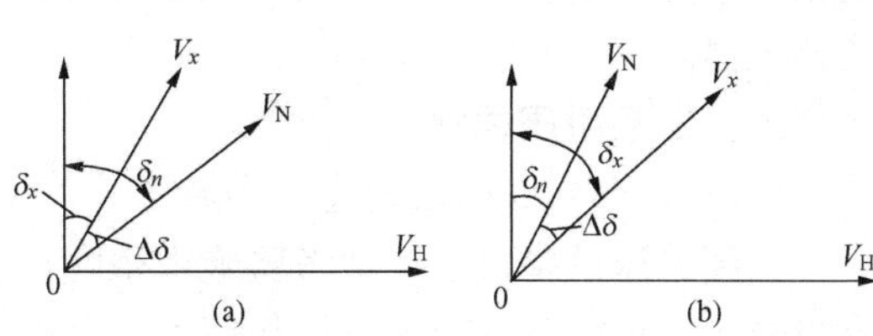

图 6-12　相位向量图

(a) $\delta_n>\delta_x$；(b) $\delta_n<\delta_x$

第四节　耐　压　试　验

耐压试验是考核设备在运行中承受各种过电压能力的有效办法。耐压试验易于揭露试品中隐藏的缺陷，为避免试验时设备的损坏，耐压试验应在一系列非破坏性试验合格后进行。

耐压试验分工频、直流、冲击、变频谐振耐压试验等几种。本书主要介绍工频、直流和变频谐振耐压试验。

一、工频试验变压器

工频试验变压器是获得工频高压的电源设备，其工作原理与普通变压器相同，但由于用途不同，所以在结构和运行方面有很多特点。工频试验变压器是单相的，变比大，而且工作电压可在很大的范围内调节。由于工频试验变压器不会遭遇大气过电压和内部过电压，所以其绝缘裕度设计得比较小，使用时应小心，勿使其超过额定值。

工频试验变压器与电力变压器不同，其负载是电容性的。对试验变压器的容量要求为

$$S \geqslant 2\pi f C U_s^2 \times 10^{-3}\,(\text{kVA}) \tag{6-5}$$

式中　U_s——被试品试验电压，kV；

C——被试品电容，μF；

f——频率，为 50Hz。

一般对 250kV 以上的试验变压器，其高压侧额定电流为 1A，通常这已能满足试验要求。电压等级更低的工频试验变压器（额定电压低于 250kV），其高压侧额定电流，一般制成 0.1～0.4A 或更小，这对用于绝缘材料等小电容试品或作为其他设备的充电电源也足够了。

表 6-4 给出了常用试验变压器的参数。

表 6-4　常用试验变压器的参数

型　号	额定容量（kVA）	额定电压（kV）		阻抗电压（%）
		高　压	低　压	
YDJ-5/50	5	50	0.22	4.6
YDJ-10/100	10	100	0.38	6.1
YDJ-25/100	25	100	0.38	6.5
YDJ-100/150	100	150	0.38	6.45
YDJ-250/250	250	250	10	4.35

试验变压器一般做成一极接地，所以只有一个高压引出线套管。为测量方便，有些试验变压器还配有测量绕组。试验变压器的调压方式有自耦式（用于容量较小的变压器）和动圈式调压器。

二、工频耐压试验

（一）工频耐压试验的意义和特点

工频耐压试验可准确地考验绝缘裕度，能有效地发现较危险的集中性缺陷，但对于固体有机绝缘，在较高的交流电压作用时，会使绝缘中一些弱点更加发展，但在耐压试验中还未导致击穿，即产生累积效应。

为此，合理选择试验电压很重要，试验电压太低，对试品考验不严格，试验电压太高，对试品造成破坏。表 6 - 5 列出了部分电气设备工频耐压试验标准。

表 6 - 5　　部分电气设备交流耐压试验标准（交接试验标准）

额定电压（kV）	最高工作电压（kV）	1min 工频耐受电压（kV，有效值）															
		油浸电力变压器		并联电抗器		电压互感器		断路器、电流互感器		干式电抗器		穿墙套管				支柱绝缘子、隔离开关		干式电力变压器	
												纯瓷和纯瓷充油电缆		固体有机绝缘					
		出厂	交接	出厂	交接	出厂	交接	出厂	交接	出厂	交接	出厂	交接	出厂	交接	出厂	交接	出厂	交接
3	3.5	18	15	18	15	18	16	18	16	18	18	18	18	16	16	25	25	10	85
6	6.9	25	21	25	21	23	21	23	21	23	23	23	23	23	21	32	32	20	17
10	11.5	35	30	35	30	30	27	30	27	30	30	30	30	30	27	42	42	28	24
15	17.5	45	38	45	38	40	36	40	36	40	40	40	40	40	36	57	57	38	32
20	23.0	55	47	55	47	50	45	50	45	50	50	50	50	50	45	68	68	50	43
35	40.5	85	72	85	72	80	72	80	72	80	80	80	80	80	72	100	100	70	60
63	69.0	140	120	140	120	140	126	140	126	140	140	140	140	140	126	165	165		
110	126.0	200	170	200	170	200	180	185	180	185	185	185	185	185	180	265	265		

（二）工频耐压试验接线

工频耐压试验原理接线，如图 6 - 13 所示。各元件的作用如下：

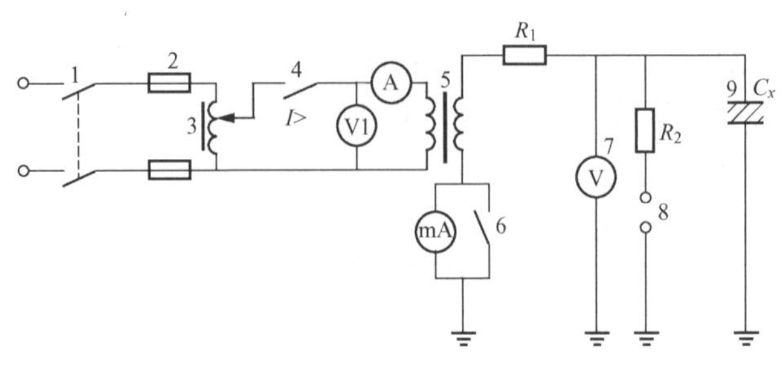

图 6 - 13　交流耐压试验接线

1—隔离开关；2—熔断器；3—调压器；4—脱扣开关；5—试验变压器；6—短路隔离开关；7—高压静电电压表计；8—保护球隙；9—被试品；R_1—保护电阻；R_2—球隙保护电阻

调压器：改变试验电压大小。

工频试验变压器：升压以提供试验用高压。

高压静电电压表：并接于试品两端，直接测量试验电压。

球隙：一方面用于保护被试品，试验时调整球隙间距，使其放电电压等于 $1.1U_s$，如果试验人员误操作把电压调得过高，球隙就会击穿，利用自动装置把电源跳掉，保护被试品；另一方面，球隙可用于高压测量。

R_1：限制试品击穿时的电流，防止高压侧产生振荡。一般采用水阻，根据实际经验取 R_1 为 0.1Ω/V，并应有足够的容量。

R_2：限制球隙击穿时的电流，防止铜球隙表面被电流烧损。

毫安表：测量流过被试品电流，试验过程若其读数突然增大，说明被试品已放电或击穿。

短路隔离开关：保护毫安表，若毫安表读数突然增大满偏，合上隔离开关，把毫安表短路。

（三）工频高压的测量

1. 容升效应

从电机学中知道，变压器的简化等值电路如图 6-14 所示。图中 R 是变压器及试验回路电阻，X_L 是变压器的漏抗，C_x 是被试品电容。由于被试品是容性，所以 $\dot{I}_C$ 超前 $\dot{U}_{Cx}$ 90°。这样，电路就是简单的 $R-L-C$ 串联回路。由于 C_x 上的电压与 X_L 上电压相位差 180°，如图 6-15 所示，可以看出被试品上电压 U_{Cx} 会比电源电压乘以变比后的 kU_1 高（k 为变比），这种现象称容升效应。因此对被试品所加的试验电压应在高压侧测量才准确。

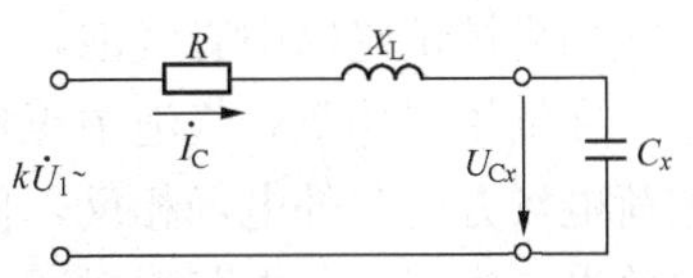

图 6-14　试验变压器在耐压试验时简化等值电路

2. 工频高压的测量

（1）在试验变压器低压侧测量。在工频试验变压器的低压侧测量电压，再乘以变比得到高压侧电压。有些工频试验变压器带有测量线圈，匝数为高压绕组的 $1/k$，测量线圈接有电压表，其标尺刻度为已换算至高压侧以后的“kV”值，可免去换算的麻烦。这种方法由于容性效应的存在，测量准确度不高，只适用于容量较小的试品。

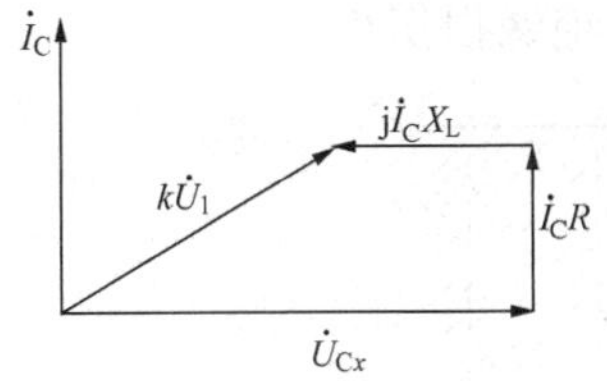

图 6-15　电容效应引起的电压升高

（2）用电压互感器测量。将电压互感器的一次绕组并联在被试品两端，测量二次绕组电压，然后将测得的结果乘以互感器的变比。

（3）用高压静电电压表测量。高压静电电压表为静电系仪表。当高压加在静电电压表电极，两极间产生的电场力使活动电极产生偏转，带动测量机构指示被测电压值。静电电压表既可测交流高压，也可测直流高压。

（4）用电容分压器测量。电容分压器是由一个小电容量电容 C_1（高压臂）和一个大电容量电容 C_2（低压臂）串联构成，如图 6-16 所示。用电压表测量 C_2 上的电压，然后按分压比计算出高压侧电压，分压比可按下式计算，即

$$K=\frac{C_2+C_1}{C_1}\approx\frac{C_2}{C_1}$$

（5）用球隙测量。铜球间隙距离与放电电压之间存在着一定关系。利用这种关系可以测量电压。

试验时，按图 6-13 接线复查无误后，投入电源。从零开始升压，在 0.4 倍试验电压以下可迅速升压，以后缓慢均匀升压，在 20s 内升到试验电压值。在加压 1min 内注意观察现象。当试品击穿时，会发出声响或闪弧、冒烟等，并且电压表指示下降，电源过流保护动作，

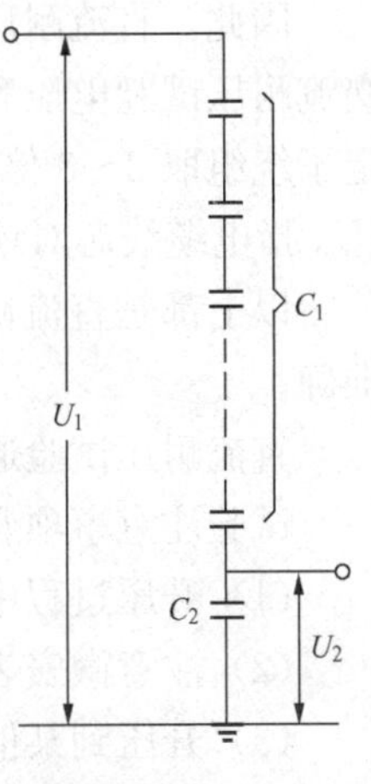

图 6-16　电容分压器原理图

开关跳闸。若无击穿现象，则被试品耐压合格，能投入运行。

三、直流耐压试验

对于发电机等大容量的被试品，现场如果做工频耐压试验，试验设备容量大，搬运困难。因为介质施加直流电压时，流过介质的只有电导电流 I_r，而施加交流电压时，介质电流包含 I_r 和电容电流 I_C。所以直流耐压试验设备轻小，便于现场试验。

直流耐压试验在升压过程中可以边观察对应泄漏电流的变化，易于发现绝缘内部集中性缺陷。如图 6 - 17 为一台 30MW、10.5kV 汽轮发电机 A、B、C 三相绕组的直流泄漏电流试验曲线，当试验电压升至 14kV 时，A 相泄漏电流突然急剧增加，经检查，A 相端部对绑环有一处放电。

如果被试绝缘中有气泡，在直流电压作用下，当外加电压较高时，气泡开始发生局部放电，在电场作用下，气泡中正负电荷反向移动，停留在气泡壁上，如图 6 - 18 所示。这样，电荷电场方向与外电场相反，使得外电场在气泡里的强度不断减弱，从而抑制了气泡内的局部放电，当正、负电荷慢慢通过周围的泄漏电阻中和后，才会再发生一次放电。如果在交流电场中，每当电压改变一次方向，空间电荷加强了气泡里的电场强度，因而加强了局部放电的发展。不仅如此，作交流耐试验时，每个半波里都要发生局部放电。这种局部放电会促使油和有机绝缘材料的分解、老化、变质，并使其绝缘性能降低，扩大其局部缺陷。所以直流耐压试验对绝缘损伤小。

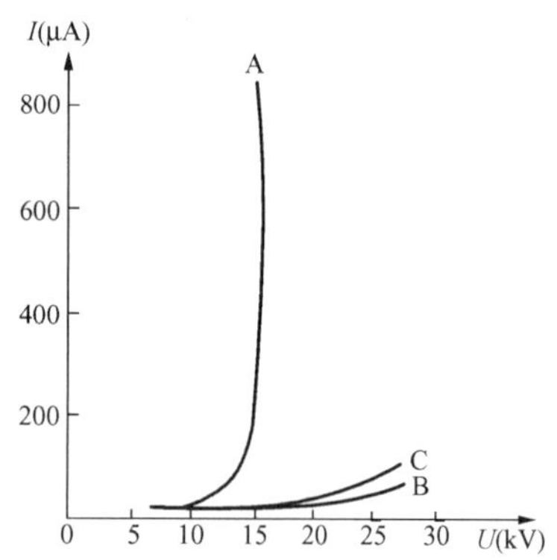

图 6 - 17 某汽轮发电机定子绕组各相的泄漏电流试验曲线

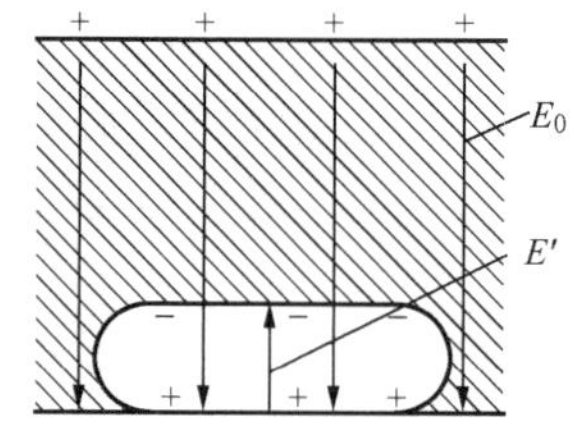

图 6 - 18 气隙中局部放电情况

E'—气隙放电后形成的反电场；E_0—外电场

因此，直流耐压试验的耐压时间比交流长，为 5～10min，试验电压 U_s 高，试验电压由交流耐压试验电压和交直流击穿场强之比决定，并主要根据运行经验确定。例如：对发电机定子绕组取 2～3 倍额定电压；对橡塑绝缘电力电缆额定电压不大于 10kV 者取 4～6 倍 U_0（U_0 指电缆线芯对地或对金属屏蔽层间的额定电压），35kV 者取 4～5 倍 U_0。

以上都是直流耐压试验的优点，但直流耐压试验对绝缘的考验不如交流接近实际和准确。

直流耐压试验通常在泄漏电流读数无异常后直接进行。

试验注意事项及现象分析：

（1）升压过程中应逐段升压，每段不能过大，以防止表针过载被打坏。

（2）注意微安表极性与直流电源极性的对应，以免指针反偏。

（3）升压到某值（如 $U_s/4$、$U_s/2$、$3U_s/4$、U_s 等），观察现象，如发现泄漏电流变化、微安表指针突然正向冲击摆动，则可能是由于试品或试验回路出现闪络，或试品内部间歇性放电引起。

(4) 若电压不变，微安表指针随时间延长而逐渐下降，可能是被试品表面绝缘电阻因发热干燥逐渐增加引起。如逐渐上升，则可能是由试品绝缘老化引起。

四、变频谐振耐压试验

传统的直流耐压试验具有试验设备重量轻、可移动性好、容量低等优点，对于油纸绝缘电缆，确定试验电压后，在升压过程还可以测量泄漏电流，实践证明，直流耐压试验作为现场定期预防性试验项目能有效地检出缺陷，得到满意的试验结果。但对于交联聚乙烯(XLPE) 绝缘交流电缆，无论从理论上还是实践上都证明了不宜采用直流耐压的方法，原因有下：

(1) 直流电压下绝缘电场分布与交流电压下电场分布不同，前者按电阻率分布，而后者按介电系数分布，尤其在电缆终端和接头等高压电缆附件中，直流电场强度的分布与交流电场强度分布完全不同，这往往造成交流工作电压下有缺陷部位在直流耐压的现场试验时不会击穿而被检出，或者在交流工作电压下绝不会产生问题的部位，却在直流耐压试验时发生击穿。

(2) XLPE 绝缘电缆自身的固有场强已很高，要检出电缆缺陷要用很高的试验电压，甚至严重损伤电缆时才能检出。

(3) 由于 XLPE 的高绝缘电阻和相应的空间电荷效应，尚不能排除在直流电压下会造成 XLPE 电缆绝缘的非故意预先损伤，直流耐压试验时形成的空间电荷，可造成电缆在投入交流工作电压运行时击穿，或附件界面因积聚电荷而沿界面滑闪。

对 XLPE 绝缘电缆不进行直流耐压试验是国际上一致的意见，现介绍一种目前生产上应用较为普遍的变频谐振耐压试验。

变频谐振耐压试验按回路接线有串联谐振和并联谐振两类，以下以变频串联谐振为例进行介绍。变频串联谐振耐压试验工作原理简图如图 6 - 19 所示。图中，高压电抗器 L1、L2 可并、可串接使用，以保证回路在适当的频率下谐振。变频控制器 VF 除提供电源外，并具有调压、调频、控制和保护功能，保证试验人员和试品的安全。

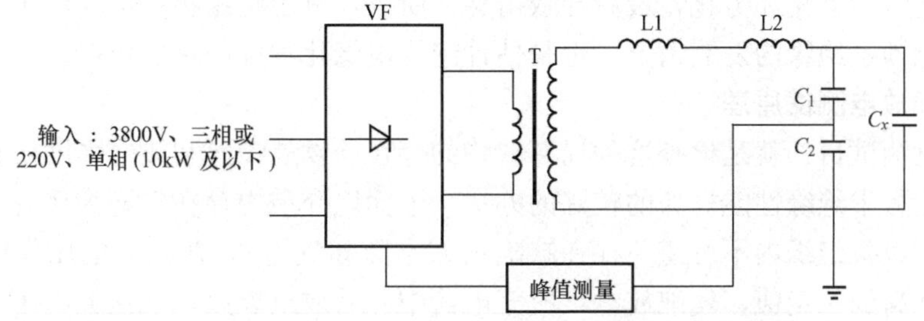

图 6 - 19　变频串联谐振试验成套装置原理简图

试验时，试验电压由试验变压器 T 经过初步升压后，使高电压加在高压电抗器 L 和试品 C_x 上，通过改变变频控制器 VF 的输出频率，使回路处于串联谐振状态，谐振频率为

$$f=\frac{1}{2\pi\sqrt{LC_x}} \tag{6-6}$$

由此可见，回路谐振频率取决于与被试品串联的电抗器的电抗值和试品的电容 C_x。谐振时的谐振电压即为试品上所加电压，调节变频控制器 VF 的输出电压幅值，使得试品上的

高压达到试验电压值。

变频谐振耐压试验按调频的方法分为改变试验系统的电感量和改变电源频率两类，调电感型设备重量大、可移动性差，主要用于试验室；调电源频率型试验回路不但能满足 XLPE 绝缘电缆的耐压要求，且由于试验回路试品上的大部分容性电流与电抗器上的感性电流相抵消，电源供给的能量仅为回路中消耗的有功功率，因此试验电源的容量大为降低，重量大大减轻，适合现场试验。

变频谐振耐压试验适用于电力、冶金、石油、化工等行业的大容量、高电压电容性试品的交接和预防性试验。

*第五节 局部放电测试简介

一、局部放电

高压设备绝缘内部难免存在气泡、空隙、杂质和污秽等，在运行中这些缺陷还会发展。当外施电压达到一定数值，这些部位的场强超过了该处物质的游离场强，该处物质就产生游离放电，称之为局部放电。

发生局部放电时，将产生很多现象，有些是电的，如发出电脉冲、介质损耗增加、发出电磁波辐射等；有些是非电的，如光、热、噪声、气体压力变化和化学变化。这些现象都可以用来判断局部放电是否存在。因此，检测的方法也可以分为电的和非电的。目前应用的比较广泛和成功的是电的方法，通过测量绝缘中发生局部放电时产生的放电脉冲，来判断有无局部放电、局部放电强弱及发生的部位。

局部放电的危害：①局部放电产生的电子、离子往复冲击绝缘物，使绝缘物分解、破坏，并且绝缘物分解出来的导电性和化学性物质，使绝缘进一步氧化、腐蚀；②局部放电产生的电荷使电场畸变，进一步加强局部放电的强度；③局部放电使该处产生高温，导致绝缘物老化、劣化。如果局部放电是在工作电压下产生的，那么这种放电会在工作过程中继续和发展，加速绝缘的老化和劣化，最后导致击穿。所以，测定绝缘物在不同电压下局部放电强度的规律，能预示绝缘的发展情况，也是估计绝缘电老化程度的重要依据。

二、局部放电测试原理

局部放电测试目的就是检查这种局部缺陷的存在、发展情况和放电强度，它是一种判断绝缘在长期运行中绝缘性能好坏的较好的办法。下面以介质内存在气泡为例说明测试原理。

由于高压设备绝缘内不可避免存在缺陷（如空隙和气泡），在交流电压作用下，这些气泡两端电压升高到一定值，气泡放电，所充电荷中和后放电熄灭，气泡上电压下降。随着交流电压的上升，气泡再次被充电，电压又升高，又再一次放电。固体介质内部各个气泡多次重复放电，发生在交流电压正弦波的 0 和 π 相位附近，如图 6-20 所示。它们使回路产生脉冲电流，并使固体介质的两端出现重复的电压脉冲跃变 ΔU，$\Delta U=|U_s-U_k|$。在一定的外施交流电压下，设备的固体介质内部局部放电愈强烈，给绝缘造成的损伤愈严重，这种累积效应将导致发生电化学击穿。

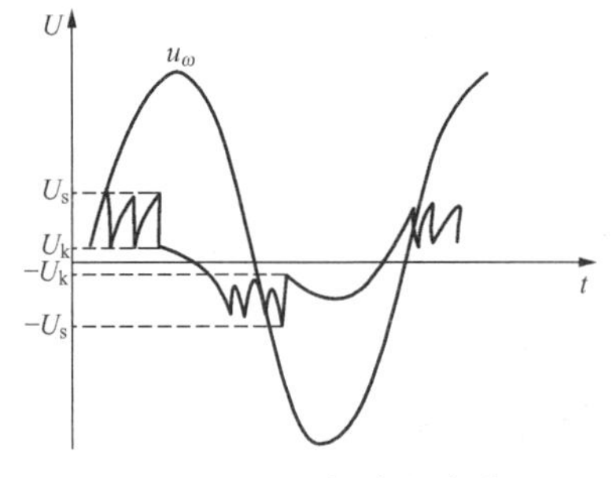

图 6-20 局部放电脉冲

局部放电的特性参数主要有以下几个：

(1) 视在放电量 q_a。发生局部放电时，一次放电在试样两端出现的瞬变电荷量称视在放电量。它表征了被试品在规定电压下，局部放电的强烈程度，单位以 pC（皮库）表示。

(2) 局部放电起始电压 U_s。指在规定条件下，试样产生局部放电（放电量达到一定值）时，试样两端施加的电压值。

(3) 局部放电终止电压 U_k。指在规定条件下，局部放电量下降到一定值时，试样两端施加的电压值，如图 6-20 所示。

(4) 放电重复率。单位时间内局部放电的平均脉冲个数（次/s）。

三、试验接线

电源 U 通过低通滤器将工频电压作用于试品上，当试品中发生局部放电时，其放电脉冲通过耦合电容 C_k 耦合到检测阻抗 Z_m 上，再经过放大器 A 将脉冲信号放大后送入测量仪器 M，从而读出所需局部放电特性参数。

图 6-21 (a) 中，试验电压经低通滤波器 Z，加于试品 C_x，测量支路由耦合电容 C_k 和检测阻抗 Z_m 串联而成，并与试品 C_x 并联，因此称并联回路。此回路适用于被试品一端接地的情况，在实际测量应用较多。

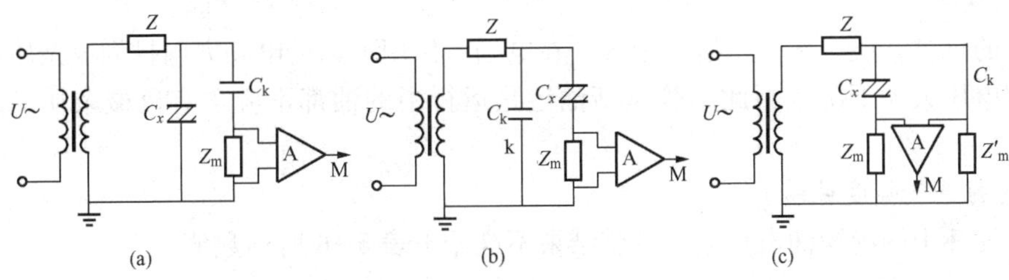

图 6-21 测量局部放电的基本回路

(a) 并联回路；(b) 串联回路；(c) 平衡回路

C_x—试品电容；C_k—耦合电容；Z_m (Z'_m) —检测阻抗；

Z—低通滤波器；A—放大器；M—测量仪表

图 6-21 (b) 为串联测量回路。此种回路将检测阻抗 Z_m 串接在试品 C_x 低压端与地之间，并由 C_x 形成放电脉冲通路。因此使用此种回路，试品的低压端必须能与地绝缘。

图 6-21 (c) 为平衡测量回路。试品 C_x 及耦合电容 C_k 低压端均与地绝缘，测量仪器 M 测量 Z_m 与 Z'_m 上的电压差，此回路抗外部干扰的性能较好，因为外部干扰在 Z'_m 及 Z_m 上产生的干扰信号基本上可以互相抵消。

所有上述回路，都希望检测阻抗 Z_m (Z'_m) 及耦合电容 C_k 本身不产生或基本上不产生局部放电。

局部放电测量仪是精密仪器，测量中易受四周电磁场干扰的影响，我国已有多种类型的产品。目前，预防性试验规程中已要求多种电气设备进行此项试验，如电力变压器、电压互感器、电流互感器、电抗器等。总之，作为发现绝缘内部隐患的灵敏有效的方法，"局部放电测试"具有广泛的前景。

第六节 绝缘油试验

绝缘油是变压器、断路器、互感器、充油套管等电气设备的绝缘材料。新油注入电气设备前，应进行全面的理化分析试验和电气性能试验，合格后才能投入使用。运行中的油应定期进行理化分析试验、电气性能试验和油中可溶性气体的气相色谱分析，以及时发现设备中存在的缺陷。

一、绝缘油的主要性能指标

1. 酸值和酸碱反应

这是油化学性质劣化程度的指标。酸价高说明油老化严重，会使固体绝缘脆化。规程规定，对于新油，油酸值不应大于 0.03mg(KOH)/g（油），PH 值不能小于 5.4；不应含水溶性酸碱；运行中的油，油酸值不应大于 0.1mg(KOH)/g（油），PH 值不能小于 4.2。

2. 闪点

绝缘油在一定温度下有限挥发，在油表面与空气形成可燃性混合物，遇火源发生闪燃的最低温度称闪点。45 号新油要求闪点不低于 135℃，25 号和 10 号油闪点不低于 140℃。运行中的油闪点比新油降低不应大于 5℃，同时比前一次的测量值降低不应超过 5℃。

3. 机械杂质

油中的机械杂质、水分、游离碳等，在电场力作用下，沿电场方向排列成杂质小桥，使油的击穿电压大大下降。因此不管是新油还是运行中的油都不应含有机械杂质、水分、游离碳。

4. 油的电气强度试验

标准油杯中的绝缘油击穿电压试验结果不应低于表 6 - 6 所列数值。

5. 油的介质损失角正切值 $\tan\delta$

测量绝缘油的 $\tan\delta$ 能灵敏地反映绝缘油的劣化程度。对于准备注入电气设备的绝缘油和 500kV 设备运行油均应测量 $\tan\delta$。规程要求注入 330kV 及以下设备前 90℃下新油 $\tan\delta \leqslant 1\%$，运行中的油 $\tan\delta \leqslant 4\%$。

二、油的电气性能试验

（一）绝缘油电气强度试验

变压器油电气强度测试，可采用标准油杯、标准试验方法测得的击穿电压大小来衡量其品质优劣，而不用击穿场强值。我国国家标准 GB/T507—2002 对标准油杯推荐了两种电极形状：一种为球形电极，另一种为球盖形电极。电极材料为黄铜或不锈钢。球形电极由两个直径为 12.5～13.0mm 的球电极组成，电极间距离为 2.5mm；球盖形电极由两个直径为 36mm 的球盖形电极组成，电极间距离也为 2.5mm，见图 6 - 22。标准油杯的器壁为透明有机玻璃。

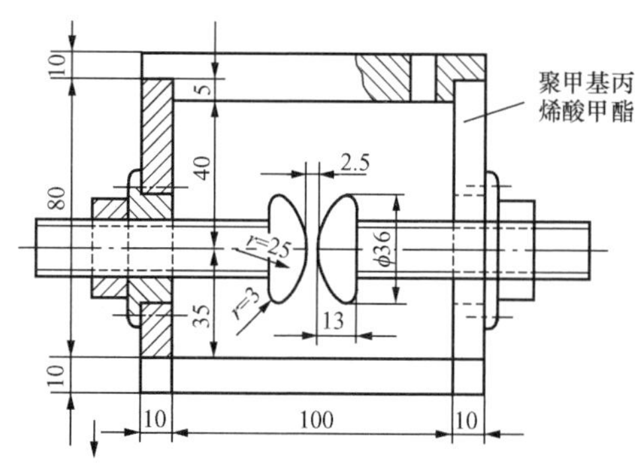

图 6 - 22 标准式油器示意图（单位：mm）

试验方法如下：把油样徐徐倒入标准油杯，油样盖过电极 15mm；静置 15min，让气泡逸出；按一定的速率升高电源电压，让油样击穿，记下击穿电压值；然后用绝缘棒轻轻拨去两电极间击穿时产生的碳粒，静置 1min，再次升高电压让油样击穿；连续做 5 次，取 5 次击穿电压的平均值。一般良好的油，五次击穿电压值差别不大，油中含有杂质时，五次击穿电压值呈下降趋势，油中含有水分，则击穿电压呈上升趋势。试验结果即为油电气强度，与表 6-6 比较，若大于标准值油样合格，否则不合格。

表 6-6　　绝缘油电气强度允许最低极限值（kV）

使用电压等级（kV）/ 油类	15 以下	15～35	66～220	330	500
新　油 再生油	30	35	40	50	60
运行中的油	25	30	35	45	50

（二）测量绝缘油介质损失角正切值 tanδ

绝缘油的 tanδ 值很小，所以必须采用能测量 tanδ 小于 0.01%的高灵敏度平衡电桥。常用的有国产 QS_3 电桥。为保证试验精确度，取油样的容器和标准油杯必须高度干燥和清洁，测量用油杯 tanδ 必须小于 0.01%。

绝缘油 tanδ 随温度升高而增加，低温时优质油和劣质油 tanδ 值差别不大，温度升高时优质油 tanδ 值升高较慢，劣质油 tanδ 升高较快，所以在高温下更易于比较优质油和劣质油。因此测量 tanδ 值时应将专用油杯置于专门的油浴器中加热到一定的温度（新油升温至 90℃，运行中的油升温至 70℃，电缆油升温至 100℃）进行测量。

三、油中溶解气体的气相色谱分析

正常情况下，绝缘油在运行中会逐渐老化、变质，并分解出各种气体。如果电气设备内部发生过热或放电，这些气体的含量会迅速增加。这些气体主要有氢（H_2）、甲烷（CH_4）、乙烷（C_2H_6）、乙烯（C_2H_4）、乙炔（C_2H_2）、一氧化碳（CO）和二氧化碳（CO_2）七种，通常又把甲烷、乙烷、乙炔、乙烯四种气体的总和叫做总烃。这些气体的大部分溶解于油中，小部分升至油面。例如变压器有一部分气体从油中逸出进入气体继电器。经验证明，气体的各种成分和含量的多少与故障性质有关。因此，运行中的设备要定期测量溶解于油中的气体成分和含量，这样可以及时发现充油设备内部潜伏的故障。例如过热性故障将产生大量甲烷、乙烯等烃类气体；火花放电、电弧放电等故障乙烯和氢含量将大增。各种故障的特征气体见表 6-7。

表 6-7　　判断故障性质的特征气体法

序号	故障性质	特征气体的特点
1	一般过热性故障（低于 500℃）	总烃较高，乙炔（C_2H_2）$<$5ppm
2	严重过热性故障（高于 500℃）	总烃高，乙炔（C_2H_2）$>$5ppm，但是乙炔还未构成总烃的主要成分；氢（H_2）含量较高
3	局部放电	总烃不高，氢（H_2）$>$100ppm，甲烷（CH_4）占总烃的主要成分
4	火花放电	总烃不高，乙炔（C_2H_2）$>$10ppm，氢（H_2）较高
5	电弧放电	总烃高，乙炔（C_2H_2）含量高，并构成总烃主要成分；氢（H_2）含量高

采用气相色谱方法可以不停电地发现设备内部是否存在潜伏性故障，特别是对局部过热和局部放电比较灵敏，已成为一项重要的预防性试验方法并制订了有关参考标准。但由于设备结构、绝缘材料和运行条件的差异，目前尚未能制订出统一的严密的标准。一般采取缩短测量间隔时间、跟踪分析，再结合历次分析数据、运行记录、电气试验结果和制造厂提供的资料对照比较，综合分析才能作出正确结论。

以上介绍的是几种常用的预防性试验，各种试验的有效性比较见表 6 - 8。

表 6 - 8　　几种预防性试验方法的比较

序　号	试　验　方　法	能 发 现 的 缺 陷
1	测量绝缘电阻及泄漏电流	贯穿性的受潮、脏污和导电通道
2	测量吸收比	大面积受潮、贯穿性的集中缺陷
3	测量 $\tan\delta$	绝缘普遍受潮和劣化
4	测量局部放电	有气体放电的局部缺陷
5	油的气相色谱分析	持续性的局部过热和局部放电
6	交流或直流耐压试验	抗电强度下降到一定程度的主绝缘局部缺陷
7	操作波或倍频感应耐压试验（限于变压器类设备）	抗电强度下降到一定程度的主绝缘或纵绝缘的局部缺陷

*第七节　变压器绝缘试验

为了进一步掌握绝缘预防性试验的方法，理解预防性试验的应用，接下来将介绍预防性试验方法的具体应用，即变压器绝缘试验和电力电缆绝缘试验。其他电气设备的试验以此类推。

变压器绝缘试验项目包括：绝缘电阻 R_∞ 和吸收比 K、泄漏电流 I_∞、介质损失角正切值 $\tan\delta$、绝缘油、工频耐压及感应耐压，对于 110kV 及以上变压器还应作局部放电测试。

一、绝缘电阻及吸收比测量

测量绝缘电阻和吸收比，是判断变压器绝缘状态最简便和常用的一种手段。对于绝缘受潮和局部缺陷，如瓷质开裂、引线接地等缺陷，均能有效查出。经验表明，变压器绝缘干燥前后绝缘电阻的变化比介质损失角正切值的变化大好几倍。所以在变压器的干燥过程中，主要以绝缘电阻和吸收比来判断绝缘状况。

测量绝缘电阻和吸收比时，依次测量各绕组对地及各绕组间的绝缘电阻。要求被测绕组短路，非被测绕组均短路并接地。接线如图 6 - 23 所示，测量顺序如表 6 - 9 所示。

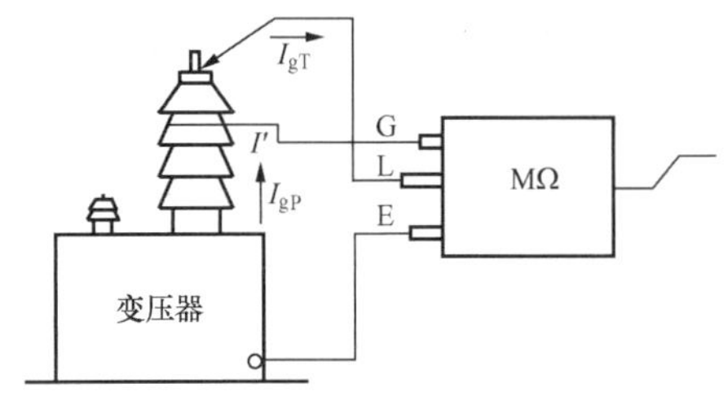

图 6 - 23　变压器绝缘电阻测量接线

表 6 - 9 中第 4、5 项，只对容量在 1600kVA 及以上变压器进行。被测绕组试验前后应短路接地，目的也是让其对地充分放电。

表 6 - 10 列出了油浸电力变压器绕组绝缘电阻参考允许值。

表 6-9 **测量绕组和接地部位**

顺 序	双绕组变压器		三绕组变压器	
	测量绕组	接地部位	测量绕组	接地部位
1	低压	高压绕组和外壳	低压	高压、中压绕组和外壳
2	高压	低压绕组和外壳	中压	高压、低压绕组和外壳
3			高压	中压、低压绕组和外壳
4	高压和低压	外壳	高压和中压	低压绕组和外壳
5			高压、中压和低压	外壳

表 6-10 **油浸电力变压器绕组绝缘电阻参考允许值（MΩ）**

高压绕组电压（kV）	温度（℃）							
	10	20	30	40	50	60	70	80
3～10	450	300	200	130	90	60	40	25
20～35	600	400	270	180	120	80	50	35
63～220	1200	800	540	360	240	160	100	70

测得绝缘电阻换算到同一温度下与允许值、历次测量记录作比较。

测量吸收比对判断绝缘受潮比较灵敏。由于吸收比和容量有关，所以不规定吸收比的数值，结果应根据现场经验判断。

二、泄漏电流测试

试验加压部位与测绝缘电阻相同，试验电压标准见表 6-11。试验时将负极性直流高压升高到试验电压，停止 1min，测量通过被试绕组的直流电流，即为所测泄漏电流。

表 6-11 **试验电压的标准**

绕组额定电压（kV）	3	6～15	20～35	35 以上
直流试验电压（kV）	5	10	20	40

对所测结果进行分析判断时，应与同类型变压器、同一变压器不同相间进行比较，与历次测量值进行比较，不应有数量级的变化。如果测量数值逐年增大，这往往是绝缘（包括油质）老化的结果，若所测结果与历年所测比较突然增大，则可能有严重缺陷，应查明原因。

三、测量介质损失角正切 tanδ

测量变压器绕组绝缘的介质损失角正切 tanδ，可检查变压器是否受潮、绝缘老化、油质劣化、绝缘上附着油泥及严重局部缺陷等。一般是测量绕组连同套管的 tanδ，有时为了检查套管的绝缘状态，也可单独测量套管的 tanδ。

由于变压器外壳一般是直接接地，所以可采用 QS_1（或用同类型）电桥的反接线，或用 M 型介质试验器进行测量，测量部位如表 6-9，按表 6-9 测量双绕组变压器介质损失角正切值及电容值时的接线，如图 6-24 所示。图中 A 点接电桥的 A 点，如图 6-7（b）所示。

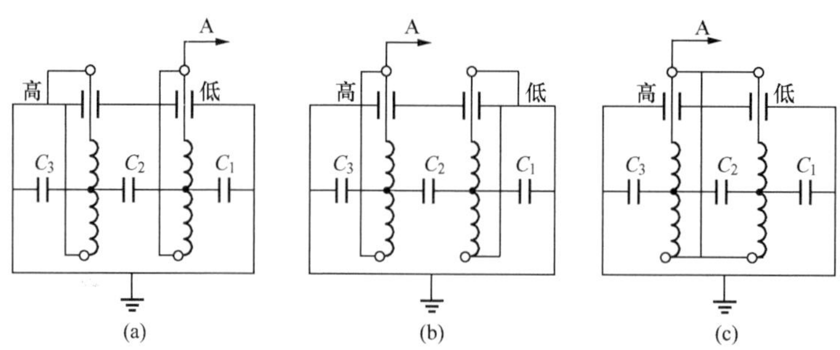

图 6－24 双绕组变压器测量 tanδ 及 C 的接线

C_1—低压绕组对地的电容；C_2—高、低压绕组之间的电容；

C_3—高压绕组对地的电容

测量时，被测绕组两端短接，非被测绕组均短接接地，以免绕组电感带来测量误差。

四、工频耐压试验

工频耐压试验，对考验变压器主绝缘强度，检查变压器局部缺陷，如绕组主绝缘受潮、开裂，或在运输过程中由于振动引起的绕组松动、移位造成引线距离不够以及绕组绝缘附着污物等，都具有决定性作用。

工频耐压试验，须在变压器中注入合格绝缘油，并静置一定时间后方能进行。

（一）试验接线

变压器工频耐压试验接线如图 6－25 所示。图中，被试绕组两端头短接，非被试绕组短接接地。

试验时若接线错误，可能使变压器绝缘受损。图 6－26（a）、（b）为接线错误的两例。

图 6－26（a），由于被试绕组不短接，绕组对地电容及绕组间电容的存在使绕组有电流流过，且流过绕组电流不等，这使绕组压降不均匀，靠近 A 端压降最大，严重时可能导致绕组绝缘击穿。图 6－26（b）低压绕组处于悬浮状态，其对地电位是按电容分布的，这样，低压线圈对地电位，可能达到不允许的数值。

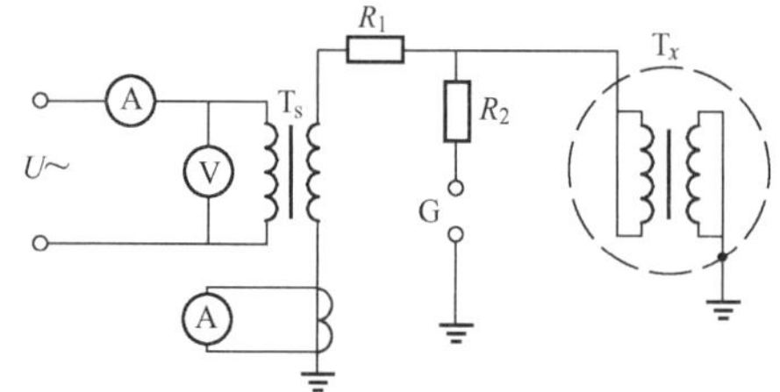

图 6－25 变压器工频耐压试验接线

T_s—试验变压器；R_1—保护电阻；

R_2—限流阻尼电阻；G—保护球隙；

A—电流表；V—电压表；T_x—被试变压器

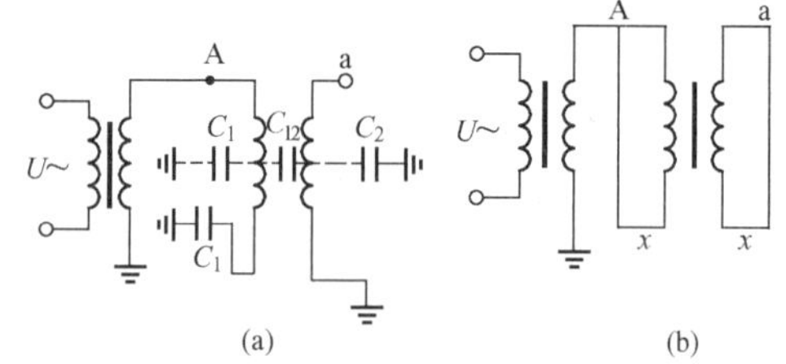

图 6－26 两种不正确的工频耐压接线

（a）高低压绕组未短接；（b）低压绕组未与外壳一同接地

C_1—高压绕组对地的分布电容；C_2—低压绕组对地的分布电容；C_{12}—高低压绕组间的电容

（二）分析判断

试验过程，可根据仪表指示、被试品有无冒烟、有无放电声等异常现象进行判断。

1．由仪表指示判断

变压器在交流耐压过程，如果仪表指示不抖动，试验过程无放电声音，说明被试变压器通过耐压试验，绝缘合格。当变压器内绝缘击穿，会有以下两种情况：

（1）电流表指示突然上升，且被试变压器发出放电响声，同时保护球隙可能放电，说明被试变压器内部击穿。

（2）电流表指示突然下降，也说明变压器内部击穿。因为击穿前，试验回路 $X=|X_C-X_L|$，若 $X_C<2X_L$，击穿后电抗反而上升，所以电流表指示突然下降。

2. 由放电或击穿的声音判断

（1）油隙击穿放电。若在加压过程中，被试变压器内部放电，发出金属撞击油箱的声音，一般是由于油隙距离不够，或电场畸变而导致油隙贯穿性击穿，此时电流表指示突变。当重复试验时，由于油隙抗电强度恢复，其放电电压不会明显下降。如果放电电压比第一次下降，说明固体绝缘已经击穿。

（2）油中气体间隙击穿。试验时，若第二次放电声音比第一次小，仪表指示摆动不大，再重复试验时放电又消失，这种现象是油中气体间隙放电所致。当气隙局部击穿时，声音轻微断续，电流表指示也不会明显变动。油中气泡所引起的击穿，无论是贯穿性的或是局部性的，在重复试验时，均可能消失，这是由于击穿放电后，气泡逸出所致。因此，在进行耐压试验时，要注意放气。

（3）带悬浮电位的金属件放电。在加压过程中，被试变压器内部有如像炒豆般的放电声，而电流表指示又很稳定，这可能是悬浮电位的金属件对地放电。这是因为在制造过程中，铁芯和接地的夹件未用金属片连接，当两者之间电压达到一定值时，便会发生放电。

（4）固体绝缘爬电。若出现“哧哧”的放电声，或是沉闷的响声，电流表指示突增，这是由于内部固体绝缘（多数是绝缘角环纸板）爬电，或绕组端部对铁轭爬电。再重复试验时，放电电压就明显下降。

（5）外部试验回路放电。当外部试验回路绝缘（或球隙）击穿时，将发生明显的响声和放电火花，这是容易观察判断的。此外，在试验时，空气中有轻微电晕或瓷件表面有轻微的树枝状放电，属于正常现象。

*第八节　电力电缆试验

一、电力电缆的绝缘试验

电力电缆的绝缘试验项目包括绝缘电阻和吸收比、泄漏电流的测量和直流耐压。

（一）绝缘电阻和吸收比测量

测量电力电缆的绝缘电阻和吸收比，可有效地发现电力电缆的绝缘老化、受潮缺陷，并可检出耐压试验检出的缺陷性质。所以耐压前后都要测量绝缘电阻和吸收比。

试验前，对于额定电压在 1kV 及以上的电力电缆，选择 2500V 的兆欧表。刚退出运行的电缆要拆除一切对外连线并充分放电，后用干净柔软的布擦净电缆头。用兆欧表测量电缆绝缘电阻如图 6-27 所示。为提高测量结果的准确度，可在缆芯端部绝缘上或套管端部绝缘上套上屏蔽环，并接至兆欧表屏蔽端子 G。非被试相缆芯连同铅皮一起短接接地。当电缆容量较大时，由于充电电流的影响，开始时绝缘电阻较小，应继续摇动，

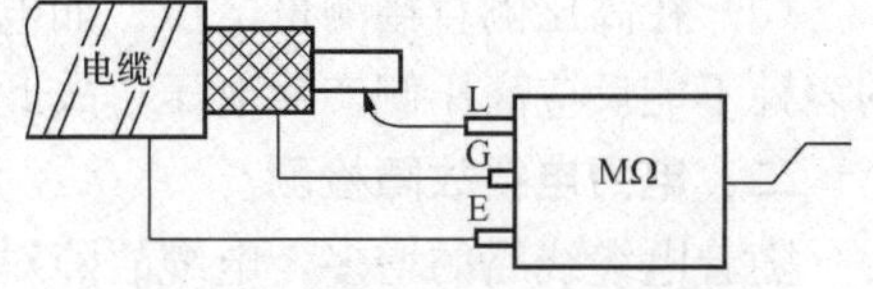

图 6-27　电缆绝缘电阻测量接线

短电缆绝缘电阻很快趋于稳定值，长电缆应测量15s和60s的绝缘电阻值。测量完毕，先断开线路端子L，后停止摇动，以防电缆对兆欧表反充电。

运行中的电缆，其绝缘电阻与历次测量数值比较不应有显著变化，不同相间比较不平衡系数不应大于2～2.5。

电缆的绝缘电阻与温度和电缆长度有关，为便于比较，应把测量结果换算为每千米20℃时的数值。如下式所示

$$R_{i20} = R_{it} \cdot Kl \tag{6-7}$$

式中 R_{i20}——电缆在20℃时，每千米长的绝缘电阻；

R_{it}——电缆长度为l、t℃时的绝缘电阻；

l——电缆长度，km；

K——温度系数，见表6-12。

表6-12　　电缆绝缘的温度换算系数K

温度（℃）	0	5	10	15	20	25	30	35	40
K	0.48	0.57	0.70	0.85	1.0	1.13	1.41	1.66	1.92

绝缘良好的电缆绝缘电阻值很高。

（二）泄漏电流测量及直流耐压

1. 直流试验的意义

直流耐压是检验油浸纸绝缘电缆绝缘强度的常用办法。电缆的直流耐压时间规定为5min，因为电缆在直流电压下多为电击穿，所以一般发生在加压1～2min内。

泄漏电流试验在作用上虽与直流耐压有所不同，但实际上是直流耐压试验的一部分。直流耐压试验是逐段升高电压的，一般分0.25、0.5、0.75、1倍试验电压四段，每段停留1min读取泄漏电流值，最后在试验电压下停5min进行耐压并读取泄漏电流值，此泄漏电流不应大于耐压1min时的泄漏电流。

一般情况下，直流耐压对电缆绝缘中的气泡、机械损伤有效，而泄漏电流试验对绝缘的受潮、老化较为灵敏。

2. 试验方法

关于泄漏电流试验和直流耐压的接线，前面已介绍，这里只提几个注意事项。

（1）微安表应接在高压侧。绝缘良好的电缆，泄漏电流很小，只有几十微安，如果把微安表接在低压侧，高压引线及设备的杂散电流影响很显著。因此把微安表接在高压侧，并加以屏蔽，可提高测量结果的准确度。

（2）两端头屏蔽。电压为35kV及以上的电缆，由于试验电压高，通过试品表面及周围空间的泄漏电流相当大，所以两端的终端头均应屏蔽，如图6-28所示。但实际上电缆较长时不易实现，故采用6-29图的屏蔽方式。

（3）在高压侧直接测量电压。如电缆太长，电容量太大，杂散电流影响较大，在低压侧的表计不能反应高压侧实际电压，故此时电压的测量应在高压侧直接进行。

二、电力电缆故障检测

随着电缆线路的增多，电缆故障对供电可靠性影响日益增大，因而迅速准确地探测故障点的位置对保证故障电缆的及时修复有着重要意义。

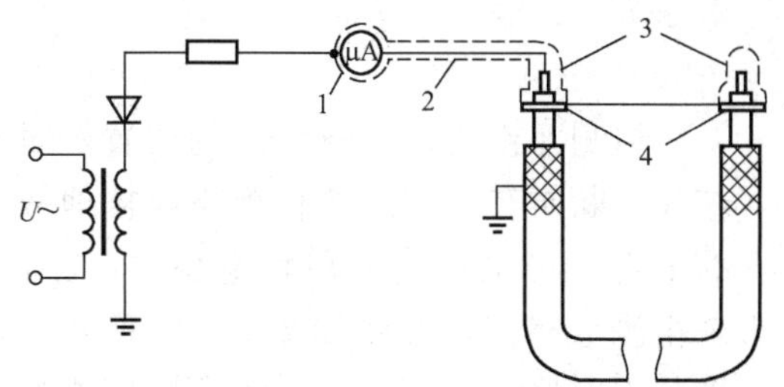

图 6-28　微安表在高压端测量电缆泄漏电流的屏蔽
1—微安表屏蔽；2—导线屏蔽；3—线端屏蔽；
4—缆芯绝缘的屏蔽环

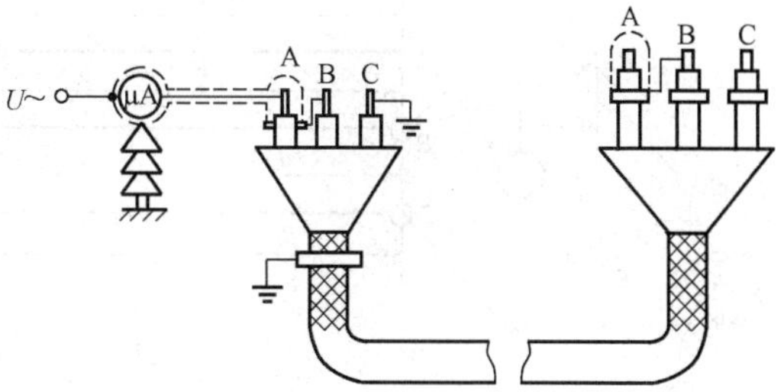

图 6-29　用非试验相作为连线的屏蔽

电缆线路的故障，大多发生在电缆的中间接头和终端头，而且常见的故障是漏油溢胶（在采用油浸纸绝缘电缆时）。例如电缆头漏油溢胶严重或放电时，应立即停电检修，通常是重作电缆头。

电缆一旦出现故障，一般需借助一定的测量仪器和测量方法才能确定。例如电缆发生了如图 6-30 所示故障，外观无法判断，利用兆欧表，在电缆两端测量各相对地（外皮）及各相之间的绝缘电阻，然后再将电缆一端所有相短接后接地，在另一端重作上述相对地及相与相之间的绝缘电阻摇测，测量结果见表 6-13。

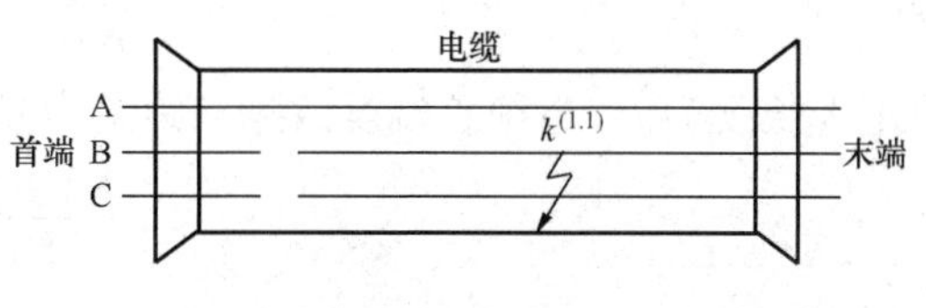

图 6-30　电缆内部故障示例

表 6-13　　图 6-30 所示故障电缆的绝缘电阻测量结果

测量顺序	电缆绝缘电阻（MΩ）					
	相—地			相—相		
	A	B	C	A-B	B-C	C-A
在首端测量	∞	∞	∞	∞	∞	∞
在末端测量	∞	0	0	∞	0	∞
末端短接接地，在首端测量	0	∞	∞	∞	∞	∞

注　表中∞值在实测中可能是几百或几千兆欧，表中 0 值在实测中可能是几千或几万欧。

对表 6-13 的绝缘电阻测量结果进行分析可得出结论：此电缆故障为 B、C 两相断线且对地短路，如图 6-30 所示。

确定了故障性质后，接下来应确定故障地点以便检修。确定故障点，按所利用的故障点绝缘电阻高低来分，有高阻法和低阻法两大类。这里只介绍探测电缆故障点的低阻法。

低阻法探测电缆故障点分三个步骤：烧穿、粗测和定点。

1. 烧穿

由于电缆内部的绝缘层较厚，运行中发生闪络性短路或接地故障后，故障点绝缘水平会得到一定程度的恢复而呈高阻状态，绝缘电阻可达 0.1MΩ 以上，因此，利用低阻法探测故障点时，必须用高电压把故障点的绝缘烧穿成低电阻，最好在几千欧以下。加在电缆芯线上的高电压，一般取 4～5 倍电缆额定电压（略低于电缆的直流耐压试验电压，直流耐压试验电压为电缆额定电压的5～6倍）。

2. 粗测

粗测即粗略估计故障点的位置。对于芯线未断而有一相或多相短路或接地故障的电缆，可采用直流单臂电桥（回路法）来粗测故障点。接线如图6-31所示。这里利用完好芯线（B相）作为桥接线的回路。如电缆的三芯都有故障，可借助其他电缆芯线作桥接线的回路。

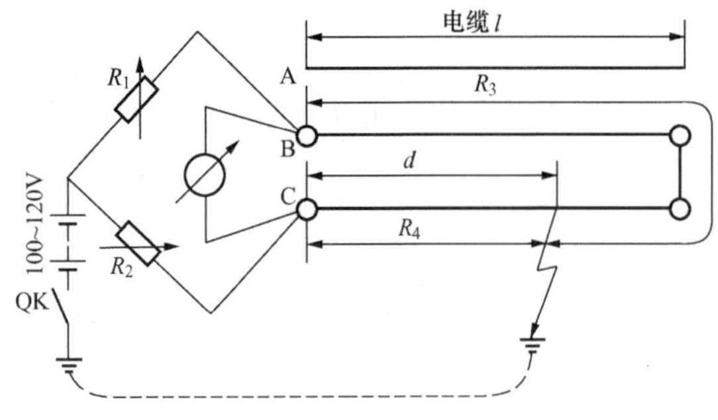

图6-31 用单臂电桥粗测电缆故障点（回路法）

当电桥平衡时，有

$$\frac{R_1}{R_2}=\frac{R_3}{R_4}$$

或

$$\frac{R_1+R_2}{R_2}=\frac{R_3+R_4}{R_4}$$

设电缆长度为l，电缆首端至故障点距离为d，则

$$\frac{R_3+R_4}{R_4}=\frac{2l}{d}$$

所以

$$\frac{R_1+R_2}{R_2}=\frac{2l}{d}$$

由此可求出电缆首端到故障点的大致距离为

$$d=2l\frac{R_2}{R_1+R_2} \tag{6-8}$$

必须注意：为了提高测量准确度，应将电流计直接接在被测电缆的一端，以减小电桥与电缆间的接线电阻和接触电阻的影响，同时电缆另一端的短接线的截面不应小于电缆芯线的截面。

对于芯线可能折断及可能兼有绝缘损坏的故障电缆，则应利用电缆的电容与其长度成正比的关系，采用交流电桥来测量电缆的电容（电容法），以粗测电缆的故障点。

3. 定点

定点即比较准确地确定故障地点。通常采用音频感应法或电容放电声测法。

（1）音频感应法。接线如图6-32所示，将低压音频信号发生器（输出电压5～30V）接在电缆的一端，然后利用探测用感应线圈、接收放大器和耳机沿电缆线路进行探测。发出的信号经相线、故障点形成回路，感应线圈因此感应出音频信号电流，经放大器传到耳机。探测人员就可根据耳机内音响的改变，来确定地下电缆的故障点。沿电缆探测，当探测器走离故障点，音频信号将逐渐减弱乃至消失，由此可测出电缆的故障点。

（2）电容放电声测法。接线如图6-33所示，利用高压整流装置对电容器充电，电容器电压升高，达一定值，球间隙击穿，电容器经故障点放电，并使故障点发出“啪”的火花放电声音。电容器放电后再次被充电，充到一定电压放电间隙再击穿，电容器又对故障点放电，并使故障点再次发出“啪”的火花放电声。因此利用探听棒或拾音器沿线路探听时，在故障点能够特别清晰地听到断续性地“啪、啪、啪……”火花放电声，从而可确定电缆的故障地点。

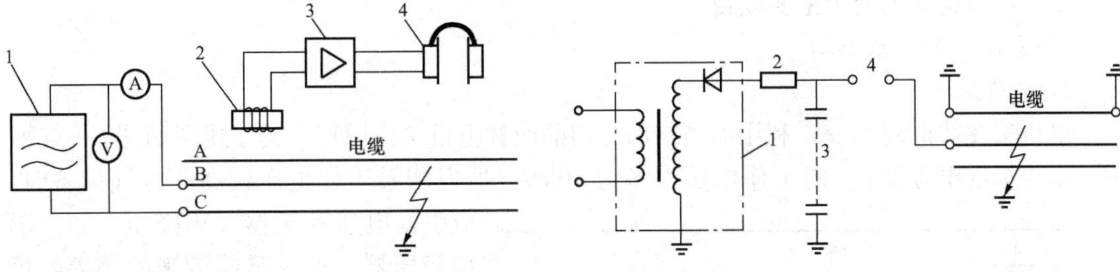

图 6-32　音频感应法探测电缆故障点
1—音频信号发生器；2—探测线圈；
3—接收放大器；4—耳机

图 6-33　电容放电声测法探测电缆故障点
1—高压整流设备；2—保护电阻；
3—电容器；4—放电球间隙

补充说明：图 6-33 所示电路，实际上也是前面所说的用于故障点烧穿的高电压电路，利用电容器连续充放电使电缆故障点连续产生火花放电而使绝缘烧穿。

第九节　绝缘在线监测

前面所介绍的电气设备绝缘试验，均指停电试验，属于“计划检修”。“计划检修”存在如下问题：

（1）盲目性。检修周期一到，不管设备实际状况，均停电检修，增加了设备的倒闸操作工作量，浪费了大量的人力、物力，增加了停电时间，降低了电网的供电可靠性。

（2）检修状态与设备的工作状态不符。比如作用在设备上的电场强度、温度与设备实际工作状态不符合，影响诊断的正确性。另外，试验电压太低，不利于发现设备内部存在的缺陷。

（3）不能适时检修。设备可能在检修周期中间发生故障，定期检修会错过检修机会。

基于以上的问题，电气设备的“计划检修”逐步向“状态检修”发展。

状态检修指的是对运行设备进行在线监测，根据测量参数的发展趋势，对绝缘状况进行判断，从而确定设备是否需要检修及该检修的项目。因此，设备的在线监测是状态检修的重要技术手段。

一、在线监测装置应用现状

（1）变压器装设的在线监测：温度监测（包括油温、线圈温度监测）、负荷监测、油中气体、水分监测、局部放电监测、套管介质损耗监测、调压开关监测（包括温度、扭矩、触头磨损、启止位置监测）。

（2）断路器装设的在线监测：SF_6 气体压力监测、触头行程监测、操作时间监测、操作次数监测、操作机构监测（包括弹簧是否储能监测、液压机构压力监测）。

（3）充油电流互感器装设的在线监测：介质损耗监测。

（4）绝缘子在线监测：绝缘子污染程度监测。

（5）蓄电池在线监测：端电压监测、内阻监测。

（6）避雷器在线监测：泄漏全电流监测、阻性电流分量监测、容性电流分量监测。

二、在线监测的两个主要项目

（一）tanδ 的在线监测

1. 电桥法

电桥法在线监测 tanδ，利用的是前面介绍的西林电桥工作原理，其接线图如图 6-34 所示。由于标准电容器 C_N 的工作电压大多为 10kV，所以测量工作电压较高的电气设备时，应引入电压互感器 TV 降压。T 为隔离变压器。由互感器带来的角差，可通过 RC 移相电路予以校正。电桥中 R_3、C_4 的调节可以是手动的，也可以是自动的。R_3、C_4 由于带有触头调节，为了长年的使用，必须选择十分可靠的调节元件。当电桥平衡时，可以测得 tanδ 和电容量 C_x。即

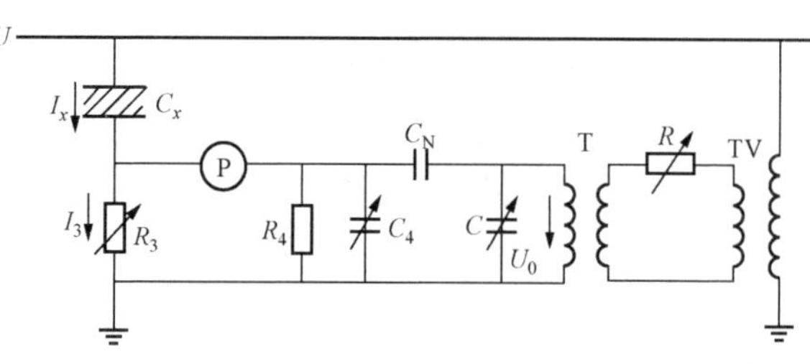

图 6-34 电桥法原理接线图

$$\tan\delta_x \approx \omega C_4 R_4 + \omega C_N R_4 = \omega C_4 R_4 + \Delta\tan\delta$$

$$C_x = \frac{R_4}{R_3} \cdot \frac{C_N}{K}$$

式中 K——电压互感器 TV 的变比。

实际应用中，由于测量装置接在设备的末屏，所以应对设备末屏进行改造，如图 6-35 所示。设备运行时，隔离开关 K 合上；设备带电测量时，K 打开。

还有用同相设备作为标准电容器和作为标准支路分压器的测量方法，其原理接线图如图 6-36 和图 6-37 所示。

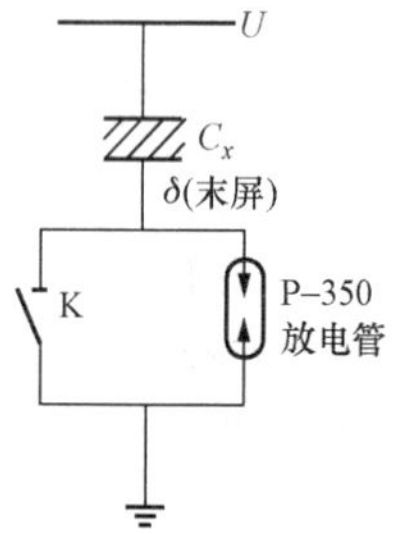

图 6-35 电容型设备末屏接地示意图

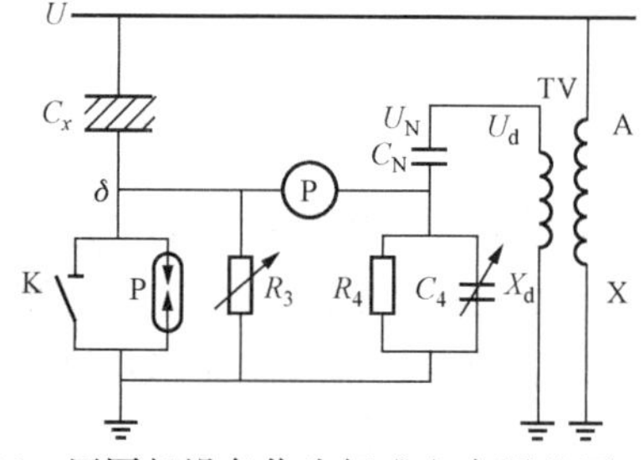

图 6-36 用同相设备作为标准电容器的原理接线图

2. 全数字测量法

目前 tanδ 的在线监测基本都是用快速傅里叶变换（FFT）的方法。取运行设备 TV 的标准电压信号与设备泄漏电流信号直接经高速 A/D 采样转换后送入计算机，通过软件的方法对信号进行频谱分析，仅抽取 50Hz 的基本信号进行计算求出 tanδ。这种方法能很好地消除各种高次谐波的干扰，测试数据稳定，能很好地反映出设备的绝缘变化。

被测设备的电压信号由同相电压互感器 TV 获得，电流信号由电容式套管末屏 C_x 接地线上获得，把后者电流信号转换为电压信号，如图 6-38 所示。

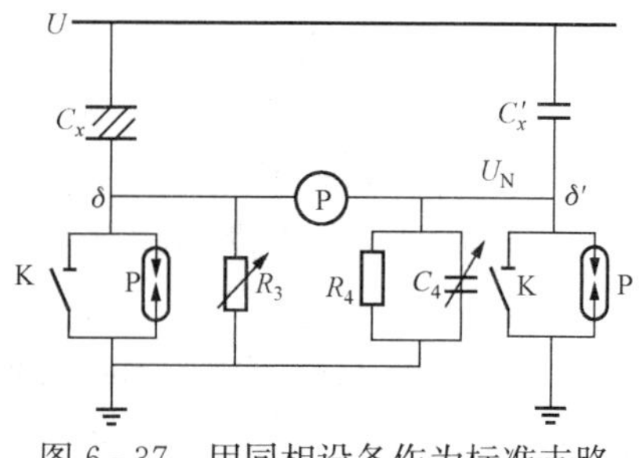

图 6-37 用同相设备作为标准支路分压器的原理接线图

（二）局部放电的在线监测

在线监测变压器局部放电的方法包括超声波监测、化学监测和电性能监测，其中以电性能监测灵敏度最高。电性能监测以监测破坏性放电为主，以视在放电量作为监视物理量。

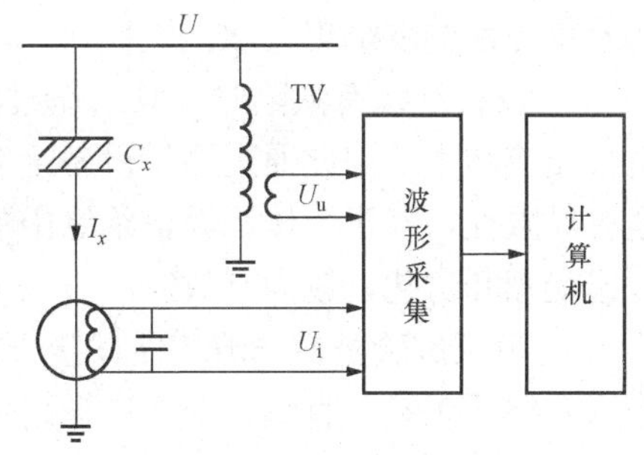

图 6-38 介损测量原理接线图

变压器正常运行时，局部放电量很小，即使局部放电量达到了 5000pC，变压器仍能继续运行几周甚至几年，但是变压器绝缘发展到击穿前期，放电量会大大增加。因此，对变压器绝缘采用局部放电在线监测，再配合其他试验手段综合分析，对变压器绝缘可以起到很有效的监视作用。

变压器绝缘在线监测比停电测量遇到更强的干扰，因为外部的电晕放电脉冲、电弧放电脉冲其特征都和变压器内部的局部放电脉冲信号相似。因此，如何从很强的背景噪声干扰中拾取局部放电信号，是变压器绝缘局部放电在线监测的技术关键。国内外在这方面已做了大量的研究工作，提出了多种抗干扰的方法，主要有脉冲极性鉴别法、差动平衡检测法、定向耦合法、电气—超声联合检测法和软件法。

图 6-39 为脉冲极性鉴别法的工作原理图。将传感器安装在变压器油箱接地线上和高压套管末屏接地线上以拾取电流脉冲信号。干扰信号在两个传感器上产生的脉冲电流信号极性是相同的，在这种情况下，电子开关断开，无信号输出；当内部发生局部放电，两个传感器上产生的脉冲电流信号极性相反，此时电子开关闭合，输出放电信号。

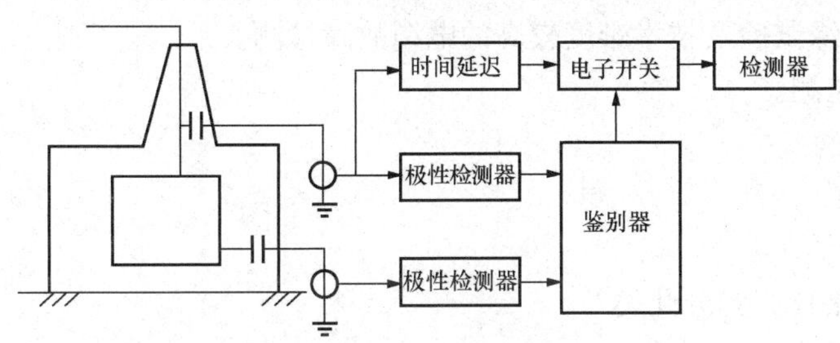

图 6-39 脉冲极性鉴别法的工作原理图

在线监测装置应用情况表明，在线监测装置对及时发现电气设备缺陷、保证设备安全运行起到了良好的作用。但是，在线监测装置投入费用高，部分产品运行情况不容乐观。因此，在装设在线监测装置时，要分析被测对象的重要性，所处运行状态，容易引起的故障类型及可能造成的经济损失，才决定是否装设在线监测装置。

小 结

1. 本章介绍的是设备绝缘的预防性试验。预防性试验在检修、交接时进行，意在发现绝缘中隐藏的缺陷，防止它们在运行中缺陷进一步发展引发电气事故。

2. 绝缘电阻及吸收比测量是最常用又最简便有效的方法，对于贯通性的受潮、脏污及贯通性的缺陷有效。对于未贯通性的缺陷，有时虽然缺陷已相当严重，但测出的绝缘电阻值仍很大，这是由于兆欧表电压较低的缘故，所以绝缘电阻及吸收比测量试验对发现缺陷有局限性。

3. 泄漏电流试验通常是与直流耐压试验同时进行。在直流耐压试验升压的过程中测量泄漏电流，其原理与测量绝缘电阻相同，但由于试验电压高，所以对发现贯通性的受潮、脏污及贯通性的缺陷更灵敏。

4. 设备绝缘有缺陷时，其工作过程中有功损耗会增大，测量其介质损失角正切值 $\tan\delta$ 也会相应增大，因此通过测量设备绝缘的介质损失角正切值 $\tan\delta$，来判断绝缘状况。本试验也有局限性，对于大体积设备绝缘中的集中性缺陷反应不灵敏，对于小体积设备，或者绝缘普遍受潮和劣化，较为有效。

5. 耐压试验是在非破坏性试验合格后进行，它对设备能否投入运行起着决定性的作用。本章介绍了工频、直流、变频谐振耐压试验。

6. 许多设备使用了变压器油作为绝缘，新油或者运行中的油都要进行绝缘油试验。本章介绍了绝缘油电气强度试验、$\tan\delta$ 的测量、气相色谱分析，它们对发现绝缘油是否受潮、老化效果显著，对设备中是否存在缺陷也具有明显的效果。

7. 组合绝缘的绝缘强度很大程度上取决于是否产生局部放电及局部放电的程度，测定绝缘物在不同电压下局部放电强度的规律，能预示绝缘的发展情况，也是估计绝缘电老化程度的重要依据。

8. 随着经济的发展，配电变压器的使用量越来越多，本章介绍了变压器的绝缘试验，内容具体、实用，并且指出了试验过程容易出现的错误及后果，是基本试验方法的具体应用。

9. 同样，本章介绍了电缆的绝缘试验及技术难度较高的电缆故障检测。

10. 本章最后介绍了绝缘在线监测。

习　　题

6-1　绝缘预防性试验的目的是什么？分几类？

6-2　绝缘缺陷有几类？举例说明。

6-3　绝缘电阻和吸收比测量原理是什么？该试验对绝缘施加的是直流电压还是交流电压？吸收比为何能判断绝缘状况？

6-4　绝缘电阻测量对判断缺陷的有效性是什么？吸收比测量试验适用的范围是什么？

6-5　某 35kV 油浸电力变压器绝缘电阻试验记录如下：$R_{15''}=120\text{M}\Omega$、$R_{60''}=130\text{M}\Omega$。试判断温度 20℃时变压器绝缘电阻和吸收比试验是否合格。

6-6　哪些因素会影响绝缘电阻的测量结果？

6-7　利用兆欧表测量设备绝缘电阻，如何接线？屏蔽端子 G 的作用是什么？试画出利用兆欧表测量三芯电缆中 A 相对 B、C 两相及对地绝缘电阻的接线。

6-8　甲、乙二人对一电压互感器的高低压绕组间绝缘进行预防性试验。首先测量绝缘电阻，发现被试绝缘电阻偏低。甲认为互感器已不合格，应报废，乙无主意，你认为甲的意见怎样？为什么？是否需要再进行试验？如需试验，画出试验接线图。

6-9　某 10kV 油纸绝缘电缆泄漏电流试验结果为：试验电压为 50kV，泄漏电流 A 相 25μA，B 相 20μA，C 相 60μA。试判定试验结论并说明理由。

6-10　画出被试品接地和不接地时的泄漏电流试验接线，说明其中各元件的作用。分析这两种接线的优缺点。

6-11　简述泄漏电流试验应注意的事项。

6-12 $\tan\delta$ 的含义是什么？测 $\tan\delta$ 能检测什么缺陷？

6-13 简述光导微机介损测试仪的工作原理，并说出其优点。

6-14 用西林电桥测 $\tan\delta$ 有几种接线？各有何优缺点？用在什么情况？

6-15 对电容式套管，测量结果 $\tan\delta$ 明显增加，可能出现什么情况？

6-16 试验变压器的负载多属什么性质？电力变压器的负载多属什么性质？

6-17 被试品为一台 S7-3150/35 变压器，高压绕组对地电容 4500pF，试选择工频耐压试验设备额定电压、额定容量、保护电阻阻值和容量。

6-18 耐压试验的作用是什么？

6-19 画出工频耐压试验的接线图，说明各元件的作用。

6-20 简述工频耐压试验的试验电压的选择、耐压时间、升压注意事项、高压测量方法、试验结果判断方法。

6-21 什么是容升效应？工频交流高压测量有哪些方法？

6-22 说明直流耐压试验的必要性、方法、微安表极性的接法，以及该试验注意事项。

6-23 变频耐压试验的原理是什么？分为哪几类？有何特点？

6-24 绝缘油的主要性能指标有哪些？

6-25 在做绝缘油电气强度试验时，油样倒入标准油杯后为什么还要静置 15min？

6-26 某 35kV 油断路器油样电气强度试验结果依次记录如下：26、18、28、28、29、30kV，该油样击穿电压为多少？是否合格？

6-27 什么是油中溶解气体的色谱分析？为什么检查油中气体的成分和含量可以发现电力设备内部是否存在故障？

6-28 变压器绝缘试验包括哪些内容？绝缘击穿时会有哪些现象？

6-29 电缆绝缘试验包括哪些内容？

6-30 有一条电缆，用兆欧表摇测的结果如下表 6-14 所示，试分析此电缆发生了什么性质的故障。

6-31 简述采用低阻法探测电缆故障点的过程。

6-32 电气设备绝缘“计划检修”为什么会逐步向“状态检修”发展？

表 6-14　故障电缆的绝缘电阻测量结果

测量顺序	电缆绝缘电阻（MΩ）					
	相—相			相—地		
	A-B	B-C	C-A	A	B	C
在首端测量	∞	0.02	∞	∞	0.01	0.01
末端短接接地，在首端测量	0	0	0	0	0	0

第七章　电气工作的安全措施

为了确保电气工作中的人身安全，《电力安全工作规程》规定，在高压电气设备或线路上工作，必须完成工作人员安全的组织措施和技术措施；对低压带电工作，也要采取妥善的安全措施后才能进行。

第一节　保证电气工作安全的组织措施

电气安全技术中的组织措施是指在进行电气工作时，将与检修、试验、运行有关的部门组织起来，加强联系、密切配合，在统一指挥下共同保证施工安全所采取的措施。即工作票制度、工作许可制度、工作监护制度、工作间断（转移）终结制度。

一、工作票制度

在电气设备或线路上工作，应实行工作票制度。工作票制度是保证人身安全的有效组织措施。

工作票是准许在电气设备或线路上工作的书面命令。根据工作性质和工作范围的不同，工作票分为第一种工作票和第二种工作票。在高压设备上工作需要全部停电或部分停电者，以及在二次系统和照明等回路上的工作，需将高压设备停电或采取安全措施者，应填用第一种工作票；在带电作业和在带电设备外壳上的工作，在控制盘和低压配电盘、配电箱、电源干线上的工作，以及在无需高压设备停电的二次系统和照明回路上工作时，应填用第二种工作票。带电作业或进行与邻近带电设备距离小于表 7-1 规定的工作时，应填用带电作业工作票。事故应急抢修时可不用工作票，但应填用事故应急抢修票。

工作票应由工作票签发人填写，用计算机生成或打印的工作票应使用统一的票面格式，工作票签发人应手工或电子签名。工作票一式两份，由工作负责人和值班员各执一份。工作票签发人应熟悉工作人员技术水平，熟悉设备情况，熟悉安全工作规程，并且有相关的工作经验。工作票签发人不得兼任该项工作的负责人，工作许可人（值班员）不得签发工作票。

工作票的内容包括工作任务、工作范围、安全措施及现场负责人姓名。工作票应填写正确、清楚，不得任意涂改。

二、工作许可制度

在高压设备上工作应实行工作许可制度。值班运行人员接到工作负责人交来的工作票，应按工作票上注明的工作地点、安全措施要求进行工作。在完成施工现场的安全措施，如停电、验电、接地、装设遮栏等后，还应与工作负责人同到现场，再次检查所做的安全措施，以手触试设备的导电体，证明检修设备确无电压。还应对工作负责人指明带电设备的位置和注意事项，双方明确无误后在工作票上分别签名才允许开始工作。

三、工作监护制度

工作监护制度是保证人身安全及操作正确的主要措施。监护人的安全技术等级应高于操作人。

完成工作许可手续后，工作监护人应向工作班成人员交代现场安全措施，指明带电部位，进行危险点告知，并履行确认手续，工作班方可开始工作。监护人必须始终在工作现场认真监护。监护人因故离开工作现场时，应指定能胜任的人员临时代替，离开前交代清楚，并通知工作人员，使监护工作不间断。工作人员必须服从监护人的指挥，监护人如发现工作人员违反安全规程或任何危及工作人员安全的情况时，应及时纠正，必要时可暂停其工作。

监护的主要内容为：①部分停电时，所有工作人员的活动范围与带电部分保持规定的安全距离；②带电作业时，所有工作人员的活动范围与接地部分保持安全距离；③所有工作人员（包括工作负责人），不许单独留在高压室内和室外变电所高压设备区内；④建筑工、油漆工等一般工作人员在高压室或变电所工作时，应指派专人负责监护。

四、工作间断、转移和终结制度

现场工作因故中间暂时停止，工作班人员应从现场撤出，所有安全措施保持不动，工作票不交回，仍由工作负责人执存。间断后恢复工作无需通过工作许可人。当日工作不能完工在收工时应清扫场地，开放已封闭的通路，并将工作票交回值班运行人员。次日复工时，应重新认真检查安全措施是否符合工作票的要求，经值班运行人员许可，领回工作票方可工作。若无工作负责人带领，工作班成员不得进入工作地点。

在同一电气部分用同一工作票依次在几个工作地点转移工作时，全部安全措施由运行人员在开工前一次做完，不需要再办理手续，但工作负责人在转移工作地点时，应向工作人员交待带电范围、安全措施和注意事项。

全部工作完毕后，工作班应清扫、整理现场。工作负责人应先周密检查，等全体工作人员撤离工作地点后，再向值班运行人员讲清检修项目、发现的问题、试验结果和存在问题等，并与值班运行人员共同检查设备状况，有无遗留物件，接线是否正确等。确认无误后，在工作票上填明工作终结时间，经双方签名后，工作方告终结。待值班运行人员拆除临时遮栏和标示牌，恢复常设遮栏，未拉开的接地线（或接地刀闸）已汇报调度后，工作票方告终结。只有在同一停电系统内，所有工作票都已终结交回，与工作票登记簿记录核对相符后，值班员拆除所有接地线，并得到值班调度员或运行值班负责人的许可命令后，方可合闸送电。

第二节　保证电气工作安全的技术措施

全部停电或部分停电时，为了防止停电设备上突然来电，防止工作人员由于身体或使用的工具接近邻近设备带电部分的距离超过允许的安全距离，防止工作中由于不注意而误碰到带电运行的设备上，以致造成触电，根据设备和现场的具体情况，必须完成停电、验电、装设接地线、悬挂标示牌和装设遮栏等保证安全的技术措施。

一、停电

应注意以下几点：

（1）将停电工作设备可靠地脱离电源，确保有可能给停电设备送电的各方面电源断开。由于大多情况下的厂（所）用变压器及电压互感器二次电压都能自动或手动切换，稍有疏忽，就有可能通过厂（所）用变压器或电压互感器造成倒送电，因此必须注意将连接在停电设备上的厂（所）用变压器、电压互感器从高低压两侧断开，并悬挂“禁止合闸，有人工作!”标示牌。厂（所）用变压器和电压互感器在采取了以上措施以后，即可认为无来电可能。

在进行配电线路的停电工作时，要特别注意倒送电的问题。这必须从加强用电管理、加强对自发电和双电源用户的专业管理入手，并积极采取技术改进措施，安装防倒送电装置，杜绝倒送电事故的发生。在拟定停电方案和检修措施时，应尽可能采取分组、分段小范围的检修方式，将该段内的所有分支或用户的支接开关和跌开式保险器拉开，对无法断开的分支，则应在该分支上悬挂接地线。

（2）断开电源，至少要有一个明显的断开点。其目的是做到一目了然，也使得停电设备和电源之间保持一定的空气间隙，因为长空气间隙的放电电压一般是比较稳定的，即使在潮湿的情况下，也能保持较高的绝缘强度。而开关却不然，当开关绝缘强度显著下降，而且开关还可能由于触头熔焊、机构故障、位置指示器失灵等原因，造成开关拒开断或不完全开断，而位置指示器却在断开位置，这样有可能造成错觉而酿成事故。因此禁止在只经开关断开电源的设备上工作，而必须使电源的各方至少有一个明显的断开点。

（3）邻近带电设备与工作人员在进行工作时，正常活动范围的距离必须大于表 7－1 的规定；当小于表 7－1 的规定而大于表 7－2 的距离时，该带电设备应同时停电或在工作人员和邻近带电设备之间加设安全遮栏；如果附近带电设备与工作人员在进行工作时，正常活动范围的距离小于表 7－2 的规定，该附近带电设备必须同时停电。

表 7－1　邻近带电设备与工作人员工作中正常活动范围的允许距离

电压等级（kV）	10 及以下（13.8）	20～35	44	60～110	154	220	330	500
允许距离（m）	0.70	1.00	1.20	1.50	2.00	3.00	4.00	5.00

表 7－2　附近带电设备与工作人员工作中正常活动范围的最小允许距离

电压等级（kV）	10 及以下（13.8）	20～35	44	60～110	154	220	330	500
允许距离（m）	0.35	0.60	0.90	1.50	2.00	3.00	4.00	5.00

对线路工作来说，还应将有可能危及该线路停电作业且不能采取安全措施的交叉跨越、平行和同杆架设线路同时进行停电；对大接地电流系统的同杆架设线路和两线一地制同杆架设线路，当一回停电工作时，其他回路一般应同时停电。

（4）运用中的星形接线设备（检修设备除外）的中性点，必须视为带电设备。这是因为在中性点非有效接地系统中，即使在正常运行时，由于三相系统不可能完全对称，其中性点具有一定的对地电位。这个对地电位叫做中性点的位移电压，也叫做不对称电压。例如，对没有架空地线的 35kV 线路来说，当导线按水平排列、线间距为 3m，则不对称电压可能达 700V 左右，把该电压引到检修设备上去，显然是很危险的。当发生单相接地故障时，中性点的对地电压更高达相当于相电压的数值。

即使是在中性点有效接地系统中，也存在部分不接地的变压器在运行，其中性点也具有一定的电位。如果系统发生接地故障，其电位将更高。因此，在将检修设备停电时，必须同时将和其有电气连接的其他任何运用中的星形接线设备（检修设备除外）的中性点断开。

（5）为了防止因误操作、低周动作或因校验引起的保护误动等造成开关或远方控制的隔离开关突然合闸而发生意外，必须断开开关、隔离开关的合闸电源及控制电源。对一经合闸就可能送电到停电设备的隔离开关操作把手必须锁住。

二、验电

验电可直接验证停电设备是否确无电压，也是检验停电措施的制定和执行是否正确、完善的重要手段之一。因为有很多因素可能导致认为已停电的设备，实际上却是带电的，这是由于：

（1）停电措施不周或由于操作人员失误而未能将各方面的电源完全断开或错停了设备；

（2）所要进行工作的地点和实际停电范围不符；

（3）设备停电后，可能由于种种原因而造成突然来电。

在实践工作中，认为设备已停电实际上却是带电的情况是屡有发生的。

验电还应注意下列事项：

（1）验电必须采用电压等级合适且合格的接触式验电器。低于设备额定电压的验电器进行验电时对人身将产生危险。反之，用高于设备额定电压的验电器进行验电，有可能造成误判断，同样会对人身安全造成威胁。

验电还应采用合格的验电器，验证验电器是否合格完好则应先在有电设备上进行试验，以确证验电器指示良好。

（2）验电应分相逐相进行，对在断开位置的断路器或隔离开关进行验电时，还应同时对两侧各相验电。

（3）当对停电的电缆线路进行验电时，如线路上未连接有能构成放电回路的三相负载，由于电缆的电容量较大，剩余电荷较多，一时不易将电荷泄放光，因此刚停电后即进行验电，验电器仍会发亮，出现这种情况，必须过几分钟再进行验电，直至验电器指示无电为止。切记决不能凭经验办事，当验电器指示有电时，想当然认为系剩余电荷作用所致，就盲目进行接地操作，这是十分危险的。

（4）35kV 以上的电气设备，采用绝缘棒或零值绝缘子检测器进行验电。但使用绝缘子检测器进行验电时，不能光凭一片或几片绝缘子无放电声即认为无电，而必须对整串绝缘子进行检验后才能确认无电，以防开始被测绝缘子原系零值绝缘子而造成误判断。同时在验电前同样应在有电设备绝缘子上进行测验，以证明绝缘子检测器的间隙距离是合适的。

（5）信号和表计等通常可能因失灵而错误指示，因此不能光凭信号或表计的指示来判断设备是否带电，但如果信号和表计指示有电，在未查明原因，排除异常的情况下，即使验电器检测无电，也应禁止在该设备上工作。

三、装设接地线（对突然来电的防护）

虽然我们从组织措施和技术措施方面，采取了一系列保证工作人员安全的措施，但仍有很多原因而使停电工作设备发生突然来电的现象。根据对有关情况的分析和事故教训的总结，停电工作设备发生突然来电的原因有：

（1）由于误调度或误操作，造成对停电工作设备误送电。

（2）由于自发电、双电源用户（包括私拉乱接而实际变成双电源供电的用户），以及发电厂变电所的厂（所）用变压器和电压互感器二次回路等的错误操作而造成对停电工作设备的倒送电。

（3）附近带电设备的感应，特别是当和停电检修线路平行接近的带电线路流过单相接地短路电流（指大接地电流系统），或流过两相接地短路电流时，对停电工作设备的感应，使其意外地带有危险电压。

（4）停电线路和带电线路同杆架设或交叉跨越，两者之间发生意外的接触或接近放电，而使停电工作设备突然带电。

（5）当停电的低压网络和带电的低压网络共用中性线时，由于中性线断开或接地不良等原因，可能从中性线窜入高电位而使停电工作的低压网络带有危险电压。在某些特定的条件下，从中性线窜入的高电位还可能向配电变压器的高压侧反馈。

（6）停电设备上空有雷电活动时，落雷或雷电感应使停电工作设备突然带电。

（7）由于将发电厂、变电所接地网的高电位引出，或由于将入地电流引入而使停电工作线路意外带有危险电压。

对突然来电的防护，采取的主要措施是装设接地线。装设接地线包括合上接地隔离开关和悬挂临时接地线（临时接地线又称携带型接地线，并简称接地线）。

接地隔离开关和接地线均有两部分组成：三相短接部分和集中接地部分。

装设接地线的保安作用是首先可将停电设备上的剩余电荷泄放入大地，同时当出现突然来电时（除小接地电流系统的单相突然来电外），可促使电源开关迅速跳开，消除突然来电，因此装设接地线后可使突然来电的持续时间尽可能地缩短。装设接地线后，最主要的一个防护作用是可限制发生突然来电时设备对地电位的升高，在某些情况下，还可将工作地点的对地电位限制在“地电位”，因此装设接地线可保护工作人员免遭突然来电的伤害，或使伤害程度得到较大的限制和减轻。

装设接地线应遵循一定的原则，对于可能送电至停电的各个电源侧，均应装设接地线，以做到从电源侧看过去，工作人员均在接地线的后面，即在接地线的保护之下进行工作。当有产生危险感应电压的可能时，需视情况适当增挂接地线或个人保安接地线。进行线路工作时，除了遵循以上有关原则外，至少应在每个工作班组的工作地段两侧悬挂接地线，即使是单端，有电源的受电线路也应在工作地段的两端分别挂接地线，线路停电工作一般应在发电厂、变电所内装设接地线（两线一地制变电所等特殊情况除外）。

当检修发电厂、变电所的 10m 及以下的母线时，可以只装设一组接地线，而当检修 10m 以上的母线时，则应视连接在母线上的电源进线多少和分布情况以及感应电压的大小适当增设接地线的数量，在门型构架的线路侧进行停电检修时，如工作地点到接地线的距离小于 10m 时，从电源看进去工作地点虽在接地线的前面，也允许不再另装设接地线。检修部分若分为几个在电气上不相连接的部分（而分段均连接有电源进线时），则各段应分别验电并按规定分别悬挂接地线；反之，虽然在工作中可能分有几个在电气上不相连接的部分，但并非每段都有来电可能（包括感应电），则只要在各个可能来电的部分装设接地线即可，而无需每段分别挂接地线，但在上作前各段应分别验电并对地泄放剩余电荷。

所装设的接地线与带电部分的距离在考虑了接地线摆动以后，不得小于表 7 - 1 的允许距离，当接地线和带电部分相碰或接近放电时，除了会威胁带电设备的安全运行外，将可能使停电设备引入高电位而危及工作人员安全。

接地线和设备导体之间以及接地端和“地”之间接触应良好，因为当发生突然来电时，短路电流流过以上接触电阻时所产生的压降将作用于停电设备上，因此接触不良，接触电压愈大，施加于停电设备上的对地电压越高，显然这是我们所不允许的。接触不良还可能由于当短路电流流过时产生炽热而使接地线烧毁，造成工作地点失去保护；因此接地线和导体或接地端的夹具固定，悬挂在线路上的接地线接地端来用插入式接地棒时，接地棒在地中的插入深度不得小于0.6m。装设接地线时严禁用缠绕的方法进行短路和接地。

在装、拆接地线的过程中，还应始终保证接地线趋于良好的接地状态，以保证在装拆过程中出现突然来电时，能有效地限制接地线上的对地电位升高而保证操作人员的人身安全。因此在装接地线时，必须先接接地端，后接导体端，拆接地线时与此相反。

四、悬挂标示牌和装设遮栏（围栏）

悬挂标示牌可提醒有关人员及时纠正将要进行的错误操作和做法。为防止因误操作而错误地向有人工作的设备合闸送电，要求在一经合闸即可送电到工作地点的断路器和隔离开关的操作把手上，均应悬挂“禁止合闸，有人工作!”的标示牌。如果停电设备有两个断开点串联时，标示牌应悬挂在靠近电源的隔离开关把手上；对远方操作的断路器和隔离开关，标示牌应悬挂在控制盘上的操作把手上；对同时能进行远方和就地操作的隔离开关，则还应在隔离开关操作把手上悬挂标示牌。

当线路上有人工作时，则应在线路断路器和母线侧隔离开关把手上悬挂“禁止合闸，线路有人工作!”的标示牌。标示牌特别注明线路有人工作的字样，这是考虑到发电厂、变电所值班员无法直观掌握线路上是否有人工作等情况，故在标示牌上加以注明以提醒值班员引起注意，不要只看到发电厂、变电所内的工作结果后就以为全部工作结束，而发生向有人工作的线路误送电。因此当发电厂、变电所的电气设备及相应的线路均有工作时，在一经合闸即可送电到工作地点的断路器和隔离开关把手上应悬挂两种标示牌：一是“禁止合闸，有人工作!”；另一个是“禁止合闸，线路有人工作!”。有关线路工作标示牌的悬挂和拆除，须按调度员的命令进行。

值得注意的是，如果是在显示屏上进行操作的开关与隔离开关，则应在操作处相应设置“禁止合闸，有人工作!”或“禁止合闸，线路有人工作!”的标记。

在发电厂、变电所的室内高压设备上工作，应在工作地点两旁间隔、对面间隔的遮栏上以及禁止通行的过道上悬挂“止步，高压危险!”的标示牌，以警告检修人员不要误入有电间隔或接近带电部分。

发电厂、变电所的室外配电装置，大多没有固定的围栏，布置得也比较分散，因此在室外配电装置上进行部分停电工作时，应在工作地点四周用绳子做好围栏，以限制检修人员的活动范围，防止误登邻近有电设备和构架。围栏上还应悬挂适当数量的“止步，高压危险!”标示牌，并在围栏内侧方向悬挂。

发电厂、变电所部分停电工作时，还须在工作地点或工作设备上悬挂“在此工作!”标示牌。

有时，为了防止人身或停电部分对邻近带电设备的危险接近，须在停电部分和带电设备之间加装临时遮栏，当考虑了正常的活动范围以后，以上危险接近距离可能小于表7-1的规定距离时（但大于表7-2的规定距离），应装设临时安全遮栏，并悬挂“止步，高压危险!”的标示牌。临时遮栏到带电部分之间的距离不得小于表7-2的允许距离，以确保工作人员在工作中始终保持对带电部分有足够的安全距离。

装设在35kV及以下电压等级的临时遮栏，如因工作特殊需要，允许绝缘挡板与带电部分直接接触，但该绝缘挡板必须经耐压试验合格，并安装牢固。在工作中，工作人员应注意不得碰触绝缘挡板。

五、低压带电工作的安全措施

低压系统的检修工作，一般应停电进行。并应在相应的开关上悬挂“有人工作，禁止合闸！”的标示牌，以防止误合闸。工作前要验电。

低压带电检修工作应设专人监护，应采取避免形成触电回路的安全措施：

（1）单线操作。工作中的任何时间人体都不可分别触及两个线头、两个接线端子或两个触点，只能一个线头一个线头地加工。

（2）断开电流回路。在检修用电器具的个别电路时，应杜绝电流可能形成的闭合电路。如在检修电灯开关时，必须先卸下灯泡。这样即使人体同时分别触及开关的两个接线端子，也不会因人体介入而形成电流通路。

（3）与大地隔绝。检修时，人体各部分必须与大地（包括与大地连通的可导电的建筑物及管道）有可靠的绝缘隔离。为此，检修人员必须穿绝缘鞋、防护工作服，使用带绝缘柄的工具及采用竹或木制的干燥梯子（或干燥木凳）登高。即使不登高，也应用干燥木板或橡皮等绝缘物垫在脚下。在工作中，双手脱离检修设备，以避免形成相、地间的触电回路。

带电工作时，以上三措施必须同时采用才能确保安全。

当高、低同杆架设，在低压带电线路上工作时，应先检查与高压线的距离，采取防止误碰高压线的措施。在低压带电导线未采取绝缘措施时，检修人员不得穿越。工作前应分清火、地线，选好工作位置。断开导线时，应先断开火线，后断地线；搭接导线，顺序相反。

在带电的电流互感器二次回路上工作应有专人监护，并应站在绝缘垫上。工作时，严禁将电流互感器二次开路，以防止产生高电压伤害人身，必须用连接片或导线在端子排上将电流互感器的二次可靠短路。严禁在电流互感器出线端子与短路端子之间的回路或导线上进行任何工作。

在带电的电压互感器二次回路上工作时，应使用绝缘工具，并应防止二次回路短路和接地，必要时工作前停用有关保护。电压互感器的工作回路通电试验时，为防止由二次侧向一次侧反送电，除应断开二次回路外，还应取下一次保险或断开隔离开关。

第三节 电气安全用具

电气安全用具是进行倒闸操作、维护检查，设备检修等工作时，使用的保安器具。用以防止工作中触电或电弧灼伤等对人体的伤害。

一、电气安全用具的分类

电气安全用具按功用可分为绝缘安全用具和一般防护安全用具两大类。

（一）绝缘安全用具

绝缘安全用具分为基本安全用具和辅助安全用具两类。

基本安全用具是绝缘强度能长时间承受电气设备的工作电压，并能在该电压等级产生的过电压下保证人身安全的绝缘工具。基本安全用具可直接用来操作带电设备或接触带电体，如绝缘棒、验电器、绝缘夹钳、绝缘挡板等。辅助安全用具的绝缘强度不足以承受电气设备或线路的工作电压，而只能加强基本安全用具的保安作用，或用来防止接触电压、跨步电压触电的用具，如绝缘手套、绝缘靴（鞋）、绝缘垫、绝缘台等。

在高压设备上使用基本安全用具的同时，需使用辅助安全用具。在低压设备上，绝缘手套及装有绝缘柄的工具，可作为基本安全用具。

（二）一般防护安全用具

一般防护安全用具是指那些本身没有绝缘性能，但可以起到防护工作人员发生事故的用具。这种安全用具主要用作防止检修设备时误送电，防止工作人员走错间隔、误登带电设备，保证人与带电体之间的安全距离，防止电弧灼伤、高空坠落等。这些安全用具尽管不具有绝缘性能，但对防止工作人员发生伤亡事故是必不可少的，如携带型接地线、防护眼镜、安全帽、安全带、标示牌、临时遮栏等。此外，登高用的梯子、脚扣、站脚板等也属于这类安全用具的范畴。

二、基本安全用具

（一）绝缘棒

绝缘棒主要用来接通或断开带电的高压隔离开关、跌落开关，安装和拆除临时接地线以及带电测量和试验工作。

如图 7-1 所示，绝缘棒主要由工作部分、绝缘部分和握手部分构成。工作部分一般由金属或具有较大机械强度的绝缘材料（如玻璃钢）制成。绝缘部分和握手部分是用浸过绝缘漆的木材、硬塑料、胶木等制成的，两者之间由护环隔开。绝缘棒的绝缘部分须光洁、无裂纹或硬伤，其长度根据工作需要、电压等级和使用场所而定。

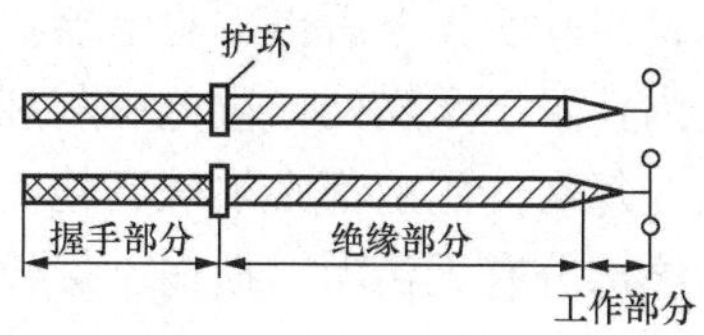

图 7-1　绝缘棒结构

使用绝缘棒时，工作人员应戴绝缘手套和穿绝缘靴（鞋），以加强绝缘棒的保安作用。在下雨、下雪天用绝缘棒操作室外高压设备时，绝缘棒应有防雨罩，以使罩下部分的绝缘棒保持干燥。使用绝缘棒时要注意防止碰撞，以免损坏表面的绝缘层。绝缘棒应存放在干燥的地方，以防止受潮。一般应放在特制的架子上或垂直悬挂在专用挂架上，以防弯曲变形。绝缘棒不得直接与墙或地面接触，以防碰伤其绝缘表面。

绝缘棒使用前应检查：是否符合设备额定电压；是否在试验合格的有效期内；外表和连接部分应清洁完好，无损伤。一般应每三个月检查一次。检查时要擦净表面，检查有无裂纹、机械损伤、绝缘层损坏。绝缘棒一般每年必须试验一次。

（二）绝缘夹钳

绝缘夹钳主要用来安装和拆卸高压熔断器或完成其他类似工作的工具，主要用于 35kV 及以下电力系统，如图 7-2 所示。

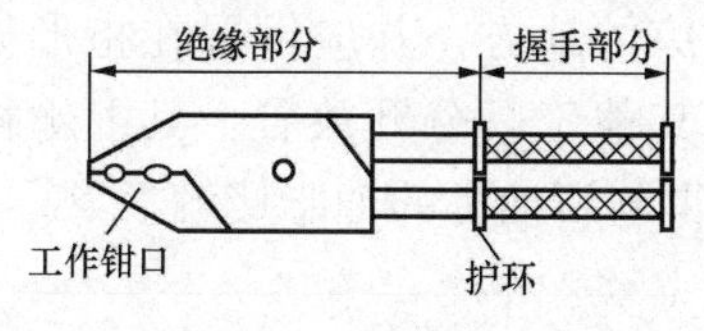

图 7-2　绝缘夹钳

绝缘夹钳由工作钳口、绝缘部分（钳身）和握手部分（钳把）组成。各部分所用材料与绝缘棒相同，只是它的工作部分是一个强固的夹钳，并有一个或两个管形的钳口，用以夹紧熔断器。它的绝缘部分和握手部分的最小长度不应小于表 7-3 的数值，主要依电压和使用场所而定。

表 7-3　　绝缘夹钳的最小长度（m）

电压（kV）	户内设备用		户外设备用	
	绝缘部分	握手部分	绝缘部分	握手部分
10	0.45	0.15	0.75	0.20
35	0.75	0.20	1.20	0.20

使用绝缘夹钳时，作业人员应戴护目眼镜、绝缘手套和穿绝缘靴（鞋）或站在绝缘台（垫）上。绝缘夹钳要保存在专用的箱子或匣子里，以防受潮和磨损。

绝缘夹钳和绝缘棒一样，应每年试验一次。

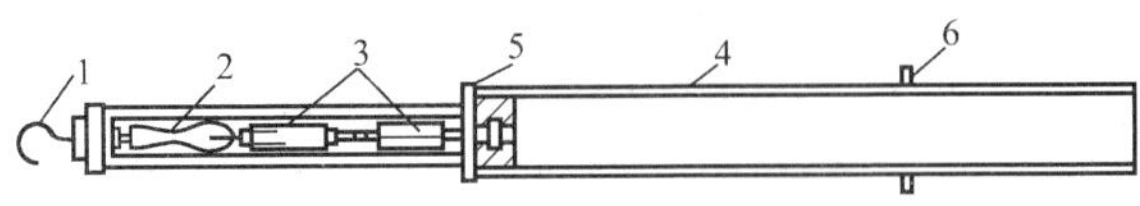

图 7-3　高压验电器结构

1—工作触头；2—氖灯；3—电容器；4—支持器；5—接地螺丝；6—隔离护环

（三）验电器

验电器的作用是检验电气设备或线路上是否有电。按使用电压不同分为高压验电器和低压验电器两种。其结构示意图如图 7-3、图 7-4 所示。

使用时，必须选用电压和被验设备电压等级相一致的合格验电器。验电操作顺序应按照验电“三步骤”进行，即在验电前，应将验电器在带电的设备上验电，以验证验电器是否良好；然后再在设备进出线两侧逐相验电；当验明无电后再把验电器在带电设备上复核一下，看其是否良好。验电器用后应存放于匣内，置于干燥处，避免积灰和受潮。

每次使用前都必须认真检查，主要检查绝缘部分有无污垢、损伤、裂纹，检查指示氖管是否损坏、失灵。对高压验电器应每半年试验一次。

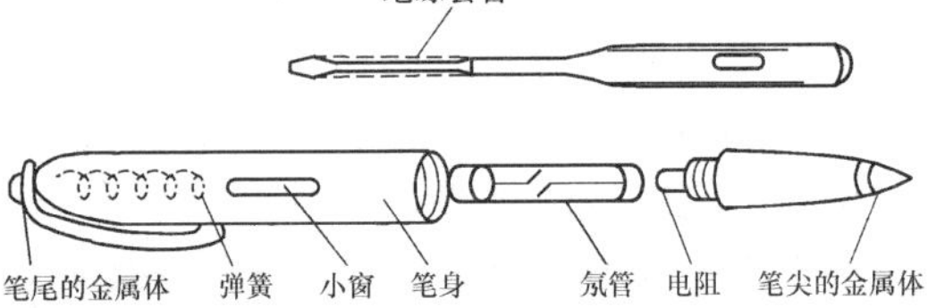

绝缘套管

笔尾的金属体　弹簧　小窗　笔身　氖管　电阻　笔尖的金属体

图 7-4　低压验电器的结构

三、辅助安全用具

（一）绝缘手套

绝缘手套是在高压电气设备上进行操作时使用的辅助安全用具，如用来操作高压隔离开关、高压跌落开关、油开关等；在低压带电设备上工作时，把它作为基本安全用具使用，即绝缘手套可直接用来在低压设备上进行带电作业。绝缘手套可使人的两手与带电物绝缘，是防止同时触及不同极性带电体而触电的安全用品。

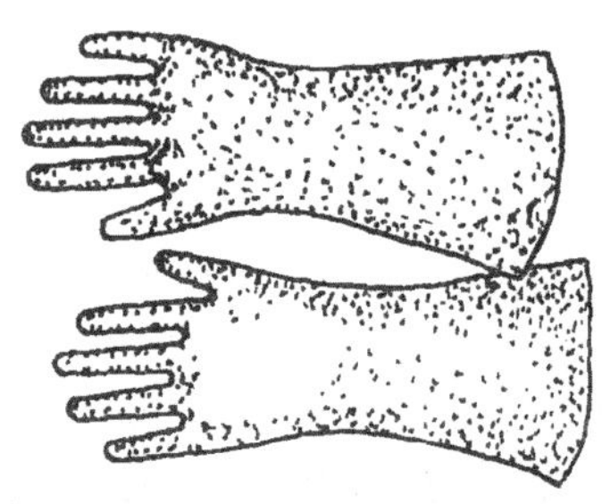

图 7-5　绝缘手套式样

绝缘手套用特种橡胶制成，其式样如图 7-5 所示。

使用绝缘手套前应进行外部检查，查看表面有无损伤、磨损或破漏、划痕等。如有砂眼、漏气情况，应禁止使用。戴手套时，应将外衣袖口放入手套的伸长部分里。绝缘手套使用后应擦净晾干，最好洒上一些滑石粉，以免粘连。绝缘手套应存放在干燥、阴凉的地方，并应倒置在指形架上或存放在专用的柜内，与其他工具分开放置，其上不得堆压任何物件。绝缘手套不得与石油类的油脂接触。

绝缘手套每半年试验一次，其试验标准见表 7-6。

（二）绝缘靴（鞋）

绝缘靴（鞋）的作用是使人体与地面绝缘。绝缘靴是高压操作时用来与地保持绝缘的辅助安全用具，而绝缘鞋用于低压系统中，两者都可作为防护跨步电压的基本安全用具。

绝缘靴（鞋）也是由特种橡胶制成的。绝缘靴通常不上漆，这是和有光泽黑漆的橡胶水靴在外观上所不同的，其式样如图 7-6 所示。

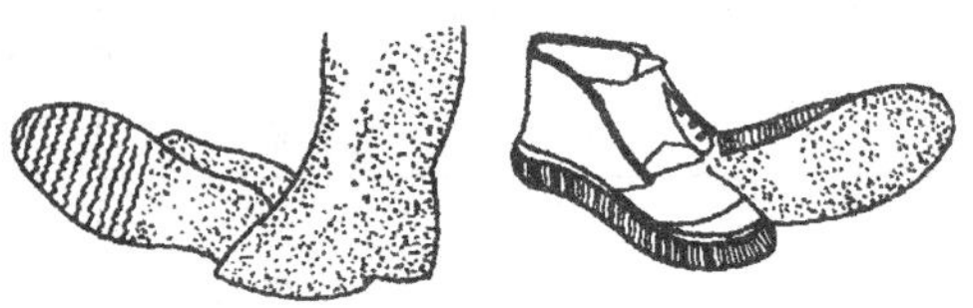

图 7-6　绝缘鞋（靴）

绝缘靴（鞋）不得当作雨鞋或作其他用，其他非绝缘靴（鞋）也不能代替绝缘靴（鞋）使用。绝缘靴（鞋）如试验不合格，则不能再穿用。当大底面磨光并露出黄色面胶（绝缘层）时，就不能再穿用了。绝缘靴（鞋）在每次使用前应进行外部检查，查看表面有无损伤、磨损或破漏、划痕等。如有砂眼、漏气，应禁止使用。绝缘靴（鞋）应存放在干燥、阴凉的地方，并应存放在专用的柜内，要与其他工具分开放置，其上不得堆压任何物件。不得与石油类的油脂接触。

绝缘靴的试验标准见表 7-6。

（三）绝缘垫

绝缘垫的保安作用与绝缘靴基本相同，因此可把它视为是一种固定的绝缘靴。绝缘垫一般铺在配电装置室等地面上，以及控制屏、保护屏和发电机、调相机的励磁机等端处，以便带电操作开关时，增强操作人员的对地绝缘，避免或减轻发生单相短路或电气设备绝缘损坏时，接触电压与跨步电压对人体的伤害。在低压配电室地面上铺绝缘垫，可代替绝缘鞋起到绝缘作用，因此在 1kV 以下绝缘垫可作为基本安全用具，而在 1kV 以上时，仅作辅助安全用具，如图 7-7 所示。

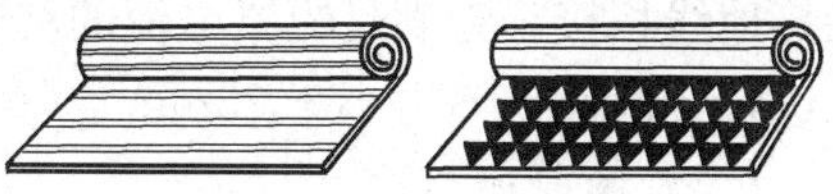

图 7-7　绝缘垫

绝缘垫也是由特种橡胶制成的，表面有防滑条纹或压花。

在使用绝缘垫过程中，应保持绝缘毯干燥、清洁，注意防止与酸、碱及各种油类物质接触，以免受腐蚀后老化、龟裂或变黏，降低其绝缘性能。绝缘毯应避免阳光直射或锐利金属划刺，存放时应避免与热源（暖气等）距离太近，以防急剧老化变质，绝缘性能下降。使用过程中要经常检查绝缘毯有无裂纹、划痕等，发现有问题时要立即禁用并及时更换。

绝缘垫每两年应试验一次。在 1kV 及以上场所使用的绝缘垫，其试验电压不低于 15kV。试验电压依其厚度的增加而增加，见表 7-4。使用在 1kV 以下者，其试验电压为 5kV，试验时间为 2min。

表 7-4　绝缘垫的试验标准

序　号	绝缘垫厚度（mm）	试验电压（kV）	时　间（min）
1	4	15	2
2	6	20	2
3	8	25	2
4	10	30	2
5	12	35	2

（四）绝缘台

绝缘台是一种用在任何电压等级的电力装置中作为带电工作时的辅助安全用具，其作用与绝缘垫、靴相同，如图 7-8 所示。

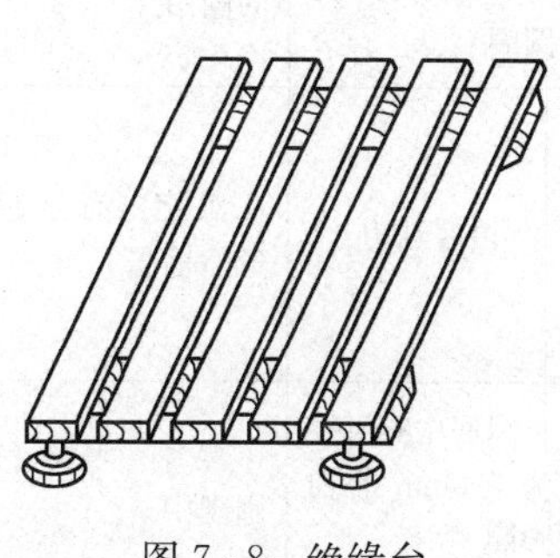

图 7-8　绝缘台

绝缘台的台面用干燥、木纹直、无节疤的木板或木条拼成，相邻板条留有一定的缝隙，以便于检查支持绝缘子是否有损坏。台面板四脚用支持绝缘子与地面绝缘，同时也作台脚之用。

绝缘台多用于变电所和配电室内。如用于户外，应将其置于坚硬的地面，不应放在松软的地面或泥草中，以避免台脚陷于泥土中造成站台面触及地面而降低绝缘性能。绝缘台的台脚支持绝缘子应无裂纹、破损，木质台面要保持干燥、清洁。绝缘台使用后应妥加保管，不得随意登、踩或作板凳坐用。

绝缘台一般三年试验一次。绝缘台试验与使用电压等级无关，一律加交流电压 40kV，持续时间为 2min。

四、防护安全用具

（一）携带型短路接地线

在检修设备和线路上挂接短路接地线，是高压设备上工作保证安全的一项技术措施。

携带型短路接地线由短路软导线、接地软线和接线夹头组成，其中相同的三根软导线线夹，接检修设备三相带电体，另一端共同与接地软线良好连接，接地软线另一端与接地装置的接地线相接，为满足短路电流的动热稳定要求，成套接地线应使用有透明护套的多股软裸铜线，且截面积不得小于 25mm^2。

（二）临时遮栏

高压设备检修试验时，用临时遮栏将工作段与带电设备隔开，防止工作人员走错间隔，或意外触碰带电部分。临时遮栏可用干燥的木材或其他不导电材料制成板式遮栏、栅栏或网式围栏，也可用红白相间的彩带、三角旗绳索、红布幔作围栏，以明显标出检修和运行设备的界限。

（三）安全标示牌

标示牌是用醒目的颜色和图像，配合一定的文字说明，提醒工作人员对危险因素的注意。常用的标示牌式样和悬挂处所见表 7-5。

表 7-5　常用安全标示牌

序号	名　称	悬挂处所	式样		
			尺寸（mm）	颜色	字样
1	禁止合闸，有人工作	一经合闸即可送电到施工设备的断路器和隔离开关操作把手上	200×160 和 80×65	白底	红字
2	禁止合闸，线路有人工作	线路断路器和隔离开关把手上	200×100 和 80×50	白底	红字
3	在此工作	室内和室外工作地点或施工设备上	250×250	绿底中有直径为 210mm 的白圆圈	黑字，写于白圆圈中
4	止步，高压危险	施工地点临近带电设备的遮栏上，室外工作地点的围栏上，禁止通行的过道上，高压试验地点，室外架构上，工作地点临近带电设备的横梁上	300×240 或 200×160	白底红边	黑字，有红色危险标志
5	从此上下	工作人员上、下的铁架、梯子上	250×250	绿底中有直径为 210mm 的白圆圈	黑字，写于白圆圈中

续表

序号	名　　称	悬　挂　处　所	式　　样		
			尺寸（mm）	颜色	字样
6	禁止攀登，高压危险	工作人员上、下的铁架临近可能上、下的另外铁架上，运行中变压器的梯子上	500×400 或 200×160	白底红边	黑字

防护用具还有防护眼镜、安全帽、安全带等。

五、安全用具的试验周期和标准

为确保安全用具的绝缘良好、性能可靠，应根据《电力安全工作规程》规定，进行电气试验和机械试验。电气绝缘工具试验标准和周期如表 7-6 所示。

表 7-6　　常用电气绝缘工具的试验标准

序号	名　　称	电压等级（kV）	周期	工频耐压（kV）	时间（min）	泄漏电流（mA）	附　　注
1	绝缘件	6～10	每年一次	45	5		
		35		95			
		63		175			
2	绝缘挡板	6～10	每年一次	30	1		
		35		80			
3	绝缘罩	6～10	每年一次	30	1		
		35		80			
4	绝缘夹钳	35 及以下	每年一次	3 倍线电压	5		
		110		260			
		220		400			
5	电容型验电器	10	每年一次	45	1		启动电压值不高于额定电压的 40%
		35		95	1		
		110		220	1		
		220		440	1		
		330		380	5		
		500		580	5		
6	绝缘手套	高压	每六个月一次	8	1	≤9	
		低压		2.5		≤2.5	
7	橡胶绝缘靴	高压	每六个月一次	25	1	≤10	
8	核相器电阻管	10	每年一次	10	1	≤2	
		35		35		≤2	
9	绝缘绳	高压	每六个月一次	105/0.5m	5		

小　　结

1. 保证电气工作安全的组织措施有工作票制度、工作许可制度、工作间断、转移和终结制度、操作票制度。

2. 保证电气工作安全的技术措施有停电、验电、装设接地线、悬挂标示牌和装设遮栏。

3. 电气安全用具可分为绝缘安全用具和一般防护安全用具两大类。绝缘安全用具又可分为基本安全用具和辅助安全用具两类。安全用具应按要求定期试验与检查。

习　　题

7-1　保证电气工作安全的组织措施有哪些?

7-2　工作票有什么作用? 怎样使用工作票?

7-3　工作许可制度的主要内容是什么?

7-4　工作监护制度的主要内容是什么?

7-5　检修工作终结，送电前应注意哪些问题?

7-6　停电检修作业中有哪些保证安全的技术措施?

7-7　设备停电检修时应做哪些准备工作?

7-8　进行验电时要注意哪些问题?

7-9　装设临时接地线应注意些什么?

7-10　如何正确使用标示牌?

7-11　低压线路带电工作时的安全注意事项是什么?

7-12　什么是基本安全用具与辅助安全用具?

7-13　怎样正确使用电气安全用具?

7-14　绝缘棒和绝缘夹钳的功用是什么?

7-15　绝缘手套和绝缘靴只能作辅助安全用具吗?

7-16　对绝缘台和绝缘垫有哪些要求?

7-17　电气安全用具应如何维护与保管?

7-18　电气安全用具的耐压试验标准规定各为多少?

第八章　用户事故管理及调查分析

为切实贯彻"安全第一，预防为主"的方针，做到用户事故不出门、不扩大或不涉及电力系统，必须对用户事故进行必要的调查分析和统计，总结经验教训，研究事故规律，采取预防措施，以确保人身和电力系统及设备安全。本章介绍用户事故的调查、分析及管理办法。

第一节　用户事故及其分类

一、用户事故

用户事故是指供电营业区内所有高、低压用户在所管辖电气设备上发生的设备和人身事故，及扩大到电力系统造成输配电系统的停电事故，包括：

（1）用户电气工作人员在其管辖的电气设备运行、维护、检修、安装工作中发生人身触电伤亡事故，按国务院75号令《企业职工伤亡事故报告和处理规定》构成事故者。

（2）由于用户运行、维护、检修不善或误操作造成所管辖的重要电气设备损坏事故，或进线跳闸全厂停电。

（3）供电企业或其他单位代维护管理的用户电气设备、受电线路发生的事故。

（4）供电企业的继电保护、高压试验、高压装表工作人员在用户受电装置处因工作过失造成用户电气设备异常运行，从而引起电力系统供（变）电所设备异常运行，对其他用户少送电者。

（5）由于用户过失造成电力系统供电设备停运或异常运行，而引起对其他用户（包括转供电用户）少送电的。用户影响系统事故，是指用户内部发生电气事故扩大造成其他用户断电或引起电力系统波动而大量甩负荷。专线供电用户进线侧有保护，事故时造成供电变电所出线断路器跳闸或两端同时跳闸，不算用户影响系统事故。

二、用户事故分类

用户事故按照电力行业《电业生产事故调查规程》（以下简称《调规》）规定，根据其事故严重程度及经济损失的大小分为以下几种事故。

（一）特别重大事故

1. 特大人身事故

人身死亡事故一次达到10人及以上者。

2. 特大设备事故

（1）电力设备损坏，造成直接经济损失达1000万元及以上者。

（2）生产设备、厂区建筑发生火灾，直接经济损失达到100万元者。

3. 特大电网事故

电网大面积停电造成下列后果之一者。

（1）省电网或跨省电网减供负荷达到下列数值：

电网负荷	减供负荷
20000MW及以上	20%
10000～20000MW以下	30%或4000MW
5000～10000MW以下	40%或3000MW
1000～5000MW以下	50%或2000MW

(2) 中央直辖市全市减供负荷50%及以上；省会城市及国家计划单列市全市减供负荷80%及以上。

4. 其他经国家电网公司认定为特大事故者

(二) 重大事故

1. 重大人身事故

人身死亡事故一次达3人及以上，或人身伤亡事故一次死亡与重伤达10人及以上者。

2. 重大设备事故

(1) 电力设备（包括设施）、施工机械损坏，直接经济损失达300万元者。

(2) 生产设备、厂区建筑发生火灾，直接经济损失达到30万元者。

3. 重大电网事故

电网大面积停电造成下列后果之一者。

(1) 省电网或跨省电网减供负荷达到下列数值：

电网负荷	减供负荷
20000MW及以上	8%
10000～20000MW以下	10%或1600MW
5000～10000MW以下	15%或1000MW
1000～5000MW以下	20%或750MW
1000MW以下	40%或200MW

(2) 中央直辖市全市减供负荷20%及以上；省会及国家计划单列市全市减供负荷40%及以上；地级市全市减供负荷90%及以上。

4. 其他经国家电网公司或国电分公司、区域电网公司、集团公司、省电力公司认定为重大事故者

(三) 一般事故

特大事故、重大事故以外的事故，均为一般事故。

三、障碍

障碍系指电力生产过程中发生未构成事故的故障。障碍分为一类障碍和二类障碍。

(一) 一类障碍

发生一类障碍的情况有：

(1) 10kV（6kV）供电设备（包括直配线、母线）的异常运行或被迫停运引起对用户少送电；发电机组、35～220kV输变电主设备被迫停运、非计划检修或停止备用；35～110kV断路器、电压互感器、电流互感器、避雷器爆炸，无造成少送电；110kV及以上线路故障，断路器跳闸后经自动重合闸重合成功。

(2) 电能质量降低未构成事故。例如电力系统频率超出以下数值：装机容量在3000MW及以上电力系统，频率偏差超出50Hz±0.2Hz，延续时间20min以上；或频率偏

差超出 50Hz±0.5Hz，延续时间 10min 以上。

（二）二类障碍

由国家电网公司分公司、集团公司、省电力公司自行制定。

四、发生用户事故的原因

发生用户事故的主要原因有以下几个方面。

（一）思想问题

安全管理不严。企业领导干部，特别是主管生产的领导干部没有认真坚持“安全第一，预防为主”的方针，在安全管理工作上存在严重偏差，忽视抓安全保证体系（安全保证体系指为实现安全生产，由人员、设备和管理构成的有机整体）的工作，没有切实抓好职工的安全教育和安全培训，没有真正落实各级人员安全责任制和各项安全措施，没有健全的安全监察机构，甚至有的领导带头违反规程，对不安全问题的解决不得力，对事故没有坚持“四不放过”的原则，对本单位发生的事故长期不报，隐瞒事故。

人员素质低。除领导对安全重视不够外，职工表现为：缺乏高度的事业心和强烈的责任感；缺乏良好的安全意识和娴熟的职业技能；缺乏遵章守纪和严肃认真、一丝不苟的工作作风。因此违章作业、违章操作和违反劳动纪律现象屡禁不止，同时与生产和技术的发展也不相适应。导致危险不听忠告，违章不听劝告，甚至蛮干，自我保护能力差。

由于思想上的问题导致的违章操作主要表现在：

(1) 不办理工作票，或不看运行图、运行记录，不检查设备状况，而开出错误操作票；

(2) 不按操作票命令，违规或漏项操作，如不模拟操作，监护人和操作人同时操作，不唱票、不复诵、不核对设备编号操作，擅自解除闭锁操作等；

(3) 安全措施、安全监督不到位，如不先验电而装设接地线或合接地刀闸；

(4) 高空作业不系安全带又不听人劝告；

(5) 开工时不交代安全注意事项，收工时不检查设备状态；

(6) 在运行设备上违章清理和检修或违章跨越运行设备。

（二）设备问题

未定期检修或检修质量差。规程规定，电力生产设备都应定期检修。不定期检修消除缺陷，会使设备潜伏的缺陷引起事故。若检修不注意质量，不符合检验标准，则修后投入运行很可能达不到预期运行时间和效果或发生事故。

继电保护误动或拒动。继电保护三误（误碰、误整定、误接线）是造成继电保护误动或拒动事故的根本原因。误接线时，在故障情况下，保护该动而不动作，故障不能切除而造成设备损坏或扩大事故。误碰、误整定，造成继电保护误动而引起事故。所以继电保护工作是一项认真、细致、责任性很强的工作，来不得半点马虎。

第二节　用户事故报告及调查

一、用户事故报告

（一）事故上报的制度形式

按《调规》要求，应按时上报的事故报告有以下几种：即时报告、月度报告、季度报告、年度报表、事故报告书的报告。

（二）即时报告

1. 即时报告的上报规定

用户发生下列事故，应立即向供电企业调度部门和用电检查部门报告：

（1）用户人身触电死亡事故，指用户电工或非电工人员触电死亡；

（2）用户导致电力系统大面积停电事故；

（3）用户专线跳闸或全厂停电事故；

（4）用户电气火灾事故；

（5）用户重要或大型电气设备损坏事故，指用户一次受电设备（主变压器、高压电动机、高压配电设备）损坏；

（6）用户向电力系统倒送电事故。

各供电公司接到上述报告后，应于 24h 内报告上级，5 日内将事故调查报告上报。

2. 即时报告的上报内容

（1）事故发生的时间、地点、单位。

（2）事故发生的简要经过、伤亡人数、直接经济损失的初步估计。设备损坏和电网停电影响的初步情况。

（3）事故发生原因的初步判断。

（三）月度报告

国电分公司、区域电网公司、集团公司、省电力公司于每月 3 日前将上月事故快报以传真或电子邮件方式报国家电网公司、集团公司。

事故快报应包括以下内容：

（1）发电设备事故和一类障碍次数。

（2）供电设备事故和一类障碍次数。

（3）电网事故和一类障碍次数。

（4）人身死亡和重伤人数。

（5）特大、重大事故次数。

（6）人身、电网、设备事故发生的时间、地点、单位；事故发生的简要经过、伤亡人数、直接经济损失的初步估计；设备损坏和电网停电影响的初步情况；事故发生原因的初步判断。

（四）季度报告

国电分公司、区域电网公司、集团公司、省电力公司在每个季度第一个月的 5 日前以传真或电子邮件方式向国家电网公司上报上个季度下属发供电企业的安全记录、本年度创造的最高安全记录和安全周期个数。

（五）年度报表

填报单位应于次年 1 月底前将《供电公司年度事故统计表》或《发电厂事故统计表》报送国电分公司、区域电网公司、集团公司、省电力公司。国电分公司、区域电网公司、集团公司、省电力公司汇总后于次年 2 月 10 前将《（网、省）公司年度事故统计表》、12 月份的《月（年）度综合统计表》报国家电网公司，同时，省电力公司报国电分公司、区域电网公司、集团公司。

二、事故调查

（一）事故调查的目的

事故调查是为了查明事故发生、发展和处理的全过程，了解所有相关因素，通过分析，明确事故发生和扩大的真实原因，查明事故性质，分清责任，总结和吸取事故教训，制定相应的反事故措施，防止同类事故再次发生。

（二）事故调查基本原则

按照《调规》要求，对事故调查必须遵守两条原则：实事求是，尊重科学；坚持“四不放过”。

所谓“四不放过”原则为：

（1）事故原因不清楚不放过；

（2）事故责任者和应受教育者没有受到教育不放过；

（3）没有采取防范措施不放过；

（4）事故责任者没有受到处理不放过。

（三）事故调查的程序及要点

1. 保护事故现场

事故发生后，对事故现场应采取如下方法保护：

（1）事故发生后，事故单位必须迅速抢救伤员并派专人严格保护事故现场，未经调查和记录的事故现场不得任意变动。发生国务院《特别重大事故调查程序暂行规定》所规定的特大事故，事故单位应立即通知当地政府和公安部门，并要求派人保护现场。

（2）事故发生后，事故单位应立即对事故现场和损坏的设备进行照相、录像、绘制草图、收集资料。

（3）因紧急抢修、防止事故扩大以及疏导交通等，需要变动现场的，必须经企业有关领导和安监部门同意，并做出标志、绘制现场简图、写出书面记录，保存必要的痕迹、物证。

2. 收集原始资料

事故发生后，对原始资料的收集应采取如下方法：

（1）事故发生后，企业安监部门或其指定的部门应立即组织当值值班人员、现场作业人员和其他有关人员，在下班离开事故现场前分别如实提供现场情况并写出事故的原始材料。安监部门要及时收集有关资料，并妥善保管。

（2）事故调查组成立后，安监部门及时将有关材料移交事故调查组。事故调查组应根据事故情况查阅有关运行、检修、试验、验收的记录文件和事故发生时的录音、故障录波图、计算机打印记录等，及时整理出说明事故情况的图表和分析事故所必需的各种资料和数据。

（3）事故调查组在收集原始资料时应对事故现场搜集到的所有物件（如破损部件、碎片、残留物等）保持原样，并贴上标签，注明地点、时间、物件管理人。

（4）事故调查组有权向事故发生单位、有关部门及有关人员了解事故的有关情况并索取有关资料，任何单位和个人不得拒绝。

3. 调查事故情况

进行电网和设备事故调查时，应查明以下内容：

（1）查明事故发生的时间、地点、气象情况，查明事故发生前设备和系统的运行情况。

（2）查明电网或设备事故发生的经过、扩大及处理情况。

（3）查明与电网或设备事故有关的仪表、自动装置、断路器、保护、故障录波器、调整装置、遥测遥信、遥控、录音装置和计算机等记录和动作情况。

（4）调查设备资料（包括订货合同、大小修记录等）情况及规划、设计、制造、施工安装、调试、运行、检修等质量方面存在的问题。

（5）查明电网事故造成的损失，包括波及范围、减供负载、损失电量、用户性质；查明事故造成的设备损坏程度、经济损失。

（6）了解现场规程制度是否健全，规程制度本身及其执行中暴露的问题；了解企业管理、安全生产责任制和技术培训等方面存在的问题；事故涉及两个及以上单位时，应了解相关合同或协议。

4. 分析原因责任

发生事故后，应从以下方面分析事故原因：

（1）事故调查组在事故调查的基础上，分析并明确事故发生、扩大的直接原因和间接原因，必要时，事故调查组可委托专业技术部门进行相关计算、试验、分析。

（2）事故调查组在确认事实的基础上，分析是否人员违章、过失、失职、违反劳动纪律、失职、渎职；安全措施是否得当；事故处理是否正确等。

（3）根据事故调查的事实，通过对直接原因和间接原因的分析，确定事故的直接责任者和领导责任者；根据其在事故发生过程中的作用，确定事故发生的主要责任者、次要责任者、事故扩大的责任者。

5. 提出防范措施

根据事故发生、扩大的原因和责任分析，提出防止同类事故发生、扩大的组织、技术措施。

6. 提出人员处理意见

事故责任确定后，要根据有关规定提出对事故责任人员的处理意见。由有关单位和部门按照人事管理权限进行处理。

（四）事故调查报告书

下列事故应由事故调查组填写事故调查报告书：

（1）人身死亡、重伤事故，填写《人身伤亡事故调查报告书》；

（2）重大及以上电网事故，填写《电网事故调查报告书》；

（3）重大及以上设备事故，填写《设备事故调查报告书》；

（4）其他由国家电网公司、国电分公司、区域电网公司、集团公司、省电力公司根据事故性质及影响程度指定填写。

（五）事故调查后的资料归档

事故调查结案后，事故调查的组织单位应将有关资料归档，资料必须完整，根据情况应有以下资料：

（1）伤亡事故登记表或电网、设备事故报告；

（2）事故调查报告书、事故处理报告书及批复文件；

（3）现场调查笔录、图纸、仪器表计打印记录、资料、照片、录像带等；

（4）技术鉴定和试验报告；

（5）物证、人证资料；

(6) 直接和间接经济损失资料；

(7) 事故责任者的自述资料；

(8) 医疗部门对伤亡人员的诊断书；

(9) 发生事故时的工艺条件、操作情况和设计资料；

(10) 处分决定和受处分人的检查材料；

(11) 有关事故的通报、简报及成立调查组的有关文件；

(12) 事故调查组的人员名单，内容包括姓名、职务、职称、单位等。

第三节　用户事故分析

一、事故分析分类

事故分析分为事故过程分析和事故统计分析两大类。

(一) 事故过程分析

事故过程分析是针对一次事故的发生、发展和处理全过程，进行确认事故、查证原因、后果和责任、研制反事故对策、对事放相关因素进行逻辑分析的技术活动，也称为事故的技术分析。

(二) 事故统计分析

事故统计分析是根据所掌握的一定时期内全部事故的资料和原始数据，进行分类统计，从中分析事故发生的规律，寻找主要矛盾，评价安全水平，从而制定安全工作计划和措施的管理活动，是对事故的宏观分析。

二、事故过程分析

事故过程分析在事故调查基本完成后进行。用户事故的调查和分析，由发生事故单位负责人主持，有关部门负责人和用电检查人员参加，必要时还应请用户主管上级、劳动保护部门、公安部门、设备制造厂家和有关技术专家参加。

事故过程分析步骤。

(一) 确认事故

根据事故调查资料，判断事故性质，计算事故损失，对照有关规定，判定事故是否成立，应为何类事故，这个过程称为确认事故。事故损失应包括设备损失、停产损失和少供(用) 电量。

(二) 查证事故原因和责任

这是事故过程分析的核心步骤，是一项复杂细致的工作。由于电气事故往往是在瞬间发生，现场残留痕迹不一定清晰，当事人回忆未必准确，调查中的任何疏漏和差错，都会给分析带来很大困难，甚至得出错误结论。因此要求事故调查记录务求真实详尽，分析中切忌主观臆断，在分析中应将各相关因素，通过逻辑推理，描绘出事故的动态过程，过程的各环节、各因素的因果关系应和实际情况相符，还应和电气技术理论相符，必要时还应通过模拟试验和鉴定性试验，方可准确地确定事故的真实原因。事故原因一般从设备缺陷、人员操作、外界环境条件和管理因素等几方面分析查找。原因明确后，实事求是地分清各类人员(运行、检修、试验、安装人员或领导) 应负的责任，确定第一责任人。

（三）分析事故中暴露的问题

事故总是突破安全系统中的薄弱环节而爆发的。通过事故研究和揭示设备、环境、人员和管理各方面的不安全因素，为制定安全措施和安全管理计划提供依据，就能将不利因素转化为积极因素，不断提高安全用电水平。分析的重点是规章制度的完善程度和执行情况，继电保护配置和动作情况，反事故措施及落实情况等。

（四）制定反事故措施

针对事故原因和暴露问题，制定有针对性的防止同类事故再次发生的技术措施和管理措施。措施应具体明确，并提出完成措施的时间和负责人。

三、统计分析

（一）事故统计分析及步骤

为把握事故发展的规律和明确安全管理重点，应对一定周期、一定范围内发生的全部用户事故进行统计分析。其步骤如下：

（1）汇集整理统计周期内事故的原始资料；

（2）按分科目规定的分类项目，如事故性质、原因、严重程度等分类统计并排序；

（3）分析事故规律；

（4）计算事故率，对照安全用电管理目标，评价安全用电水平；

（5）比较历年的事故率变化趋势；

（6）制定今后的安全工作计划。

（二）安全统计分析

1. 安全统计分析的目的

安全统计分析工作是安全信息反馈的主要渠道，是总结事故教训，研究事故规律，制订反事故措施的主要依据，是落实“四不放过”的重要手段，是全面认识和掌握企业安全生产状况必不可少的环节。

2. 安全统计分析的过程

安全统计分析工作的整个过程，可分为统计资料的搜集、整理和分析三个阶段。这三个阶段各有其一定的独立性，但又互相联系，有时则是交叉进行的，任何一个阶段工作发生差错都会影响整个工作质量。

（1）搜集。资料搜集工作是统计分析工作的第一阶段，是按照统计研究的目的和任务，有组织、有计划地搜集有关统计资料的过程。及时、准确、完整地搜集资料，是科学的整理、分析资料的基础。

（2）整理。资料整理是统计分析工作的第二阶段，主要将搜集的资料加以合理的组织和安排，分门别类的通过图表的形式表现出来，使统计的资料显得紧凑、有力、便于对照。

（3）分析。资料分析是安全统计分析工作的最后一个环节，在这个环节中要对企业的安全生产状况做出评价，从中找出安全生产的内在矛盾规律，找出事故发生、发展的根本原因和趋势，找出安全管理上存在的薄弱环节，提出反事故措施，并据此制订出防范措施。

小　　结

1. 用户事故。主要包括用户人身触电伤亡事故、用户导致电力系统大面积停电事故、用户专线跳闸或全厂停电事故、用户电气火灾事故、用户重大设备损坏事故及用户向电力系统倒送电事故。用户事故据其事故严重程度及经济损失的大小可分为特别重大事故、重大事故、一般事故。

2. 事故报告，包括即时报告、月度报告、季度报告、年度报表及事故报告书的报告。

3. 事故调查和分析。事故调查分析是为了查明事故发生原因和处理全过程，了解所有相关因素，坚持“四不放过”原则，通过分析明确事故发生和扩大的真实原因，查明事故性质，分清责任，吸取教训，并制定相应的反事故措施，防止同类事故的再次发生。处理事故过程步骤包括确认事故、查证事故原因和责任、分析事故中暴露的问题、制订反事故措施。

4. 事故管理，包括填写事故报告和事故考核书。在各种事故中，影响较大的是人身触电死亡事故、用户影响供电系统事故和主要电气设备损坏事故。

习　　题

8-1　什么是用户事故？发生用户事故的基本原因有哪些？

8-2　什么是障碍？障碍分为哪几类？

8-3　事故调查的目的是什么？何谓事故调查的“四不放过”原则？

8-4　举例说明事故过程分析方法和步骤。

参 考 文 献

[1] 谈文华等．电气安全技术．北京：机械工业出版社，1996.

[2] 杨有启．电气安全工程．北京：北京经济学院出版社，1991.

[3] 汤之申．电气保安技术．北京：水利电力出版社，1987.

[4] 王珉，张军．安全用电．西安：西安交通大学出版社，1990.

[5] 王鹤龄，王秋波．安全用电．北京：中国电力企业联合会教育培训部，1992.

[6] 曾小春．安全用电．北京：中国电力出版社，2001.

[7] 陈晓平．电气安全．北京：机械工业出版社，2004.

[8] 张纬钹，高玉明．电力系统过电压与绝缘配合．北京：清华大学出版社，1988.

[9] 牟龙华，孟庆海．供配电安全技术．北京：机械工业出版社，2003.

[10] 张力主编．高电压技术．北京：中国电力出版社，1999.

[11] 谈文华，王巧颜．电工安全技术问答．重庆：科学技术文献出版社重庆分社，1986.

[12] 赵文中．高电压技术．2 版．北京：中国电力出版社，1985.

[13] 西南电业管理局试验研究所．高压电气设备试验方法．北京：水利电力出版社，1984.

[14] 梁曦东等．高电压工程．清华大学出版社，2003.

[15] 周泽存．高电压技术．北京：水利电力出版社，1988.

[16] DL/T 620—1997. 交流电气装置的过电压保护和绝缘配合．北京：中国电力出版社．

[17] 赖文德．变电站中压系统无间隙 MOA 的合理选用．福建电力与电工，1999.

[18] 关于提高 3～66kV 无间隙金属氧化物额定电压和持续运行电压有关情况的通报．电力部安全监察及生产协调司．安全情况通报．第十七期，1993.